东华名家书系

高等院校纺织服装类“十三五

服装板型大系

·套装·

张文斌　主编

東華大學出版社

·上海·

图书在版编目（CIP）数据

服装板型大系：套装/张文斌主编.—上海：东华大学出版社，2018.7

ISBN 978-7-5669-1429-3

Ⅰ.①服… Ⅱ.①张… Ⅲ.①服装设计 Ⅳ.①TS941.2

中国版本图书馆CIP数据核字（2018）第140531号

责任编辑　吴川灵　赵春园

FUZHUANG BANXING DAXI

• TAOZHUANG •

服装板型大系

• 套装 •

张文斌　主编

出　　版：东华大学出版社(上海市延安西路1882号，200051)

本社网址：http://dhupress.dhu.edu.cn

天猫旗舰店：http://dhdx.tmall.com

营销中心：021-62193056　62373056　62379558

电子邮箱：805744969@qq.com

印　　刷：苏州望电印刷有限公司

开　　本：889 mm × 1194 mm　1 / 16

印　　张：14

字　　数：498千字

版　　次：2018年7月第1版

印　　次：2018年7月第1次

书　　号：ISBN 978-7-5669-1429-3

定　　价：68.00元

序

服装板型的设计需要设计者既要有逻辑思维的能力，又要有形象思维的眼光。一件精彩的时装光有时尚的款式外型设计是不行的，还必须有精准的板型设计才能真正出彩。优秀的板师必须经过良好的专业训练，将板型的原理、规律、变化等理论学通，还要经过一定时间的实践、磨练、积淀，而且两者缺一不可。

东华大学服装学院作为国内最知名的服装专业高等学府，多年来在这方面做了坚持不懈的努力。但囿于客观因素，经历良好培训且有志于板样工作的同仁，不一定能获得一定时间的实践机会，因而在成才成功之路上历经坎坷。因此，如何让这些同仁能更快缩短成才路途，更多汲取成功经验，这就是《服装板型大系》系列丛书的任务。它可以让板师们身边有一本可检索的专业辞典、可阅读的专业参考书。东华大学出版社出于社会责任感，历经种种困难终使此套系列丛书成功出版，我很荣幸身在其中做出应尽的努力。

此套系列丛书由我担任主编，负责全书的技术与艺术指导工作，杨帆担任款式图和部份结构图绘制，蒋超伟担任效果图绘制，杨奇担任大部份结构图绘制，在此一并对给予此书帮助的同仁表示感谢。

2018年6月6日于上海

目 录

第二部分　经典服装板型设计案例 / 51

第一部分

服装结构制图
理论要点

为方便读者学习本书经典款式的直接结构制图方法，首先进行本部分理论要点的学习。

注：除特别注明外，本书文字及图中尺寸的计量单位均为厘米。

一、基本概念与术语

（一）部位术语

1. 肩部

肩部指人体肩端点至颈侧点之间的部位。

（1）总肩宽：自左肩端点通过后肩颈点至右肩端点的宽度，简称“肩宽”。

（2）前过肩：前衣身与肩缝缝合的部位。

（3）后过肩：后衣身与肩缝缝合的部位。

2. 胸部

胸部指前衣身最丰满的部位。

（1）领窝：前后衣身与衣领缝合的部位。

（2）门襟和里襟：门襟是锁扣眼一侧的衣片，里襟是钉钮扣一侧的衣片。

（3）门襟止口：门襟的边沿，有连止口和加挂面两种形式。

（4）叠门：门、里襟重叠的部位。叠门量一般为 1.7 ~ 8cm 之间，一般是服装材料越厚重，使用的钮扣越大，叠门宽度越大。

（5）扣眼：钮扣的眼孔，有锁眼和滚眼两种。锁眼根据扣眼前端形状分圆头锁眼和方头锁眼。扣眼排列形状一般有纵向排列与横向排列，纵向排列时扣眼正处于叠门线上，横向排列时扣眼要在止口线一侧并超越叠门线 0.2cm 左右。

（6）眼档：扣眼间的距离。眼档的制定一般是先制定好首尾两端扣眼，然后平均分配中间扣眼，根据造型需要也可间距不等。

（7）驳头：衣身随领子一起向外翻折的部位。

（8）驳口：驳头里侧与衣领的翻折部位的总称，是衡量驳领制作质量的重要部位。

（9）串口：领面与驳头的缝合部位。

（10）摆缝：前、后衣身的缝合部位。

3. 背缝

背缝指为贴合人体或造型需要在后衣身上设置的缝合部位。

4. 臀部

臀部指对应于人体臀部最丰满的部位。

（1）上裆：腰头上口至裤腿分衩处之间的部位，是衡量裤装舒适与造型的重要部位。

（2）横裆：上裆下部最宽处，是关系裤子造型的最重要部位。

（3）中裆：脚口至臀部的 1/2 处左右，是关系裤筒造型的重要部位。

（4）下裆：横裆至脚口之间的部位。

5. 省道

省道指为适合人体或造型需要，将一部分衣料缝去，以作出衣片曲面状态或消除衣片浮起余量。它由省道和省尖两部分组成，按功能和形态进行分类如下。

（1）肩省：省底作在肩缝部位的省道，常作成钉子形，且左右两侧形状相同。它分为前肩省和后肩省。前肩省是作出胸部隆起状态及收去前中线处需要撇去的浮起余量，后肩省是作出背部隆起的状态。

（2）领省：省底作在领窝部位的省道，常作成钉子形。其作用是作出胸部和背部的隆起状态，用于连衣领的结构设计，有隐蔽的优点，常代替肩省。

（3）袖窿省：省底作在袖窿部位的省道，常作成锥形。它分为前袖窿省和后袖窿省。前袖窿省作出胸部隆起的状态，后袖窿省作出背部隆起的状态。

（4）侧缝省：省底作在侧缝部位的省道，常作成锥形。它主要使用于前衣身，作出胸部隆起的状态。

（5）腰省：省底作在腰部的省道，常作成锥形或钉子形。它使服装卡腰，呈现人体曲线美。

（6）胁下省：省底作在胁下部位处的省道。其作用是使服装卡腰呈现人体曲线美。

（7）肚省：前衣身腹部的省道。其作用是符合腹部凸起的状态。

6. 裥

裥为适合体型及造型的需要，将部分衣料折叠熨烫而成的，由裥面和裥底组成。

7. 褶

褶为符合体型和造型需要，将部分衣料缝缩而形成的褶皱。

8. 分割缝

分割缝为符合体型和造型需要，将衣身、袖身、裙身、裤身等部位进行分割而形成的缝，如刀背缝、公主缝。

9. 衩

衩为服装的穿脱行走方便及造型需要而设置的开口形式，如背衩、袖衩等。

10. 塔克

塔克为将衣料折成连口后缉成细缝，起装饰作用，取自于英语 tuck 的译音。

（二）部件术语

1. 衣身

衣身为覆合于人体躯干部位的服装部件，是上装的主要部件。

2. 衣领

衣领为围于人体颈部，起保护和装饰作用的部件。其广义包括领身和与领身相连的衣身部分，狭义单指领身。领身安装于衣身领窝上，包括以下几部分：

（1）领上口：领子外翻的翻折线。

（2）领下口：领子与衣身领窝的缝合部位。

（3）领外口：领子的外沿部位。

（4）领座：领子自翻折线至领下口的部分。

（5）翻领：领子自翻折线至领外口的部分。

（6）领串口：领面与挂面的缝合部位。

（7）领豁口：领嘴与领尖间的最大距离。

3. 衣袖

衣袖为覆合于人体手臂的服装部件。其广义包括与袖山相连的衣身部分。衣袖缝合于衣身袖窿处，包括以下几部分：

（1）袖山：袖子与衣身袖窿缝合的部位。

（2）袖缝：衣袖的缝合部位，按所在部位分前袖缝、后袖缝、中袖缝等。

（3）大袖：袖子的大片。

（4）小袖：袖子的小片。

（5）袖口：袖子下口边沿部位。

（6）袖克夫：缝在袖子下口的部件，起束紧和装饰作用，取自于英语 cuff 的译音。

4. 口袋

口袋为插手和盛装物品的部件，按功能和造型的需要可有多种不同的形式。

5. 襻

襻为起扣紧、牵吊等功能和装饰作用的部件，由布料或缝线制成。

6. 腰头

腰头为与裤身、裙身的腰部缝合的部件，起束腰和护腰作用。

二、常用工具

（一）测量工具

卷尺（皮尺），两面均标有尺寸的带状测量工具，长度为 150cm，质地柔软，伸缩性小。其用于人体部位尺寸测量以及制图、裁剪时的曲线测量。

（二）作图工具（图 1）

1. 方格尺

也称为放码尺。尺面上有横纵向间距 0.5cm 的平行线，用于制图、测量（可测量曲线）以及加放缝份，质地为透明塑料，长度有 45cm、50cm、55cm、60cm 等。

2. 直尺

用于制图和测量的尺子。质地为木质、塑料或不锈钢，长度有 15cm、30cm、60cm、100cm 等。

3. 角尺

两边呈 90° 的尺子，用于绘制垂直相交线段。质地为硬质透明塑料，有 45°、30° 和 60° 两种。

4. 弯形尺

也称为大刀尺，为两侧呈弧形状的尺子。质地为透明塑料，用于绘制裙、裤装侧缝、下裆弧线、袖缝等长弧线。

5. 6 字尺

绘制曲率大的弧线的尺子。质地为透明塑料，用于画领围、袖窿、上裆弧线等弧度大的曲线。

6. 比例尺

绘用于绘制缩小比例结构图的角尺。尺子内部有多种弧线形状，用于绘制缩小比例结构图中的曲线。质地为透明塑料，常用有 1 ：4 或 1 ：5 两种规格。

7. 比例直尺

用于绘制或测量缩小比例结构图的直尺。尺面上有 1 ：4 和 1 ：5 两种刻度，质地为软塑料，可弯折。

8. 自由曲线尺

可以任意弯曲的尺。质地柔软，外层包软塑料，内芯为扁形金属条，常用于测量人体部位曲线以及结构图中弧线长度。

9. 量角器

用来绘制角度线以及测量角度的工具。

10. 圆规

用于绘制圆或圆弧的工具。

11. 制图铅笔

自动铅笔或木制铅笔。实寸作图时，基础线常选用 H 或 HB 型铅笔，轮廓线选用 HB 或 B 型铅笔；缩小作图时，基础线常选用 2H 或 H 型铅笔，轮廓线选用 H 或 HB 型铅笔。

12. 描线轮

也称为滚齿轮，用作在样板或面料上做标记、拓样的工具。它有单头和双头两种，轮齿分为尖形和圆形两种。

13. 美工刀

裁剪样板时使用。

14. 剪刀

裁剪样板时使用。

15. 打板纸

制作样板使用的牛皮纸或白报纸。常用一开大小，厚度有 70g 或 80g 两种。

16. 描图纸

也称为硫酸纸。其为半透明纸，用于样板之间或样板与布料之间拓样。

17. 画板

打板时使用的木板。板面要求平整。

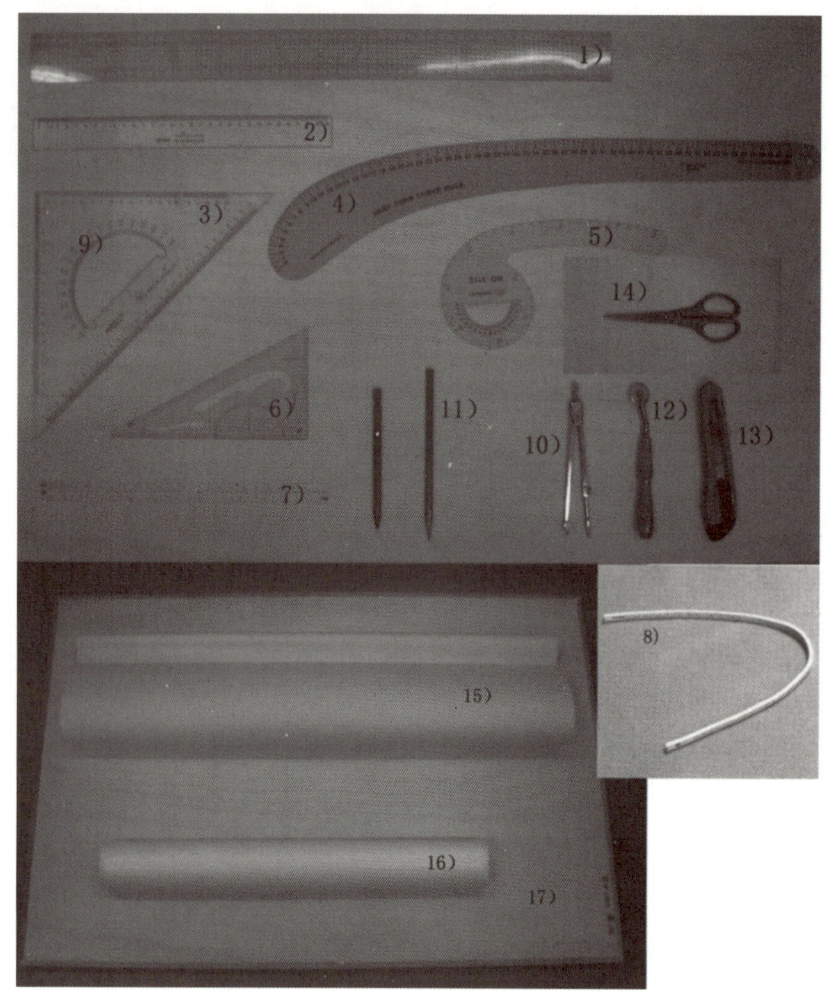

图 1　作图工具

（三）记号工具（图 2）

1. 划粉

固体状粉块，用于在布料上复描样板的画线工具，有白、红、蓝、黄等多种颜色。

2. 复写纸

有双面或单面复写纸，用于样板之间或样板与布料之间拓样，可配合描线轮使用。

3. 刀眼钳

在样板边缘标记对位记号的工具。

4. 锥子

在样板内部标记定位点、工艺点的工具。

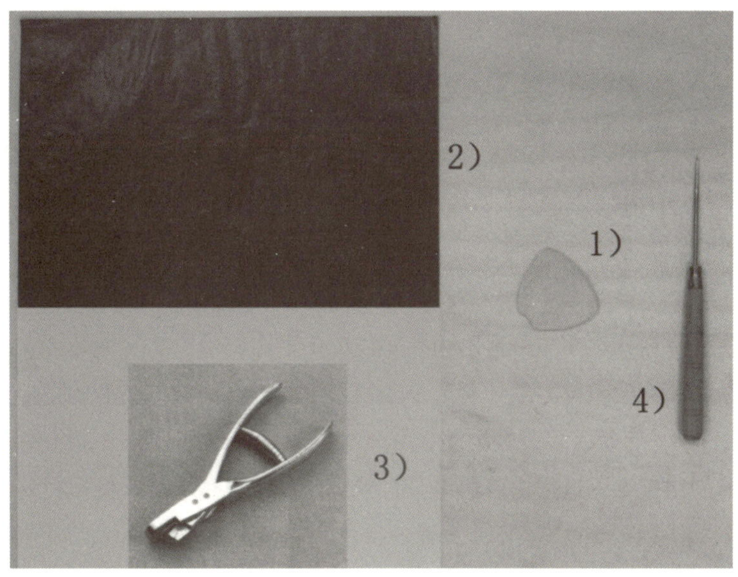

图 2　记号工具

（四）裁剪工具（图 3）

1. 工作台

裁剪、缝纫用的工作台。一般其高为 80 ~ 85cm，长为 130 ~ 150cm，宽为 75 ~ 80cm，台面应平整。

2. 裁剪剪刀

用于裁剪布料的工具。长度有 22.9cm (9″)、25.4cm (10″)、27.9cm (11″)、30.5cm (12″) 等规格，特点是刀身长、刀柄短、捏手舒服。

3. 花齿剪刀

刀口呈锯齿形的剪刀，可将布边剪成三角形花边效果，常用于裁剪面料小样。

图 3　裁剪工具

三、平面构成方法

（一）服装构成方法

服装构成方法分为立体构成（立体裁剪）和平面构成（平面制板）。

立体构成有构成造型和构成布样。立体构成是运用形象思维，对款式造型的把控较容易，使用材料（布料、标记带、大头针、人台等）多，耗时多，常用于创新设计或是三维向二维展平较复杂款式。

平面构成是平面绘制结构图，运用逻辑思维，对款式造型的把控较难，使用材料（白纸、铅笔等）少，较方便，体现构成造型设计师（制板师）的设计、技术能力。

（二）平面构成分类

根据结构制图时有无过渡媒介体，平面构成有间接构成和直接构成两种方法。

1. 间接构成法

间接构成法又称为过渡法，即采用基础纸样作为过渡媒介体，在该基础纸样上根据服装具体尺寸及款式造型，通过加放、缩减尺寸及剪切、折叠、拉展等技术手法作出与款式设计相一致的服装结构图。

根据基础纸样的种类，间接构成法又可分为原型法和基型法两种。

（1）原型法：以结构最简单、最能充分表达人体重要部位尺寸（与身高、净胸围形成回归关系式）的原型为基础，通过加放衣长，增减胸围、胸宽、背宽、领围、袖窿等细部尺寸，采用剪切、折叠、拉展等技术手法，制作出与款式设计相一致的服装结构图。

（2）基型法：以所欲设计的服装品类中最接近设计款式造型的服装样板作为基型，在基型上进行局部的造型调整，作出与款式设计相一致的服装结构图。由于步骤少、制板速度快，基型法常为服装企业所采用。

2. 直接构成法

直接构成法又称为直接制图法，即不通过任何过渡媒介体，按照服装各细部尺寸或运用基本部位与各细部之间的回归关系式，直接作出与款式设计相一致的服装结构图。这些回归关系式通常是在对大量人体测量数据进行分析，得到精确关系式的基础上，经过简化成为实用计算公式。这种构成方法具有制图直接、尺寸详实的特点，但根据造型风格估算计算公式中的常数值需要一定的经验。

根据构成方法的种类，直接构成法又可分为比例制图法和实寸法两种。

（1）比例制图法：根据人体基本部位（身高、净胸围或净腰围）与细部之间的回归关系，用基本部位的比例关系式求得各细部尺寸。衣长、袖长、腰长、裤长等长度尺寸常用身高的比例关系式表示为：$Y=a\times h+b$（h 为身高，a、b 为常数）；肩宽、胸宽、背宽等上装围度尺寸常用净胸围或胸围（在净胸围基础上加放了松量）的比例关系式表示为：Y=a×B+b（B 为净胸围或胸围，a、b 为常数）；横档宽、脚口等下装围度尺寸常用臀围或腰围的比例形式：Y=a×H+b 或 Y=a×W+b（H 为臀围，W 为腰围，a、b 为常数）。由于上述细部尺寸公式主要是用胸围或臀围的比例关系式表示，因此我们又称之为胸度法或臀度法。

根据比例关系式中系数的比例形式，比例制图法常分为以下几种：

① 十分法：系数的比例形式为 aB/10，aH/10……的形式（a 为 1 ~ 10 的整数）

② 四分法：系数的比例形式为 aB/4，aB/8……的形式（a 为 1 ~ 4 或 1 ~ 8 的整数）

③ 三分法：系数的比例形式为 aB/3，aB/6……的形式（a 为 1 ~ 3 或 1 ~ 6 的整数）

（2）实寸法：以特定服装作为参照，测量该服装各细部尺寸，以此作为服装结构制图的具体尺寸或参考尺寸。这种平面构成方法在服装行业中称为剥样。

四、服装平面构成因素

在结构制图过程中，必须考虑服装穿着在三维人体上的立体形态。平面纸样是服装立体造型的平面展开图。平面结构设计理论包括造型因素、人体因素、面料因素和工艺因素等四部份。

（一）造型因素

1. 服装构成的艺术比例

服装构成的艺术比例是指服装结构构成中整体与细部以及细部之间存在的量的比例关系。合理的整体与细部、细部之间的比例关系可以给人均衡感、协调感，或者给人运动感、节奏感，从而达到完美的艺术感。

（1）正方形比例

正方形中边长与对角线之比为 1 ：$\sqrt{2}$ 的比例关系，该比例具有安定、丰满、温和的协调感和艺术感，也称为“调和之门”（图 4）。

（2）黄金分割比

黄金分割比是矩形边长比为 1 ： 1.618 的比例关系，该比例关系给人以优美、典雅、协调等近乎完美的艺术感。一直以来被人们称为“美的数”“黄金分割”（图 5）。黄金分割比广泛应用于服装、建筑、绘画等艺术设计领域。

（3）矩形比例

矩形边比为 1 ：$\sqrt{3}$，1 ：$\sqrt{5}$ 的比例关系，这些比例由于差距较大，应用于服装设计中更具有动感，常用于年轻化风格的服装设计中（图 6）。

（4）等差与等比比例

等差、等比关系也是服装设计中常用的一种比例关系。部位之间长度的比例采用等差或等比的比例关系通常可以形成强烈的节奏感，一般等差比例较等比比例视觉感更加柔和。腰部装饰距离按等比比例排列，富于节奏感（图 7）。

2. 服装立体形态的平面展开

了解立体与平面展开图之间图形学构成关系对学习平面构成十分重要。采用图形学方法分析服装的立体造型，首先需要将复杂的曲面造型简化为简单的几何体，然后依照图形学的原理将几何体进行展开。

服装的立体造型可分解成若干几何体，因此，构成立体形态的几何体造型及其构成线是平面构成中最重要的因素。几何体又可分为可展曲面体和不可展曲面体，可展曲面体可按一定规则展平为平面图形，不可展曲面体则需要通过延展、压缩等方法使其展开。

（1）单一曲面的展开

圆柱体、圆台体、圆锥体等几何体都是可展曲面体。直身或卡腰造型的衣身廓体、直身或 A 字造

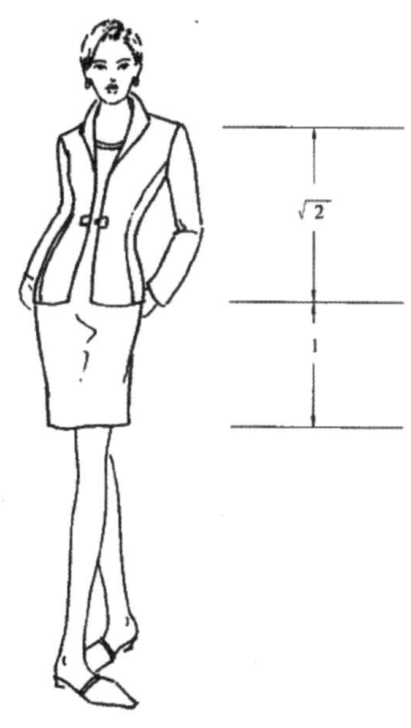

图 4　正方形比例

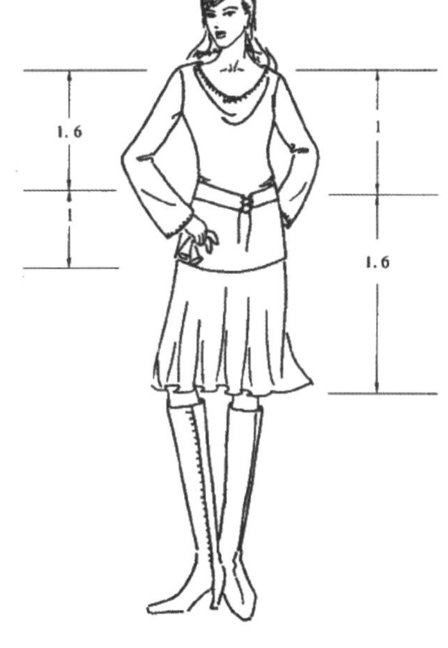

图 5　黄金分割比例

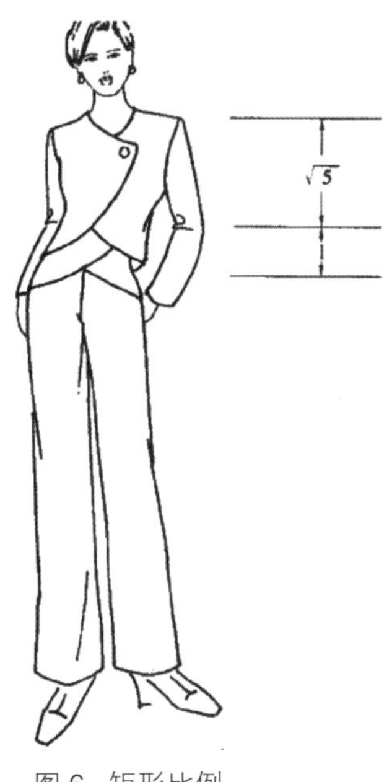

图 6　矩形比例

图 7　等比比例

型的裙身廓体、直身或弯身造型的袖身等，可根据上述几何体的图形学原理进行展开（图 8）。

图 8（a）所示是圆柱体通过母线 AB 处剪开，展平为矩形的平面图，如直身裙臀围线以下部位的展开。

图 8（b）所示是两个圆台体通过母线 ABC 处剪开，分别展平为扇形的平面图，如卡腰造型衣身的展开。

图 8（c）所示是圆锥体通过母线 AB 处剪开，展平为扇形的平面图，如上装衣身胸部隆起造型的展开。

图 8（d）所示是被截面斜向分割而成的圆柱体通过母线 AB 处剪开，展平后的平面图，该展开图为正弦曲线和矩形组合而成的正弦曲线面，如直身造型衣袖的展开。

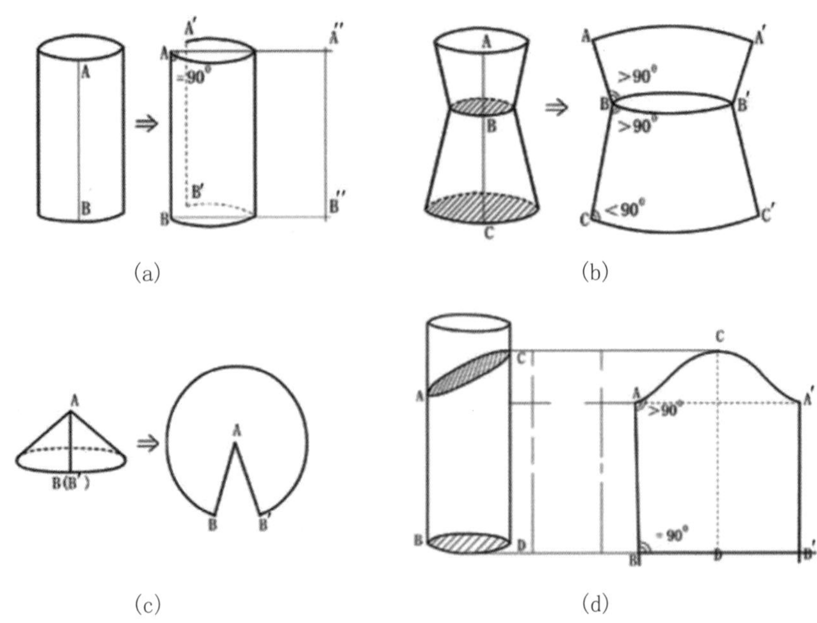

图 8　单一曲面的展开

（2）复合曲面的展开

球体、椭球体这些复杂曲面从理论上讲是无法得到准确的平面展开图的，但通过图形学的展开法可以得到近似的展开图。

图 9 所示是椭球体采用柱面展开法，通过在纵向上作多条分割线（图中为七条分割线），可近似得到 1/4 椭球体的平面展开图，如直身裙腰臀围之间部位的平面展开。

图 10 所示是椭球体用环形展开法，在横向上作多个截面（图示为 A、B、C 三个截面），展开后可近似得到 1/4 椭球体的平面展开图。截面越多，展开的环形面越接近于平面，如带有横向约克分割造型的平面展开。

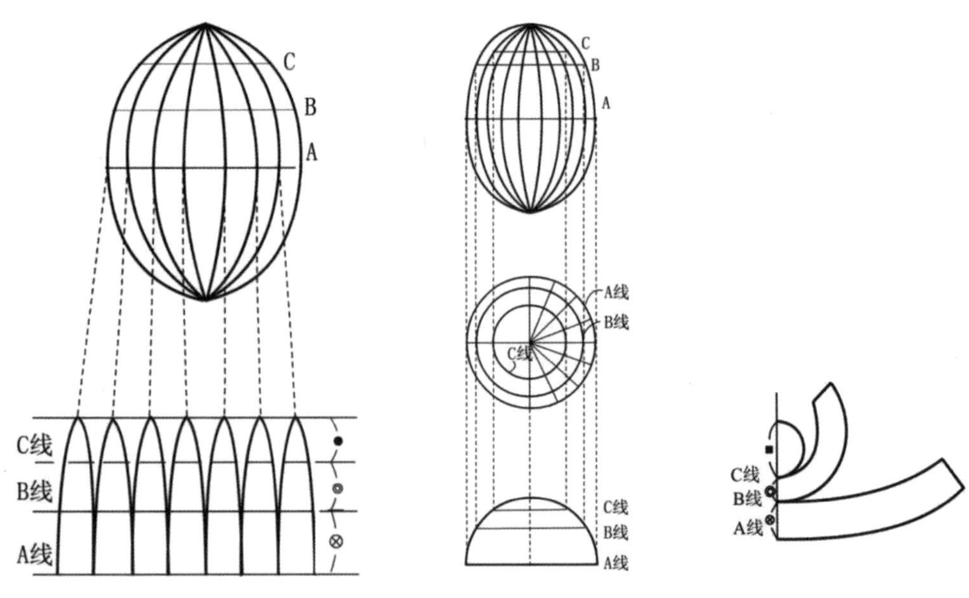

图 9　椭球体的柱面展开图　　　　图 10　椭球体的环形展开

（二）人体因素

绘制服装结构图所需要的人体因素，有骨骼、肌肉、皮肤等描述人体外形的构成因素，还包括与人体运动部位相关的构成因素。通过确定人体的测量部位和方法，获得人体尺寸（号型因素）、体型状态（形态因素）等人体数据信息，可直接应用于结构图的绘制。

号型因素除了胸围、腰围等围度外，还包括背长、背宽等体表实际尺寸，这些数据都直接与结构制图中的细部尺寸相关联。此外，身高以及其他高度、厚度、宽度等测量项目也可辅助了解个体的尺寸特征，是掌握与成衣规格相对应的人体体型分类的关键数据。

通过三维人体扫描可获得多方位人体形态的平面图（正面图、侧面图等），求得人体长度、围度等各项数据，为平面构成提供尺寸依据。

对于工业化生产，人体的尺寸因素和形态因素应以大多数人的平均测量值为基础。该平均值不是指简单的整体平均值，而是需要针对人体测量值，根据年龄、性别等不同特征，采用多种数理统计处理方式，得到数据最大值 / 最小值的范围及分布情况，然后建立尺寸的组合类型及构成比例，用作指导服装生产规格的确定。

（三）面料因素

采用不同的面料，可产生不同的服装立体廓型和松量构成感觉，一些造型手法的表现效果也会不同，如折裥和波浪造型会因面料特性不同而产生不同的效果。为了准确表现设计意图，结构设计时要充分考虑材料本身的物理性质。

影响结构设计的面料因素主要包括保形性、变形性、可塑性、厚度和重量等。通过相关测试仪器可将材料的物理性能量化，在此基础上可实现对设计效果的综合评价及预测。

面料的保形性是指在不施加任何外力的情况下面料自重引起的形态变化，是指平面材料保持平面性能和布料的经纱、纬纱之间交叉角度的能力。保形性不同的面料，会产生不同的悬垂效果。

面料的变形性是指在附加外力的情况下面料的变形（弯屈变形、剪切变形等）能力。如牛仔面料，在不受外力作用时，可以充分地保持稳定，但当沿着斜向拉伸面料时，就很容易变形。

面料的可塑性是指用熨斗等熨烫成型某种形状的面料在施加热、压力、张力的情况下的保持能力。

面料的厚度对纸样的具体影响包括：当使用的面料较厚时，需要在纸样的宽度和长度方向追加厚度量；对于褶裥和波浪造型，如果要保持相同的外形，厚面料在纸样处理过程中加入的褶裥量应相对较少；当面料同时具备保形性、变形性和可塑性时，通过缝缩或归拢形成曲面形态，而当面料无法做缝缩或归拢处理时，就需要通过缝合线、省道或褶裥等结构处理方法形成曲面。

（四）工艺因素

缝制方法不同，服装结构构成也会不同。由于单件制作和批量生产中的裁剪和缝制方法不同，因此我们对时间效率和缝制者技术水平的要求也会有所不同。对于工业样板，为了降低生产难度，通常尽量不加入缝缩或归拢量，而改用省道或接缝来处理，并且在样板中应包含有对位记号等工业样板的标识符号。另外，工业样板中的贴边、领里等部件的结构处理需要考虑所用面料的物理性能，在样板中应加入一定翻折松量。

将以上四个因素综合起来，就形成平面结构设计的基本理论（图 11）。然而，服装的设计并非像精密仪器那样要求绝对的严密和精细。由于人体的姿势不断在改变，并且人体和服装面料都是非刚性的，因此将上述四个因素与图形学理论相结合，运用到平面构成中非常困难，这也就是结构设计理论体系研究进展缓慢的原因。

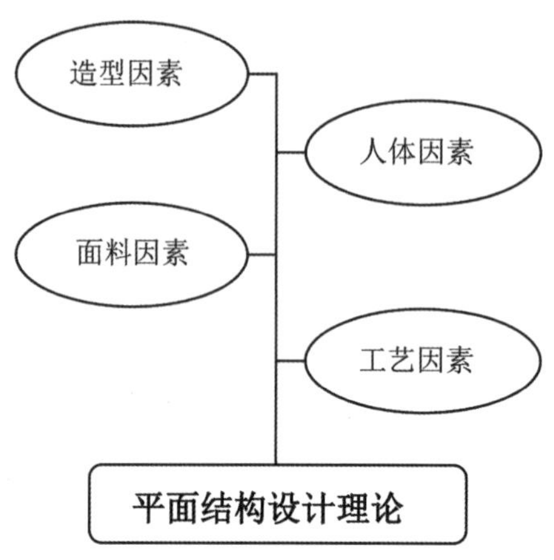

图 11　平面构成的四个因素

五、结构制图规则、符号与工具

服装结构图是传达设计意图，沟通设计、生产、管理部门的技术语言，是组织和指导生产的技术文件之一，对标准样板的制订、系列样板的缩放起到指导作用。结构制图的规则和符号都有严格的规定，以便保证制图格式的统一、规范。

（一）结构制图规则

1. 结构制图的种类

结构制图的种类包括净样板、毛样板、缩小比例图等。净样板是指按照服装成品尺寸进行制图，结构图中不包括缝份的样板；毛样板是指结构图的外轮廓线已经包括缝份在内的样板；缩小比例图是指按照一定比例将净样板或毛样板缩小，便于非实际生产时使用的样板。

根据需要，除衣片结构图外，服装制图还包括部件详图和排料图。部件详图的作用是对某些缝制工艺要求较高、结构较复杂的服装部件再做出图示加以补充说明，在缝纫加工时用作参考；排料图是记录面料、里料或其他辅料在裁剪划样时样板排列方式的图纸，可采用人工或服装 CAD 排料系统对样板进行排列，将其中最合理、最省料的排列方式绘制下来。

2. 结构制图的顺序

结构制图总的顺序应为：先作衣身，后作部件；先作大衣片，后作小衣片；先作后衣片，后作前衣片。

具体而言，一般可按下述顺序进行制图：

（1）先作基础线，后作轮廓线和内部结构线。作基础线时一般是先横后纵，即先定长度、后定宽度，由上而下、由左而右进行。

（2）作好基础线后，根据各部位的规格尺寸在相应位置标出若干定点或工艺点。

（3）最后用直线或光滑的曲线准确地连接各部位的定点或工艺点，勾画出样片外轮廓线。

3. 结构制图的比例

根据不同用途，结构制图的比例有原值比例、缩小比例和放大比例。常用的制图比例形式见表 1 所示。在同一款式的结构图中，各部件应采用相同的制图比例，并将比例标注在样板说明栏内；如个别部件需采用不同比例时，必须在该部件的样板上标明所用制图比例。

表 1 结构制图比例

原值比例	1 ∶ 1
缩小比例	1 ∶ 2　1 ∶ 3　1 ∶ 4　1 ∶ 5　1 ∶ 6　1 ∶ 10
放大比例	2 ∶ 1　4 ∶ 1

4. 结构制图的文字标注

结构图中文字、数字、字母的标注原则为：字体工整，笔画清楚，间隔均匀，排列整齐。

标注中汉字应写成长仿宋体字，并应采用中华人民共和国国务院正式公布推行的《汉字简化方案》中规定的简化字。汉字的高度（用 h 表示）可为 3.5mm、5mm、7mm、10mm、14mm、20mm 等，字宽一般为 h/1.5。数字和字母可写成直体或斜体，斜体字应向右倾斜，与水平线呈 75°。用作分数、偏差、注脚的数字或字母，一般应采用小一号字体。文字标注示例如图 12 所示。

图 12　文字标注示例

5. 结构制图的尺寸标注

结构图上所标注的尺寸数值应为服装各部位 / 部件的实际尺寸大小，国内常以厘米（cm）为单位，国外常以英寸（inch）为单位。结构制图中每个部位 / 部件的尺寸一般只标注一次，并应标注在最清晰的结构图上。

（1）尺寸界线和尺寸线的标注：尺寸界线和尺寸线应用细实线绘制。尺寸界线可以利用轮廓线引出，尺寸线通常与尺寸界线垂直（弧线、三角形和尖形尺寸除外），两端端点或箭头应指到尺寸界线处，尺寸线不能用结构图中已有的线迹替代（图 13）。尺寸线标注的位置尽量不要与结构图中其他线迹相交，当无法避免时，应将尺寸线断开，用弧线表示（图 14）。

（2）尺寸数字的标注：标注长度尺寸时，尺寸数字一般应标注在尺寸线的左面中间，如图 15（a）所示；标注宽度尺寸时，尺寸数字一般应标注在尺寸线的上方中间，如图 15（b）；当距离较小时，可在尺寸线的延长线上标注尺寸数字，如图 15（c），或将该部位距离用细实线引出加以标注，如图 15（d）所示；尺寸线断开的尺寸数字标注在弧线断开的中间。

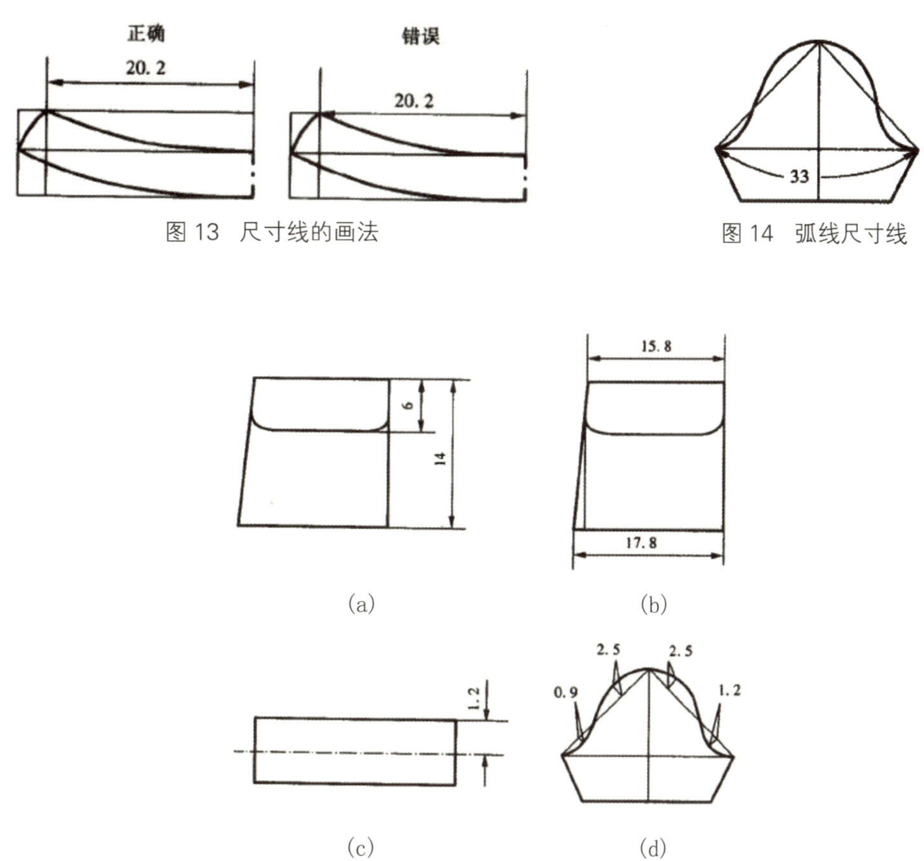

图 13　尺寸线的画法

图 14　弧线尺寸线

图 15　尺寸数字的标注

（二）结构制图符号

1. 图示符号

图示符号是为使结构图易懂而设定的符号。服装结构图中常用图示符号如表 2 所示。在制图中，若使用其他制图符号必须用图或文字加以说明。

表 2 图示符号

编号	表示符号	表示事项	说明
1	——————	基础线 （细实线）	用作样板绘制过程中的基础线、辅助线以及尺寸标注线
2	——————	轮廓线 （粗实线）	用作样板完成后的外轮廓线
3	------------	缝纫辑线 （细虚线）	表示缝纫针迹线的位置
4	– – – – – – – –	折叠线 （粗虚线）	表示折叠或折边的位置

表 2 图示符号（续）

编号	表示符号	表示事项	说明
5	或	连裁线（粗点划线）	表示对折连裁的位置
6		等分线	表示按一定长度分成等分
7	○ △ □	等量号	表示两者为相等量
8		丝绺线	表示布料的经向方向
9		斜向	箭头表示布料的经向方向
10	顺毛 倒毛	毛向	在有绒毛方向或有光泽方向的布料上表示绒毛的方向
11		拔开	表示拉伸拔开的位置
12		缝缩	表示缝缩的位置
13		归拢	表示归拢的位置
14		抽褶	表示抽褶的位置
15		直角	表示两边呈垂直状态
16		重叠	表示样板相互重叠
17	展开 闭合	闭合、展开	表示省道的闭合、转移展开
18		拼合	表示裁剪时样板需拼合连裁
19	×	胸点	表示乳房的最高点
20		单裥	单个折裥，斜向细线表示折裥方向，高端一面倒压在低端一面
21		对裥	对向折裥，斜向细线表示折裥方向，高端一面倒压在低端一面
22		钮扣	表示钮扣的位置
23		扣眼	表示钮扣眼的位置

2. 英文代号

在结构图中，通常采用英文缩写字母表示主要部位以及结构线的名称，常用英文代号如表 3 所示。

表 3 常用英文代号

编号	表示符号	表示事项	说明
1	领围	Neck	N
2	胸围	Bust	B
3	下胸围	Under Bust	UB
4	腰围	Waist	W
5	臀围	Hip	H
6	领围线	Neck Line	NL
7	胸围线	Bust Line	BL
8	腰围线	Waist Line	WL
9	中臀围线	Middle Hip Line	MHL
10	臀围线	Hip Line	HL
11	肘线	Elbow Line	EL
12	膝围线	Knee Line	KL
13	胸点	Bust Point	BP
14	颈侧点	Side Neck Point	SNP
15	前颈窝点	Front Neck Point	FNP
16	后颈椎点	Back Neck Point	BNP
17	肩点	Shoulder Point	SP
18	袖窿	Arm Hole	AH
19	衣长	Length	L
20	头围	Head Size	HS
21	前中心线	Center Front Line	CFL
22	后中心线	Center Back Line	CBL
23	前腰长	Front Waist Length	FWL
24	后腰长	Back Waist Length	BWL
25	肩宽	Shoulder Width	SW
26	前胸宽	Chest Width	CW
27	后背宽	Across Back	AB
28	裤长	Trousers Length	TL
29	裙长	Skirt Length	SL
30	臀长	Hip Length	HL
31	下裆长	Inside Seam	IS
32	前上裆弧长	Front Rise	FR
33	后上裆弧长	Back Rise	BR
34	脚口	Slacks Bottom	SB
35	袖长	Sleeve Length	SL
36	肘长	Elbow Length	EL
37	袖山	Sleeve Cap	SC
38	袖肥	Muscle	MS
39	袖口	Cuff Width	CW

六、衣身前后浮余量及其消除方式

（一）衣身前后浮余量

1. 浮余量的概念

衣身前后浮余量是指衣身覆合在人体或人台上，将衣身纵向前中心线、后中心线及纬向胸围线、腰围线分别与人体或人台的标志线覆合一致后，出现的多余量。前衣身在胸围线（BL）以上（肩缝、袖窿处）出现的多余量称前浮余量，亦称胸凸量（从人体的角度）；后衣身在背宽线以上（肩宽、袖窿处）出现的多余量称后浮余量，亦称背凸量（从人体的角度）（图16）。

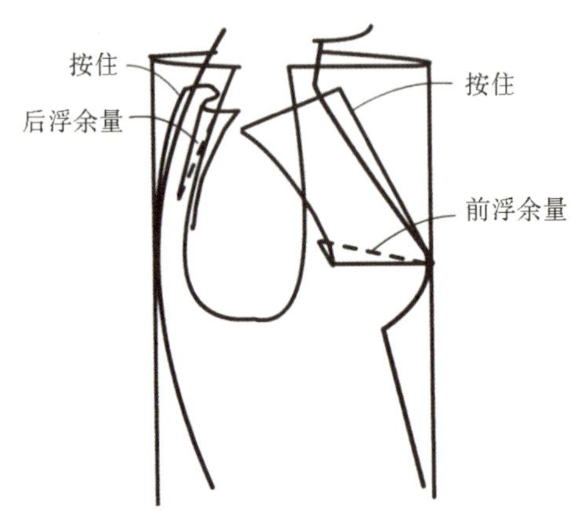

图16　衣身前后浮余量

2. 前浮余量消除方法

前浮余量的消除是使衣身能很好地覆合人体，即使衣身的结构达到平衡。其消除方法有结构处理方法和工艺处理方法两种，结构处理方法又分为收省（含省道、抽褶、折裥等形式）和下放两种方法。

(1) 前浮余量用省道的形式消除：如图17（a）所示，将前浮余量用对准胸点（BP）的肩胸省的结构形式进行消除，此时前中心线（CFL）呈垂直状，胸围线（BL）、腰围线（WL）呈水平状。如图17（b）所示是用对准胸点（BP）的袖窿省来消除前浮余量。

(2) 前浮余量用下放的形式消除：如图18所示，将前浮余量捋向下方至衣身自然平整，形成前中心线外倾，腰围线（WL）呈水平状态，腰围线与基础线之间形成的量称为下放量。

(3) 前浮余量用省道加下放的形式消除：部分前浮余量用收省的方式消除，部分前浮余量（一般≤1cm）用下放的方式消除。常用于腰围较宽，胸围风格为较贴体、较宽松风格的衣身。

3. 后浮余量消除方法

后浮余量的消除是在后衣身因背部肩胛骨隆起而产生的不平整部位进行，使之能很好地覆合人体。其消除方法亦可分省道和下放两种形式，但一般采用肩背省的结构形式或肩缝缝缩的工艺形式进行消除（图19）。

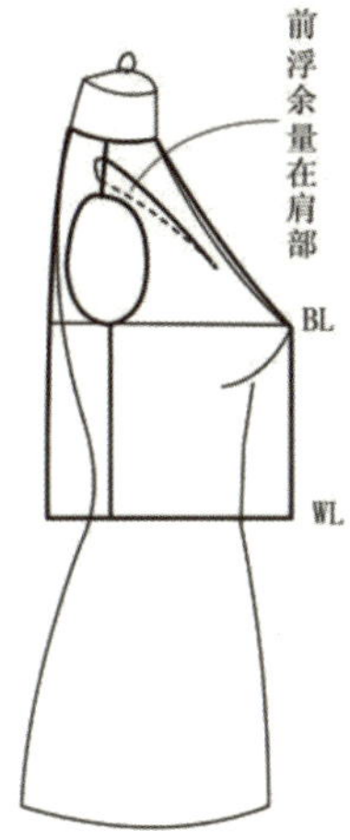

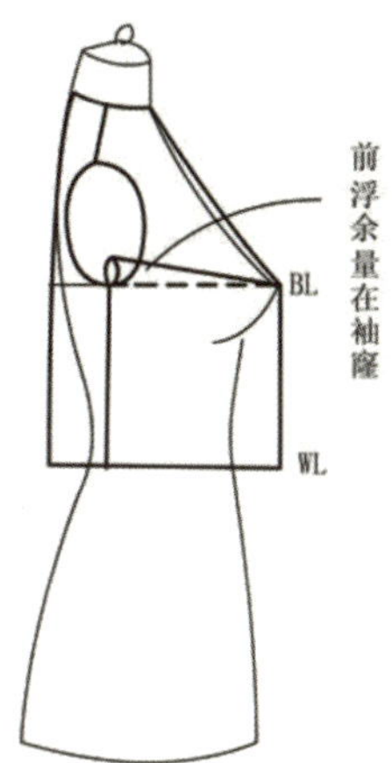

图 17　用省道的形式消除前浮余量

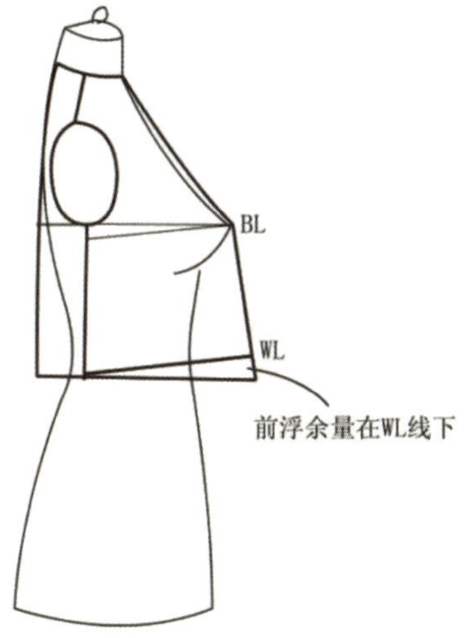

图 18　用下放的形式消除前浮余量

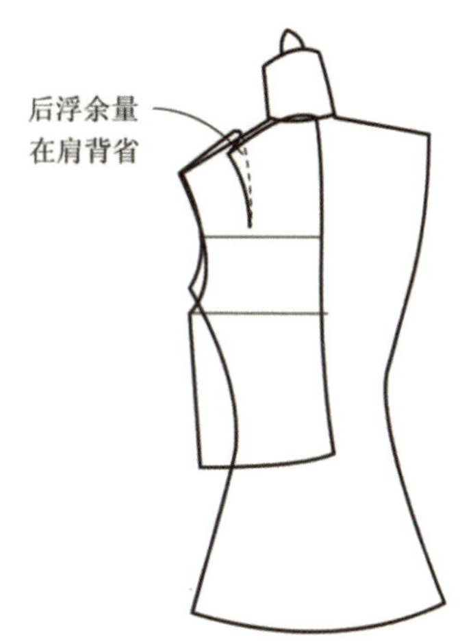

图 19　后浮余量的消除

（二）前、后浮余量用省道消除的方法

1. 单个集中省道

（1）肩省

图 20 效果图为单个集中肩省，将衣身的前浮余量全部转移至肩省。

（2）侧缝省

图 21 效果图为腰部合体的单个集中侧缝省设计，在侧缝距腰节 6cm 处设计省位线，前浮余量和腰省全部转移至侧缝省处。

（3）领口省

图 22 效果图为单个集中领口省设计，在领口合适位置设计省位线，将前浮余量转移至领口省。

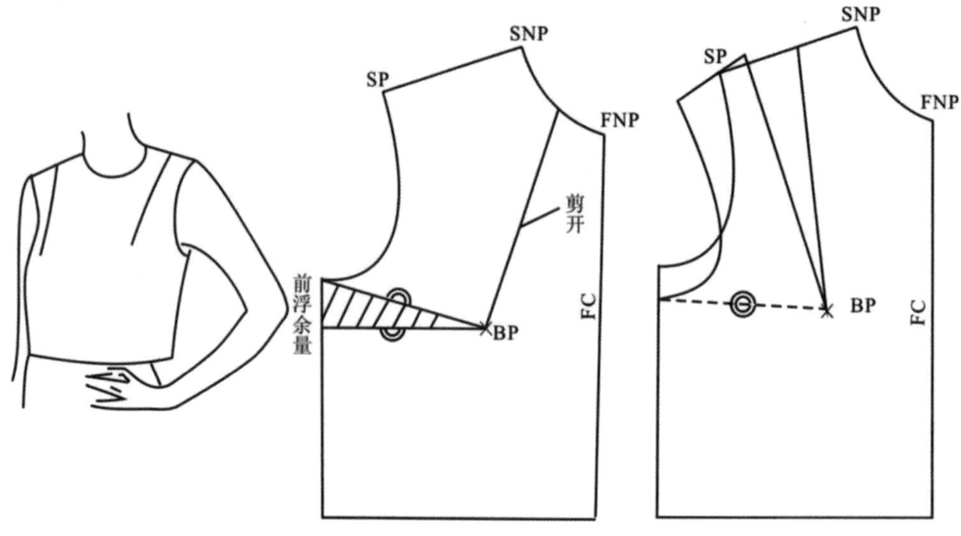

图 20　单个集中省道

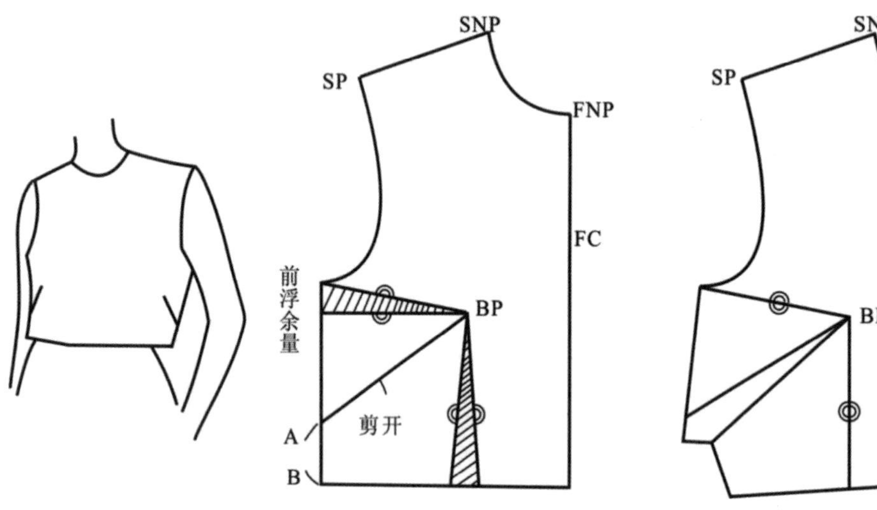

图 21　单个集中侧缝省

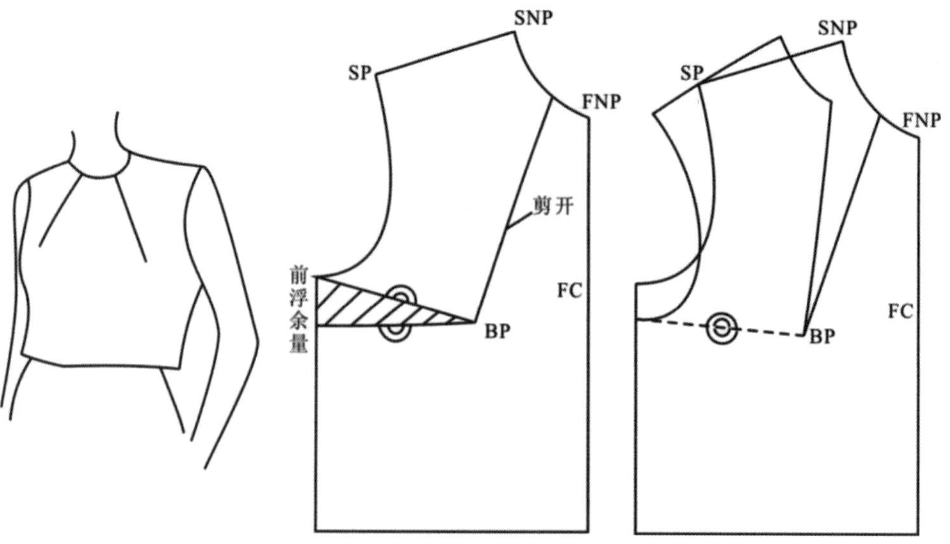

图 22　单个集中领口省

2. 多个分散省道

（1）前领中省与腰中省

按效果图分别在前领窝中点、腰中点作出省位，将前浮余量转移至前领中省，将腰省转移至腰中省处，如图 23 所示。

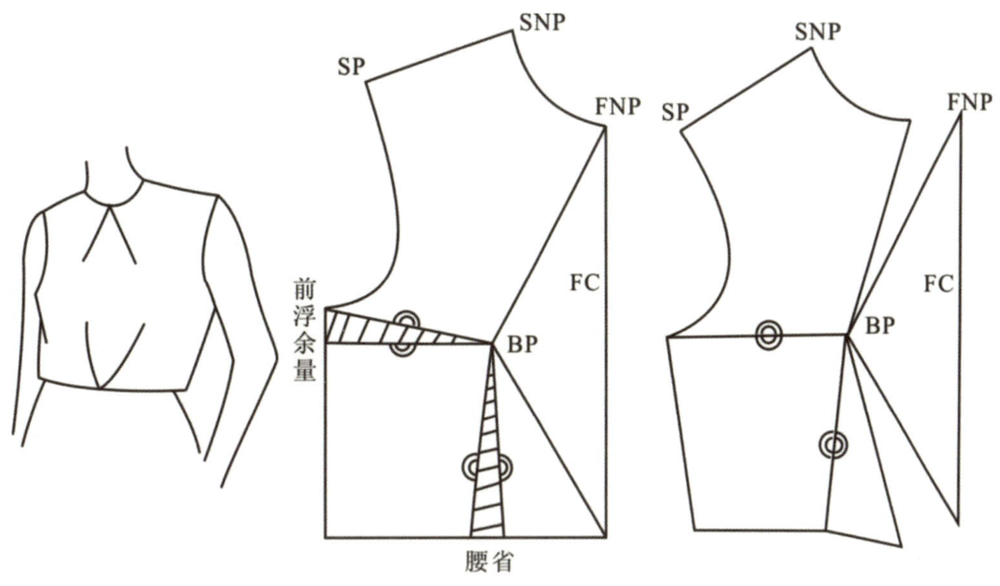

图 23　前领中省与腰中省

（2）两个腰省

按效果图作出腰部两个不对准胸点（BP）的腰省省位，将前浮余量转移至腰省，再将腰省平均分配到两个新腰省中，如图 24 所示。

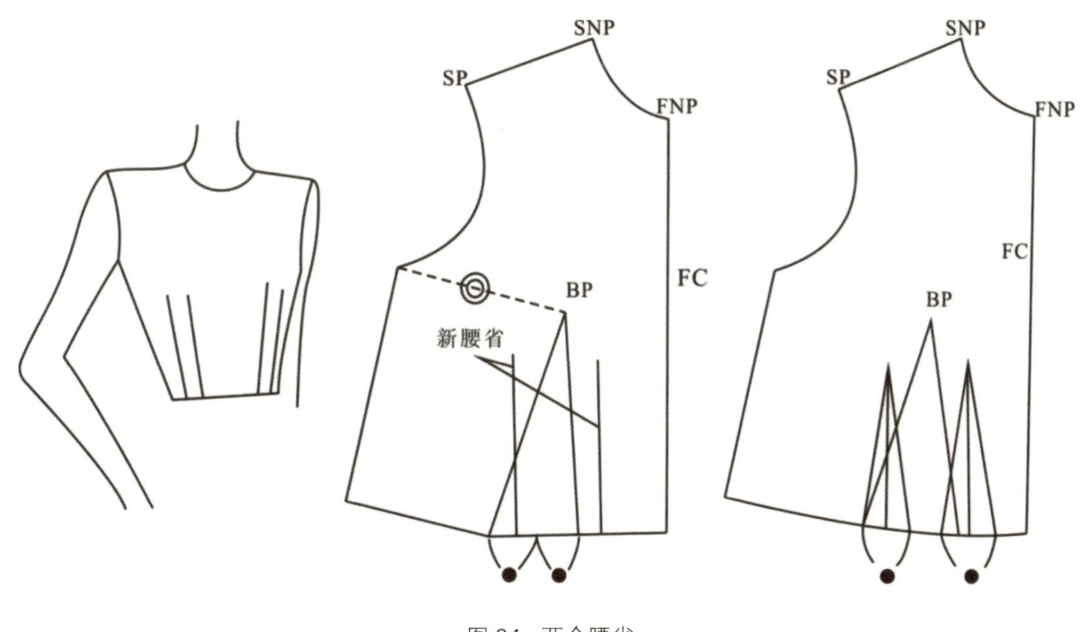

图 24　两个腰省

（3）领部等量多省转移

图 25 效果图为腰部合体的领窝处等量多省设计，按效果图作出领部新省位线，并作辅助线，将省端点与胸点（BP）连接，将前浮余量和腰省量分为等量的 3 份，转移至 3 个新省位中，忽略不必要的省量。

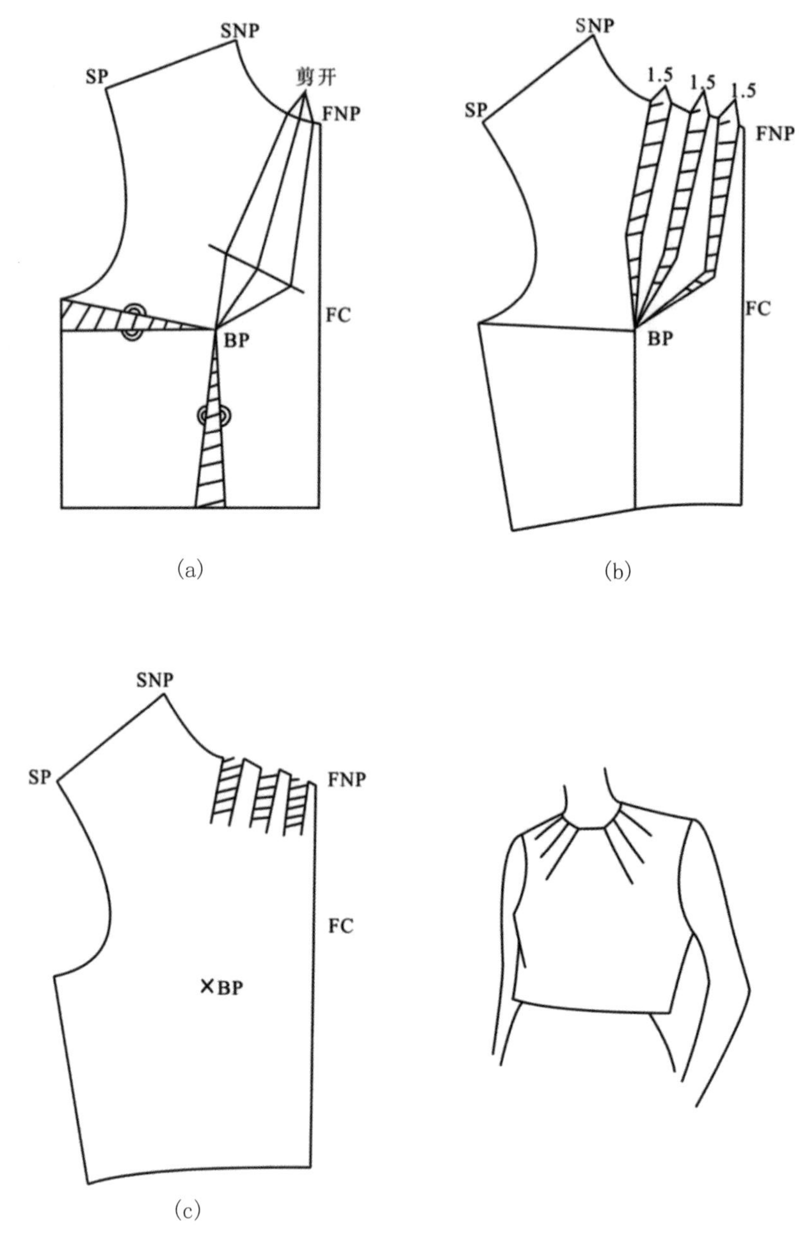

图 25　领部等量多省转移

七、衣领结构制图

（一）单立领结构制图

1. 结构制图方法

单立领结构设计方法有在领窝外作图的分开作图法、在领窝上直接作图法以及实验制图法等方法，但由于分开作图法在作图原理上不科学，故不作介绍。

直接作图法（图 26）：

① 图 26（a），修正基础领窝使后领窝宽为 N / 5−0.3cm=⊘，前领窝宽为⊘ −0.5cm，后领窝深为（N / 5−0.3cm）/ 3−0.2cm，前领窝深为⊘+ 0.5cm。

② 图 26（b），作垂线 A 至 SNP，根据领侧倾角 α_b 和 n_b 的实际值，在衣身上得到实际领窝线 B 点使 AB = n_b，AB 与水平线倾斜角为 α_b。

③ 前领身的设计分三种情况；第一种情况见图 26（c），前领窝线在基础领窝线上开低≤ 1.5cm，然后在实际领窝线上作出前领身，此类前领身立体形态为耸立的。第二种情况见图 26（d），前领窝线在基础领窝线上开低 1.5~n_f，然后在实际领窝线上作出前领身，此类前领身立体形态为较平坦形。第三种情况见图 26（e），前领窝线在基础领窝线上开低≥ n_f，然后在实际领窝线上作出前领身，此类前领身立体形态为平坦形。

④ 后领身作图

当 $\alpha_b \leqslant 95°$ 时，此时基础领窝侧面不开大，故按照图 26（f），则此时后领部应呈向下口倒伏的形状；当 $\alpha_b > 95°$ 时，此时基础领窝侧面开大，故按照图 26（g），则此时后领部应呈向上口卷曲的形状。

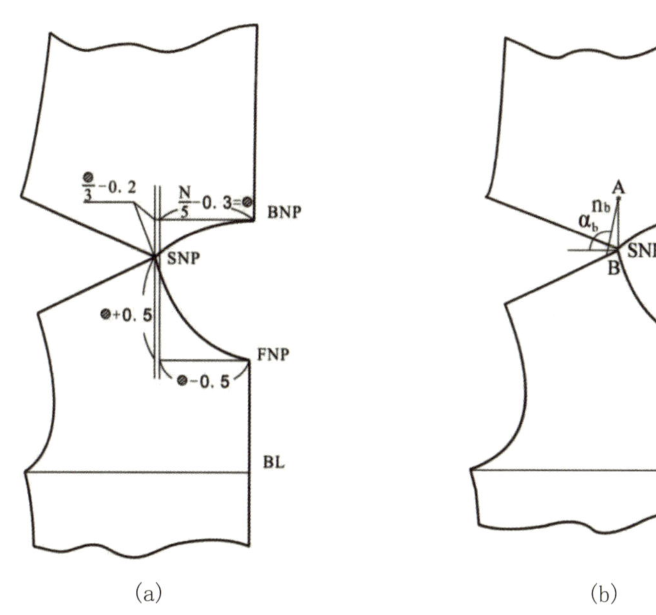

图 26 直接作图法

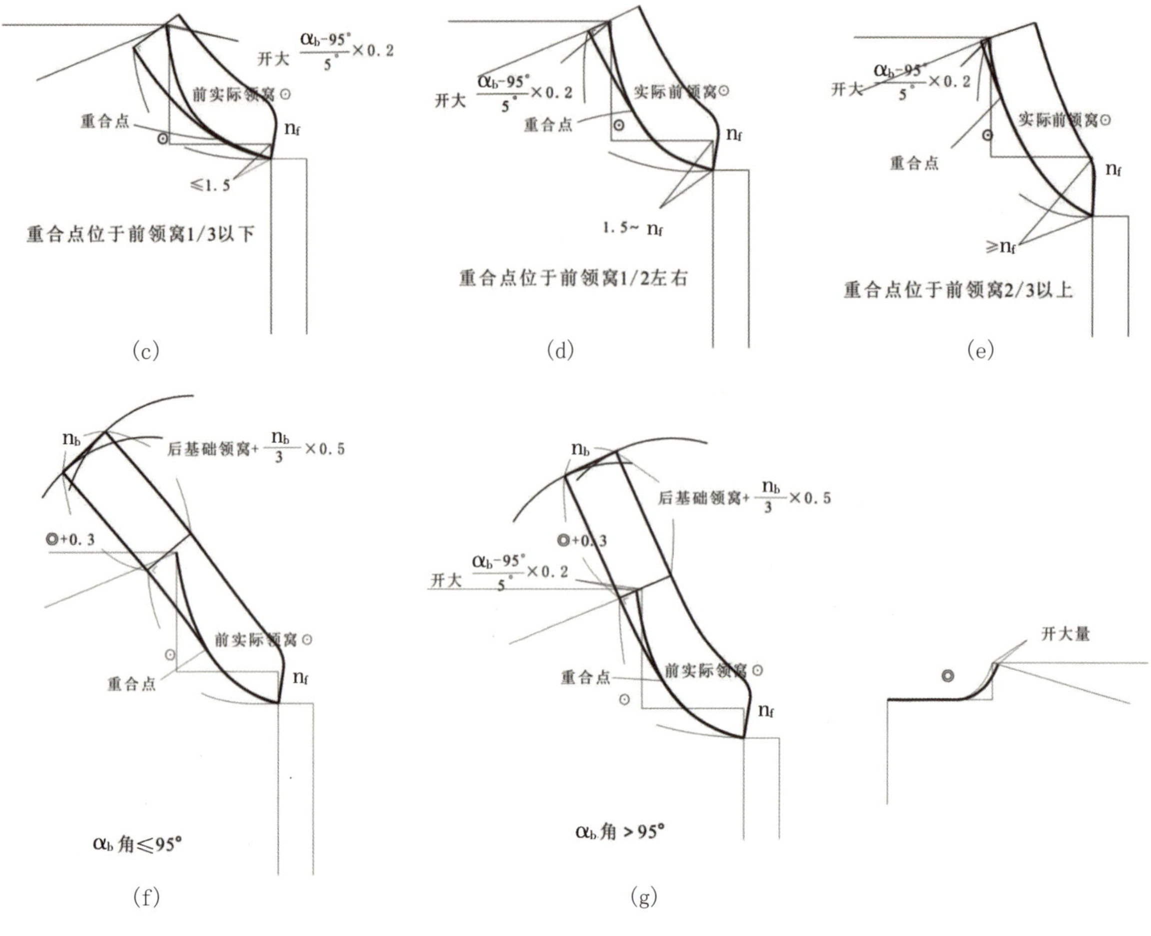

图 26　直接作图法（续）

2. 实例分析

（1）领前型为圆弧形的单立领

已知：单立领款式如图 27（a）所示，N（领围）= 40cm，n_b = 4cm，α_b = 100°，n_f = 3.5cm。

制图方法：

① 按 α_b = 100°、n_b = 4cm，在基础领窝上作出实际领窝线的后、侧部，如图 27（b）所示。

② 在前实际领窝处，按效果图显示的领前部实际领窝的具体位置，定出实际领窝的前部位置及领前部造型。

③ 在前领窝重合点处画弧线，使弧线长 = 实际领窝弧长 + 0.3cm，如图 28（a）所示。

④ 在前领身上口处作弧线，使弧线长 = 基础领窝弧线长 +4/3×0.5，如图 28（b）所示。

⑤ 作两弧线的公切线，且使 EF= 后领窝 n_b=4cm，如图 28（c）所示。

⑥ 将整体领身按款式图所示造型画顺，如图 28（d）所示。

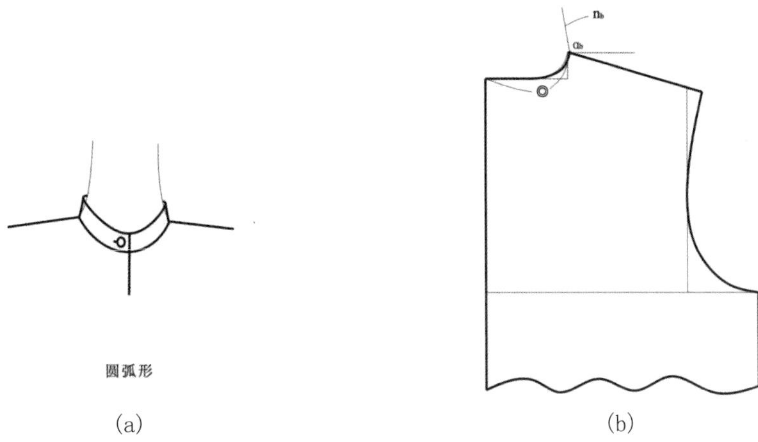

(a)　　　　　　　　(b)

图 27　领前型为圆弧形的单立领

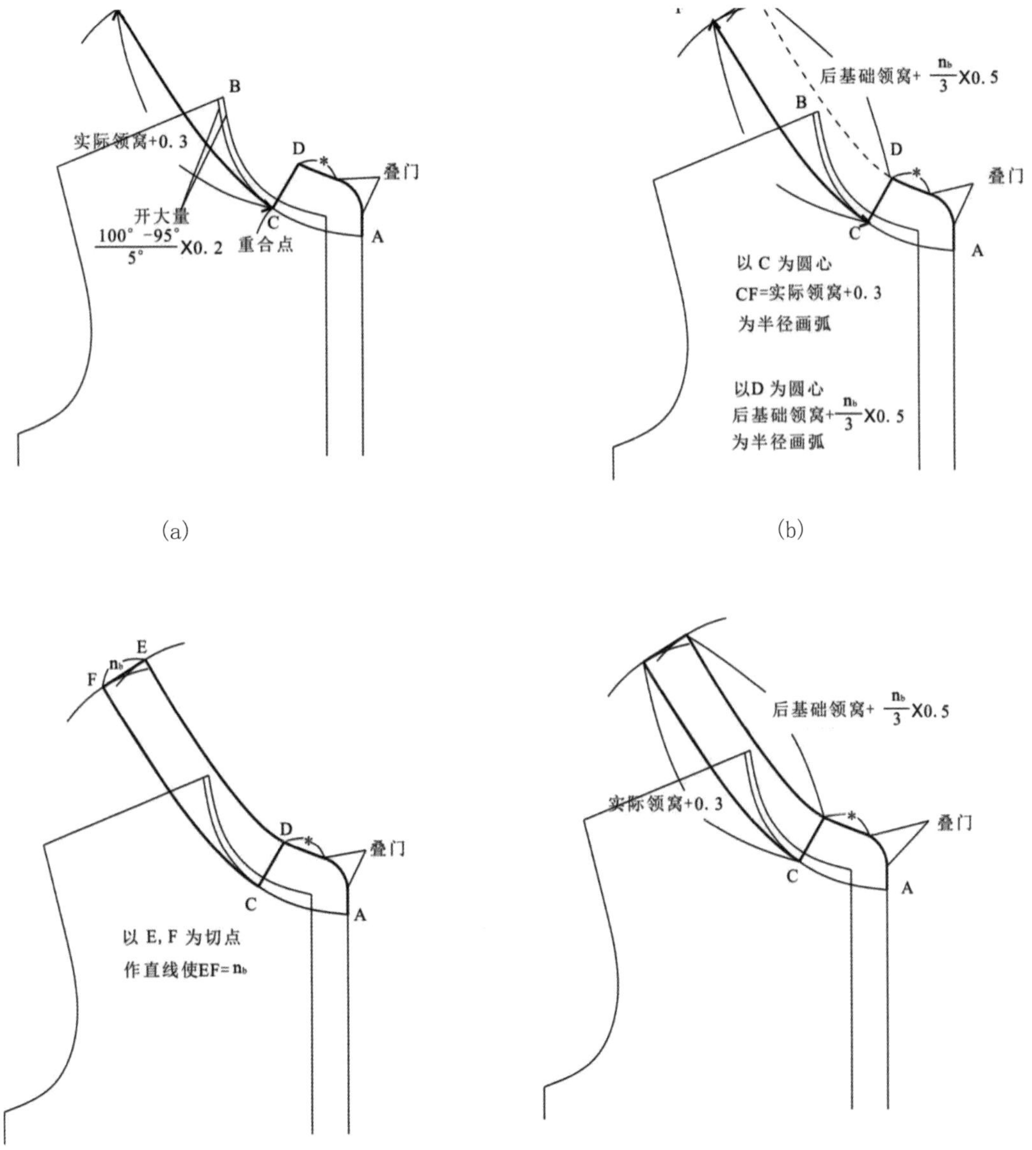

实际领窝+0. 3
B
D
叠门
开大量
$\frac{100°-95°}{5°}$X0. 2
C
重合点
A

(a)

后基础领窝+$\frac{n_b}{3}$X0. 5
B
D
叠门
C
A
以 C 为圆心
CF=实际领窝+0. 3
为半径画弧
以D 为圆心
后基础领窝+$\frac{n_b}{3}$X0. 5
为半径画弧

(b)

E
F
n_b
D
叠门
C
A
以 E, F 为切点
作直线使EF=n_b

(c)

后基础领窝+$\frac{n_b}{3}$X0. 5
实际领窝+0. 3
叠门
C
A

(d)

图 28　领前型为圆弧形的单立领画法

（2）领前型为直线形的单立领

已知：单立领款式如图 29（a）所示，N（领围）= 37cm，n_b = 3.5cm，α_b = 95°，n_f = 3.5cm。

制图方法：

① 按 α_b = 95°、n_b = 3.5cm，在基础领窝上作实际领窝线的后、侧部，如图 29（b）所示。

② 在前基础领窝处，按效果图所示的领前部实际领窝的具体位置，定出实际领窝的前部位置及领前部造型。

③ 在前领窝处作切线，切线长 = 前领窝长 + 后领窝长 + 0.3cm，作垂线 n_b = 3.5cm，如图 29（c）所示。

④ 拉展领上口线使之等于 N / 2 = 37cm / 2 = 18.5cm，注意前部造型不能变动，如图 29（d）所示。

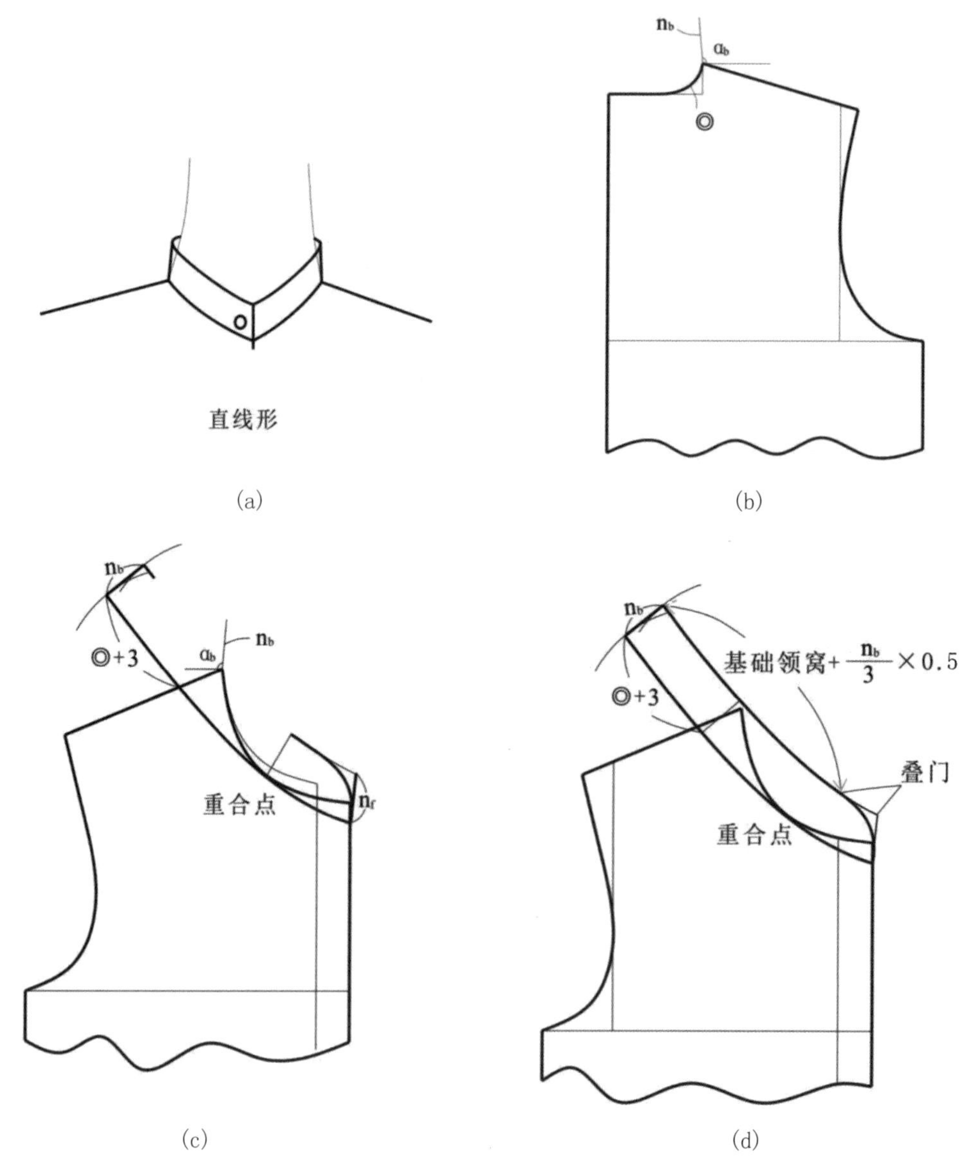

图 29　领前型为直线形的单立领画法

（3）前领身稍平坦、上领口为圆弧形的单立领

见图 30，领围 N=40cm，n_b=4cm，n_f=6cm，α_b=105°，在肩线上的基础领窝线上开大 (105° − 95°)/5° ×0.2=0.4cm，按款式前领造型在基础领窝前部开低 4cm，画出前领身，再按下口长 = 实际后领窝弧长 +0.3cm 画弧，上口长 = 基础后领窝弧长 +4/3×0.5cm 画弧，后领座高 =4cm，画出后领身。

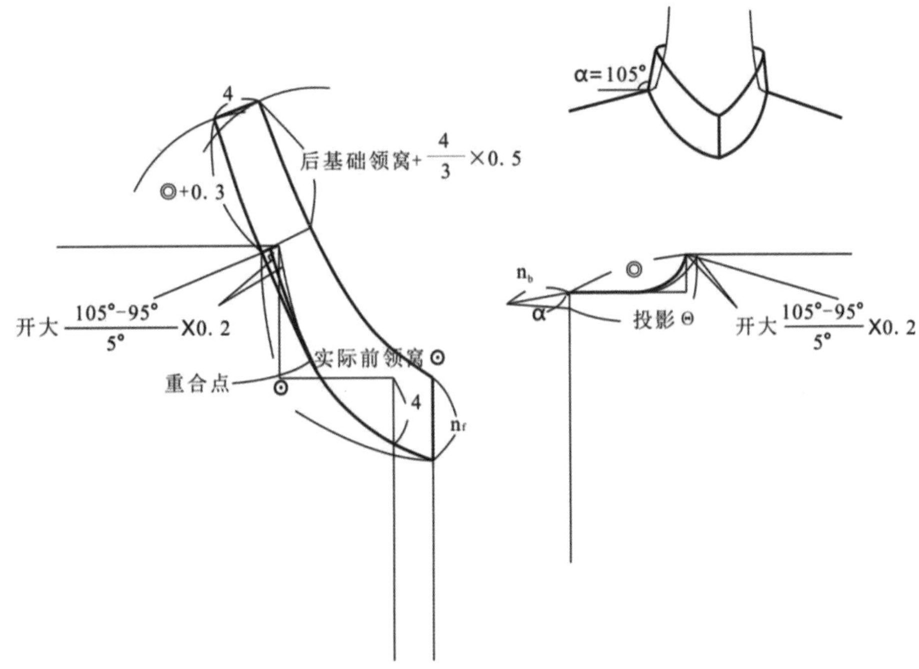

图 30　前领身稍平坦、上领口为圆弧形的单立领画法

（4）前领身耸立、上领口为圆弧形的单立领

见图 31，领围 N=40cm，n_b=5cm，n_f=7cm，α_b=95°，按款式前领造型在基础领窝前部开低 2cm，画出前领身，再按下口长 = 后实际领窝弧长 +0.3cm 画弧，上口长 = 基础领窝弧长 +5/3×0.5 画弧，后领座高 =5cm，画出后领身。

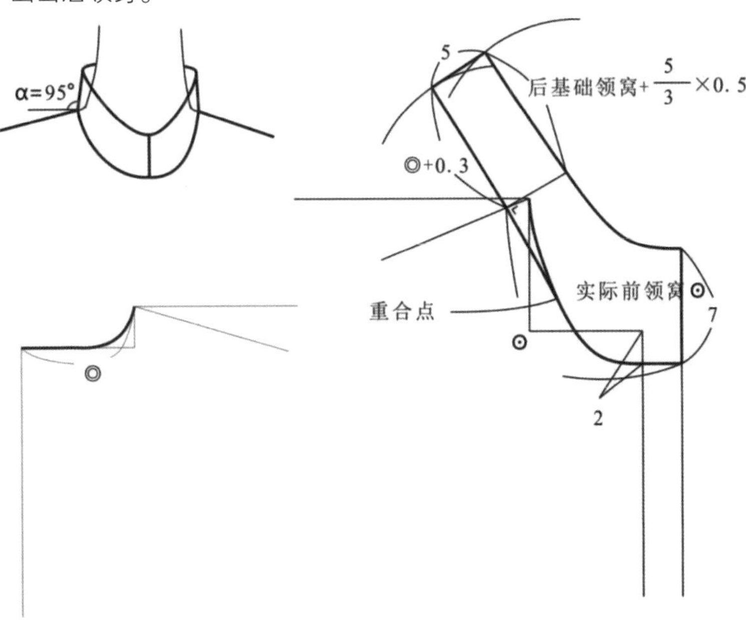

图 31　前领身耸立、上领口为圆弧形的单立领画法

（5）前领身平坦、上领口为直线形的单立领

见图 32，领围 N=41cm，n_b=4cm，n_f=8cm，α_b 分别为 110°、100°、90°，按款式前领造型在基础领窝前部开低 8cm，画出前领身。再如图 32（a）按 α_b=110° 开大基础领窝（110° − 95°）/5°×0.2=0.6 cm，按下口长 = 实际后领窝弧长 +0.3cm 画弧，上口长 = 基础后领窝弧长 +4/3×0.5 画弧，后领座高 =4cm，画出向内弯曲的后领身。如图 32（b）按 α_b=100° 开大基础领高（100° − 90°）/5°×0.2=0.2 cm，再按作图方法作出基本成直线状的后领身。如图 32（c）按 α_b=90° 不开大基础领高，按作图方法作成向外弯曲的后领身。

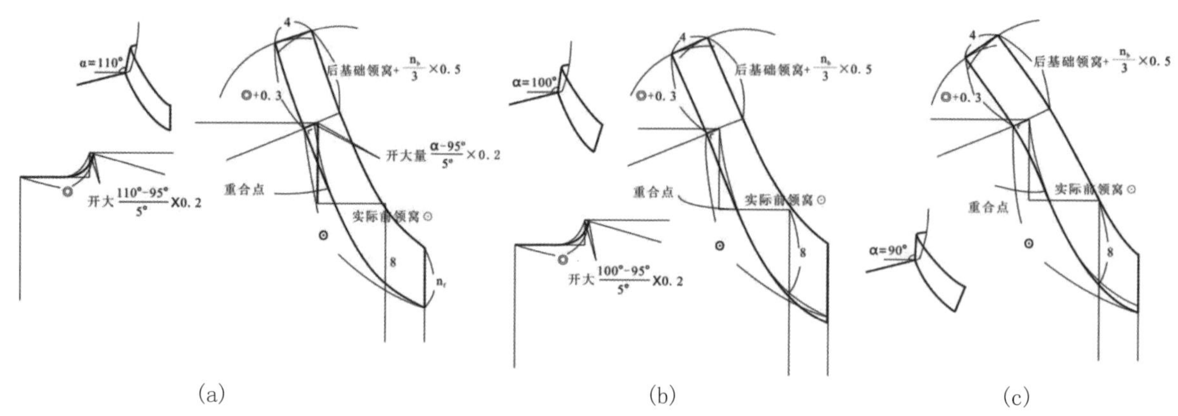

图 32　前领身平坦、上领口为直线形的单立领画法

（二）翻折领结构制图

翻折领是领座与翻领相连成一体的衣领。

翻折领的基本结构按其翻折线的形状可分为翻折线前端为直线状，翻折线前端为圆弧状，翻折线前端部分为圆弧状、部分为直线状三种类型，分别如图 33（a）、（b）、（c）所示。

变化结构有连身翻折领、波浪领、垂褶领、褶裥领等。虽然它们的具体制图步骤各有差异，但其制图方法和原理基本相同。

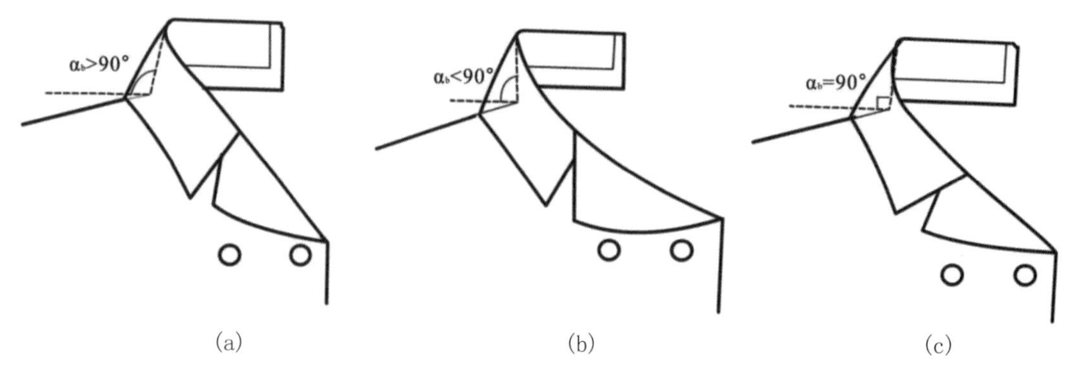

图 33　翻折领的基本结构

1. 翻折领结构模型

图 34（a）是翻折领成形后的立体结构图，图 34（b）是两者之间的过程图，从图中可以看出翻领、领座、领窝线三者的关系。图 34（c）是各种翻折领展平后的结构图。图中领下口线长与实际领窝的关系随领造型而定，领下口线的前部形状与翻折线的形状相关，外轮廓弧长应与立体结构图中相等。

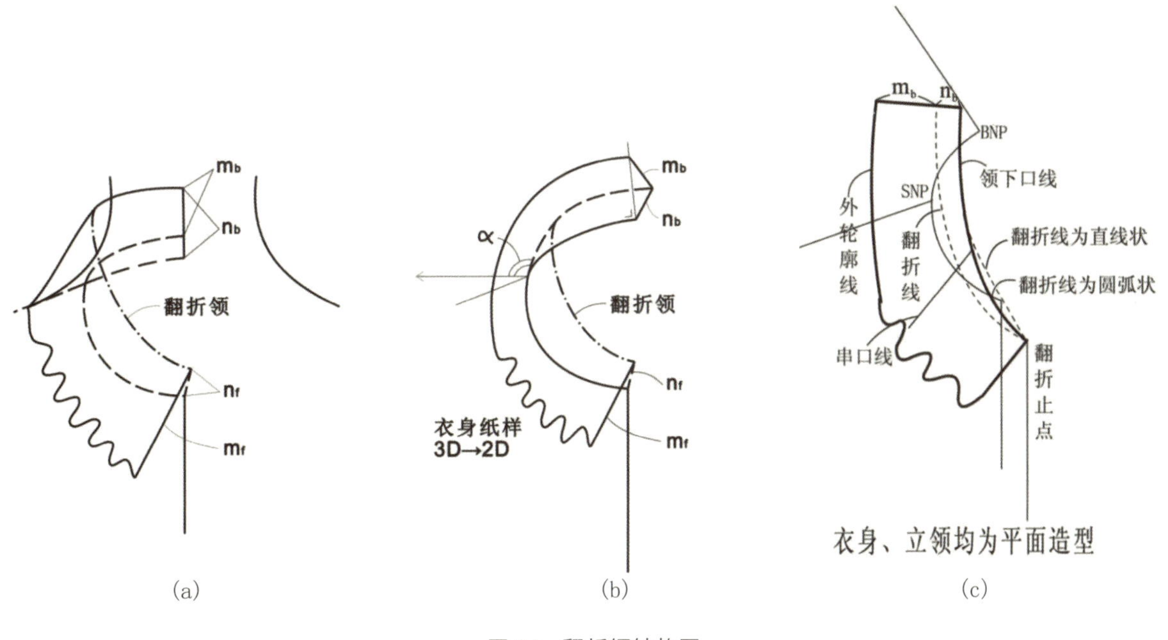

图 34　翻折领结构图

（1）翻折基点的确定

翻折基点是翻折领重要的设计要素之一，其位置首先决定翻折线的位置，并将作为翻折领制图的基础。图 35 是翻折领基点在立体构成图中的位置。此时的 A ~ SNP~B 可视为衣领在肩侧点 SNP 处的截面。为使讨论简化，可视翻领在 SNP 附近为 m_b，领座在 SNP 附近为 n_b，则 A ~ SNP ＝ n_b，AB ＝ m_b。

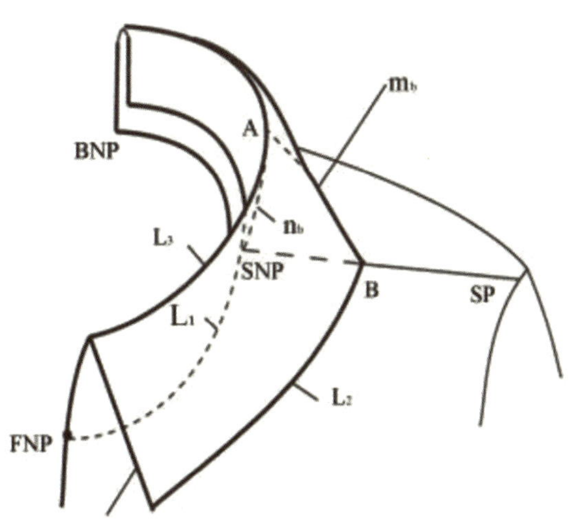

图 35　翻折基点在立体构成图中的位置

运用射影几何的第一运动变换，则可将立体图转换成平面图。为此，翻领与领座在 SNP 处的立体图可转换为图 36 中的（a）、（b）、（c）图。

图（a）是翻折领的领座与水平线 < 90°，呈不贴合颈部的形态；

图（b）是翻折领的领座与水平线 = 90°，呈较贴合颈部的形态；

图（c）是翻折领领座与水平线成 > 90°，呈很贴合颈部形态。

无论哪种形态，在平面图上都可通过 SNP 作 A ~SNP 线，使其与水平线夹角为 α_b，使 A ~SNP = n_b，作 AB = m_b，AB 在肩线的延长线上的投影为 A'B，A' 为翻折基点。

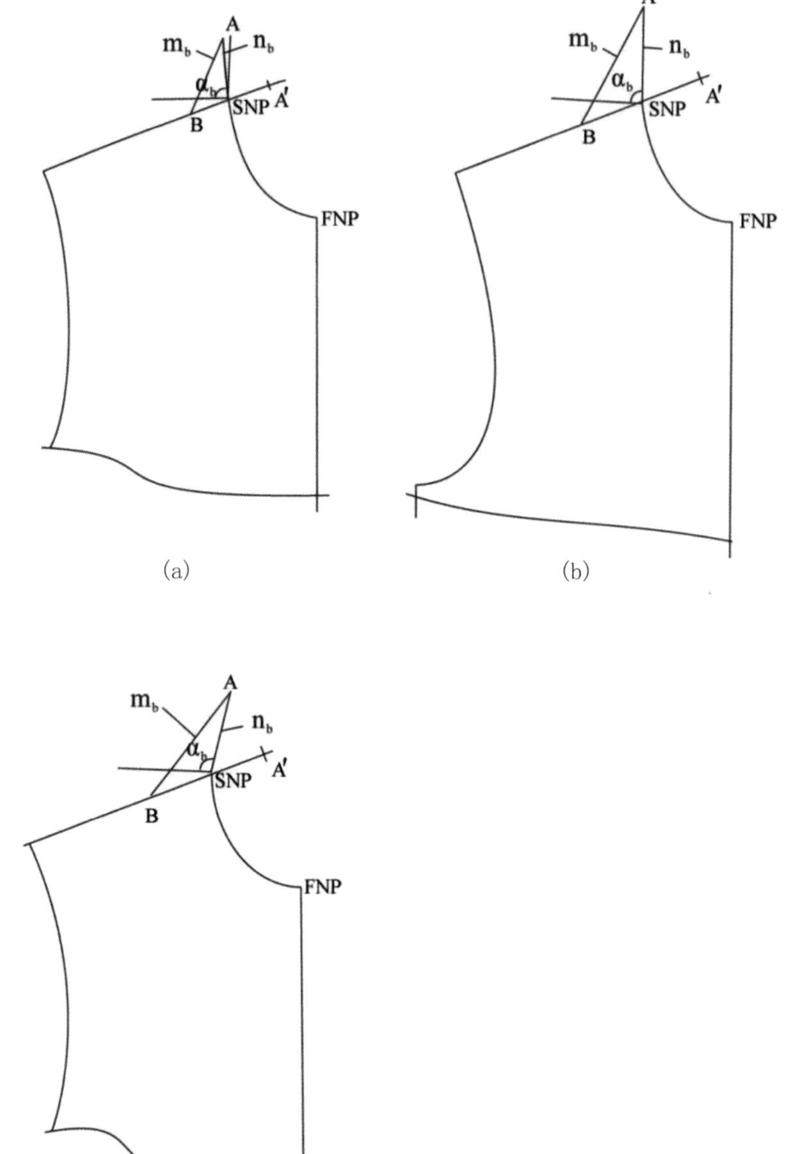

图 36　翻折基点在平面构成图中的位置

（2）翻领松量

翻领松量是翻折领外沿轮廓线为满足实际长度而增加的量，从使用角度时称翻领松度，是平面绘制翻折领结构图最重要的参数之一，亦是翻折领结构设计要素之一。

① 衣身展平时，材料厚度对翻领松量的影响

从图 37 中可以看到，当衣身从穿着时的立体状态展平为平面状态时，若材料厚度很小时，在肩线附近区域几乎没有差异；而当材料厚度较大时，在肩线附近区域就会出现缺失现象，即该区域在展平时产生被挤压从而减少的现象。这个减少的量一般为（0~0.3）×（m_b−n_b），即与材料厚度有关。

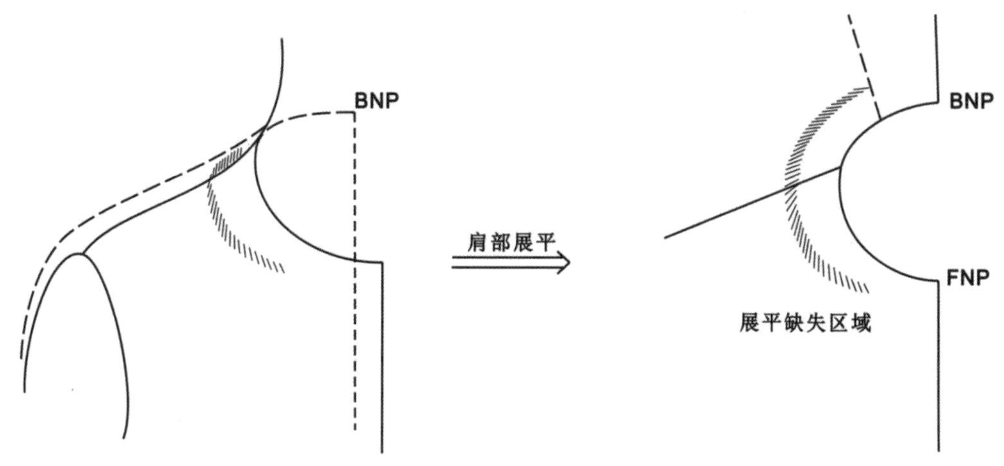

图 37　材料厚度对翻领松量的影响

② 翻领松量与材料厚度的关系

衣领材料厚度对衣领外轮廓有影响，经实验，得到材料厚度与外轮廓线的增加量呈下列关系：

外轮廓线增量＝a×（m_b−n_b）

其中，对薄料，a 取 0；对较厚料，a 取 0.1；对厚料，a 取 0.2；对特厚料，a 取 0.3。

故对于不同厚度的材料，翻领松量还须加上 (0 ～ 0.3)×（m_b−n_b）的材料厚度影响值，如图 38 所示。

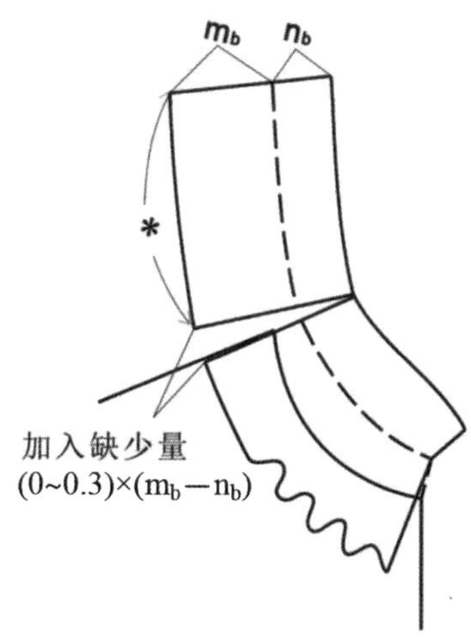

图 38　翻领外轮廓长与材料厚度的关系

2. 翻折领基本型结构制图

结构制图方法分原身作图法、反射作图法两种。

原身作图法是在衣身领窝上直接作图的方法。

反射作图法是在衣身领窝上作出前领轮廓造型后，反射至另侧的作图方法。翻领松量取法可如前文所述，亦可按几何作图法，即分别取外轮廓弧长和后领下口线长画弧，再作两弧公切线，使后领宽 = n_b+ m_b，然后画顺弧线即可。

（1）翻折线前端为直线的翻折领结构

翻折线前端为直线的翻折领是翻折领的主体结构之一，其结构制图方法按反射作图法，如图 39 所示。

① 作领围 N 的基础领窝，在基础领窝的 SNP 点处作 α_b、n_b、m_b，并在肩缝延长线上取 A'B = AB = m_b 得到翻折基点 A'。

② 根据效果图取翻折止点 D，连接翻折基点和止点作直线状翻折线及前领的外轮廓造型，如图 39（a）所示。

③ 将右侧的外轮廓造型以翻折线为基准线，将造型反射至另一侧。

④ 将串口线延长，与经 SNP 作翻折线的平行线（亦可不平行）相交于 O 点，形成实际领窝线。连接 A'B' 并延长 n_b 至 C，将 C 点与实际领窝 O 点相连。检查 CO 是否等于 (SNP~O)–(0.5 ~ 1)cm，如若不符，则修正 C 点，使 CO 等于上述长度。

⑤ 以 C 点为圆心，以后领窝弧长◎为半径画弧；以 B' 为圆心，以后领外轮廓线长 *+(0 ~ 0.3)×（m_b–n_b）为半径画弧，在两圆弧上作切线，切点分别为 E、F，使 EF= m_b+n_b，如图 39（b）所示。

⑥ 将领下口线、翻折线及领外轮廓线画顺，如图 39（c）所示。

（2）翻折线前端为圆弧的翻折领结构

翻折线前端为圆弧的翻折领结构是翻折领的主体结构之一，绘制结构图按原身作图法，如图 40 所示。

① 按领围 N 作出基础领窝，按领座宽 n_b、翻领宽 m_b 和领侧角 α_b 在基础领窝外侧求得翻折基点 A'。

② 过 A' 点和翻折止点 D 作圆弧形翻折线，并画出前领外轮廓造型，但前领外轮廓造型不须复描至另侧。

③ 连接 BA' 并延长 n_b 至 C，以相似于翻折线的圆弧形曲线连接 C 点与翻折止点 D，检查前领下口线长度，当 α_b<90° 时 CD 是否等于 (SNP~D)，当 α_b=90° 时 CD 是否等于 (SNP~D)–1cm，当 α_b>90° 时 CD 是否等于 (SNP~D)–(1 ~ 2)cm，如若不相等，则应将 C 点延长或缩短至 C'，使之符合上述数值。

④ 以 C 点为圆心，以后领窝弧长◎为半径画弧；以 B 为圆心，以后领外轮廓线长 *+(0 ~ 0.3)×（m_b–n_b）为半径画弧，在两圆弧上作切线，切点分别为 E、F，使 EF= m_b+n_b，如图 40（a）所示。

⑤ 将领外轮廓线画顺。

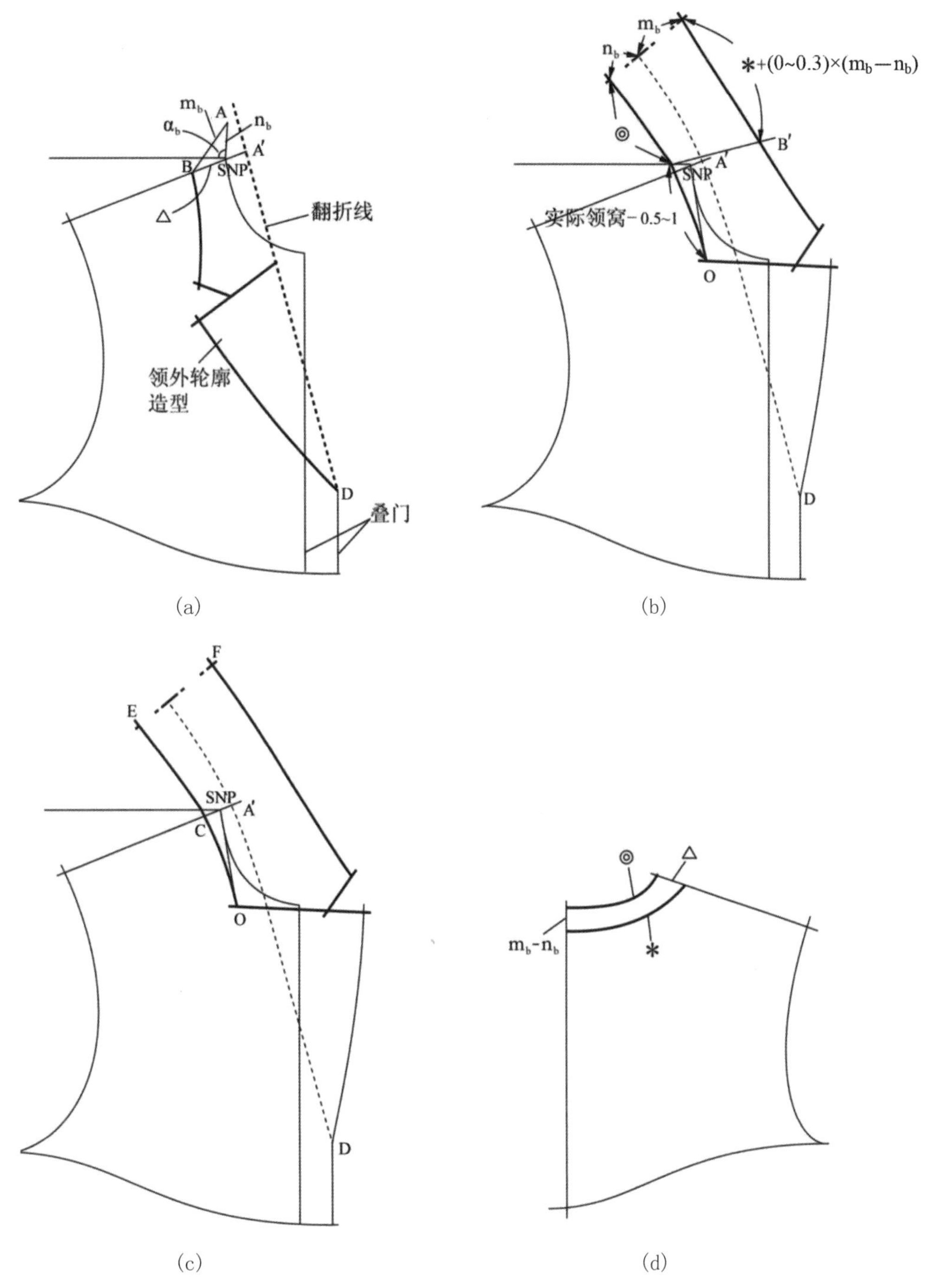

图 39 翻折线前端为直线的翻折领结构制图

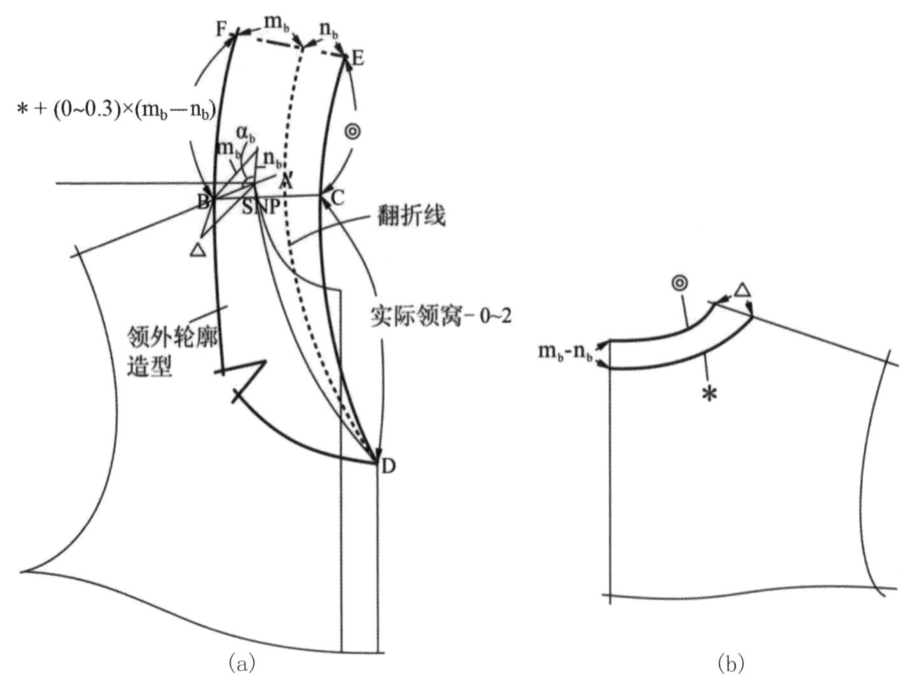

图 40　翻折线前端为圆弧的翻折领结构制图

（3）翻折线前端部分为圆弧、部分为直线的翻折领

翻折线前端部分为圆弧、部分为直线的翻折领是结构较复杂的翻折领，在结构设计时一定要注意其翻折线形状与圆弧型、直线型的区别，审视其形状由圆弧向直线转折的转折点。制图方法按反射作图法，如图 41 所示。

① 以领围 N 作基础领窝，按 n_b、m_b、α_b 求出翻折基点位置 A' 点。按效果图造型画出部分圆、部分直的翻折线，如图 41（a）所示。

② 在翻折线的左侧作翻折领外轮廓线造型，将翻折线中直线部分延长作为左侧造型的反射基准线，将其反射至右侧，A' 点反射至 A'' 点，如图 41（c）所示。

③ 连接 B'A'' 并延长至 C，使 A''C = n_b，将 C 点与翻折止点 D 相连，检查 CD 长，在 α_b<90° 时 CD 是否等于 (SNP ~ D)，当 α_b=90° 时 CD 是否等于 (SNP ~ D) – 0.75cm，当 α_b>90° 时 CD 是否等于 (SNP ~ D)–(0.75 ~ 1.5)cm，若不相等则延长或缩短 C 点，使之符合上述数值，如图 41（c）所示。

④以 C 为圆心，后领窝弧长◎为半径画弧，以 B' 为圆心，外轮廓弧长 $*+(0\sim0.3)\times(m_b-n_b)$ 为半径画弧，作两弧的切线，切点分别为 E、F，使 EF=n_b + m_b（尽可能取切点，若不能，则领下口处切点可取割点），见图 41（d）所示。

⑤ 将领外轮廓线画顺，如图 41（e）所示，注意此时的结构图中在翻折线为直线的部分所对应的领下口应与领窝线相一致。

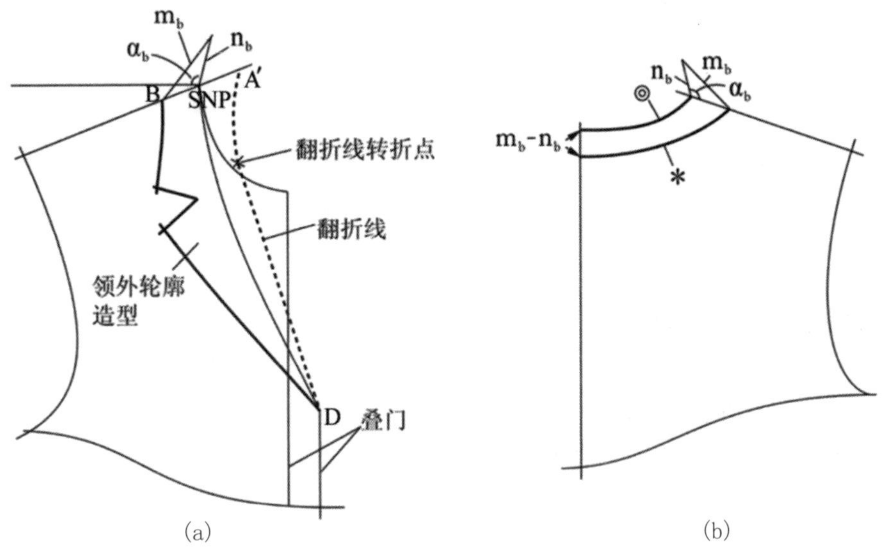

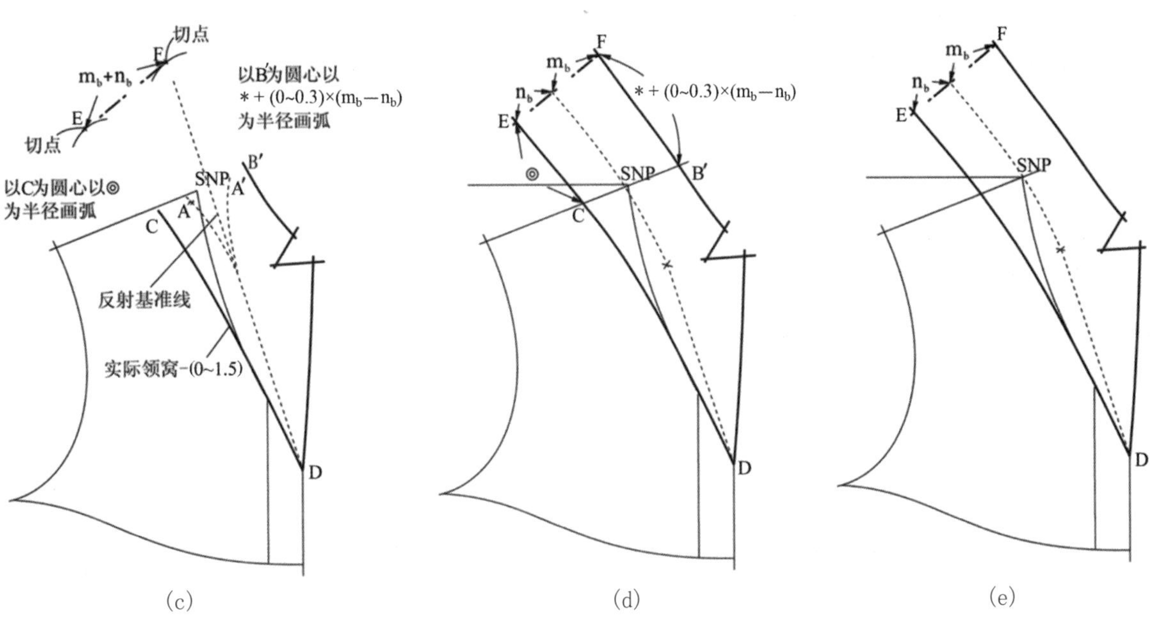

图 41　翻折线前端部分为圆弧、部分为直线的翻折领结构制图

八、袖山结构制图

袖山是衣袖造型的主要部位，结构种类按宽松程度分为宽松型、较宽松型、较贴体型、贴体型四种。袖山结构包括袖窿部位的结构和袖山部位的结构，因其两者是相配伍的，所以风格必须一致。

（一）袖窿部位结构制图

袖窿部位是衣身上为装配袖山而设计的部位，其风格不同，结构亦不同。一般人体腋围 =0.41B，为了穿着舒适和人体运动的需要，袖窿周长 AH=0.5B ±a（a 为常量，随风格不同而变化，常取 2cm 左右）。

1. 宽松风格结构

袖窿深应取 2/3 前腰节长，约为 (0.2B+3)cm+(>4)cm。前后肩的冲肩量取 1 ~ 1.5cm，前后袖窿底部凹量取 3.8 ~ 4cm。袖窿整体呈尖圆弧形，如图 42（a）所示。

2. 较宽松风格结构

袖窿深应取 3/5 前腰节长 ~ 2/3 前腰节长，约为 (0.2B+3)cm+(3 ~ 4)cm。前肩冲肩量取 1.5 ~ 2cm，后肩冲肩量约取 1.5 ~ 1.8cm，前后袖窿底部凹量分别取 3.4 ~ 3.6cm、3.8cm。袖窿整体呈椭圆形，如图 42（b）所示。

3. 较贴体风格结构

袖窿深应取 3/5 前腰节长，约为 (0.2B+3)cm+(2 ~ 3)cm。前肩冲肩量取 2 ~ 2.5cm，后肩冲肩量约取 1.8 ~ 2.2cm，前后袖窿底部凹量分别取 3.2 ~ 3.4 cm、3.4 ~ 3.6cm。袖窿整体呈稍倾斜的椭圆形，如图 42（c）所示。

4. 贴体风格结构

袖窿深应取≤ 3/5 前腰节长，约为 (0.2B+3)cm+(1~ 2)cm。前肩冲肩量取 2.5 ~ 3cm，后肩冲肩量约取 2.2 ~ 2.5cm，前后袖窿底部凹量分别取 3 ~ 3.2 cm、3.4 ~ 3.6cm。袖窿整体呈倾斜的椭圆形，如图 42（d）所示。

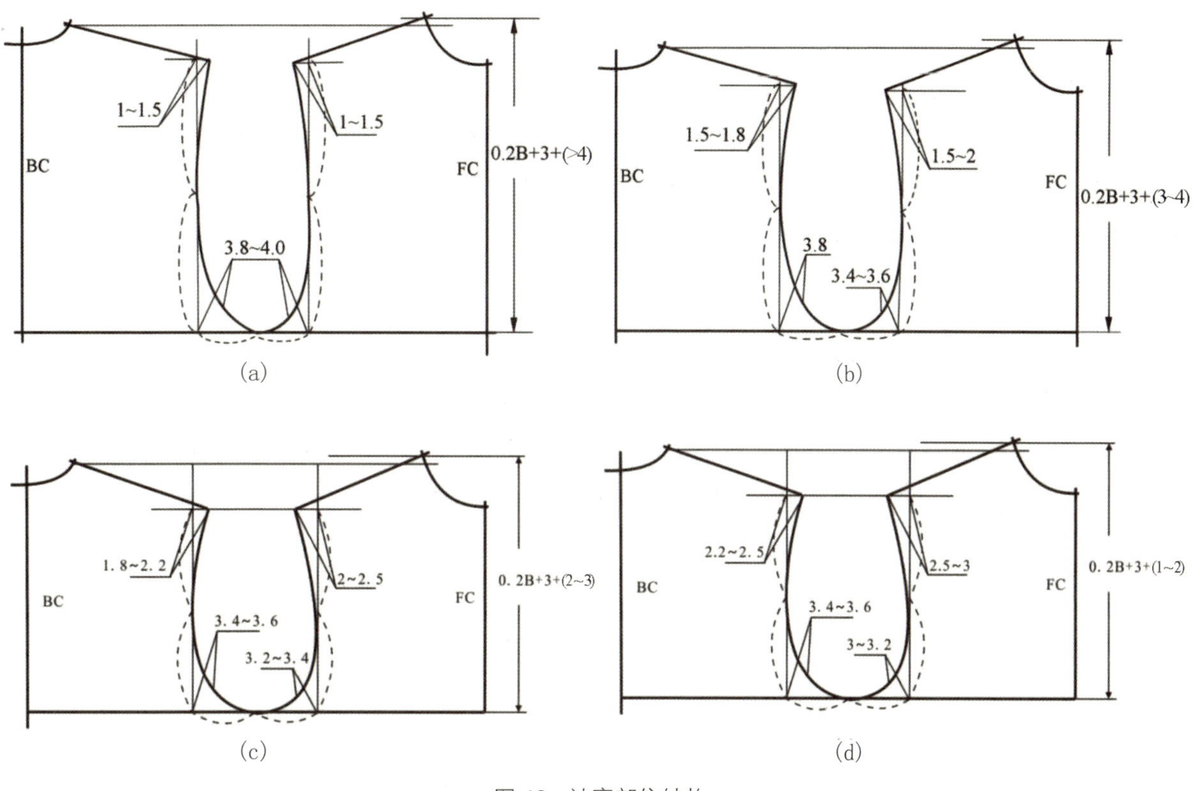

图 42　袖窿部位结构

（二）袖山部位结构制图

袖山部位结构要与袖窿部位结构相配，故其结构风格亦为四种。将袖山折叠后上下袖山之间形成的图形，由于与眼睛造型相似，故称为袖眼，其结构有下列四种。

1. 宽松型袖眼

袖山高取 0 ~ 9cm(或袖肥取 0.2B+3cm ~ AH/2)，袖山斜线长取前 AH−1.1cm + 吃势，后 AH−0.8cm+ 吃势。前后袖山点分别位于 1/2 袖山高的位置。袖眼底部与袖窿底部只在一点上相吻合。袖肥与袖窿宽之差前后分配比为 1 ∶ 1，袖眼整体呈扁平状，如图 43（a）所示。

2. 较宽松型袖眼

袖山高取 9 ~ 13cm(或袖肥取 0.2B+1cm ~ 0.2B+3cm)，袖山斜线长取前 AH−1.3cm + 吃势，后 AH−1.0cm + 吃势。前袖山点在 1/2 袖山高向下 0.2cm 处，后袖山点在 1/2 袖山高向上 0.4cm 处。袖肥与袖窿宽之差前后分配比为 1 ∶ 2，袖眼整体呈扁圆状，其与袖窿底部有较小的吻合部位，如图 43（b）所示。

3. 较贴体型袖眼

袖山高取 13 ~ 16cm(或袖肥取 0.2B−1cm ~ 0.2B+1cm)，袖山斜线长取前 AH−1.5cm + 吃势，后 AH−1.2cm + 吃势。前袖山点在 1/2 袖山高向下 0.4cm ~ 2/5 袖山高的位置，后袖山点在 1/2 袖山高向上 0.6cm ~ 3/5 袖山高的位置，袖肥与袖窿宽之差前后分配比为 1 ： 3，袖眼整体呈杏圆状，其与袖窿底部有较多的吻合部位，如图 43（c）所示。

4. 贴体型袖眼

袖山高取 16cm 以上 (或袖肥取 0.2B−3cm ~ 0.2B−1cm)，袖山斜线长取前 AH−1.7cm + 吃势，后 AH−1.4cm + 吃势。前袖山点在 1.5/5 袖山高的位置 ~ 2/5 袖山高的位置，后袖山点在 3/5 袖山高的位置上，袖肥与袖窿宽之差前后分配比为 1 ： 4，袖眼整体呈圆状，其与袖窿底部有更多的吻合部位，如图 43（d）所示。

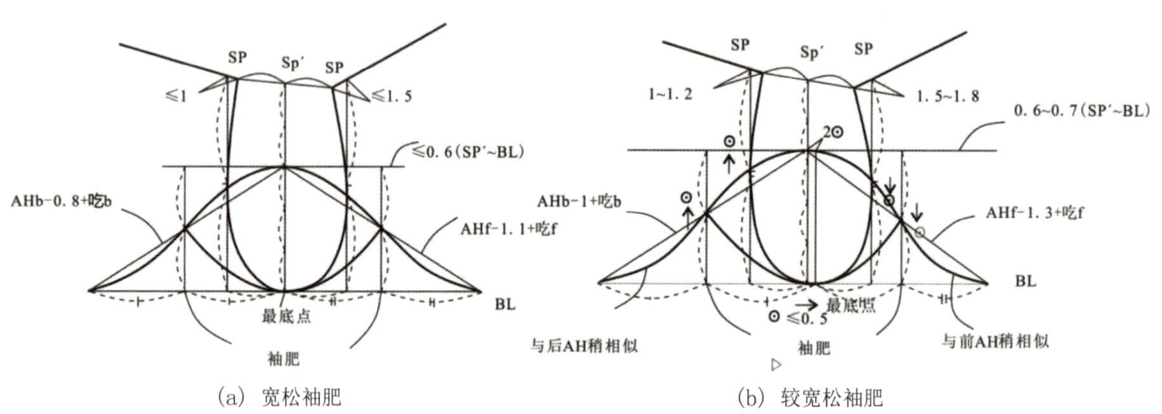

(a) 宽松袖肥　　(b) 较宽松袖肥

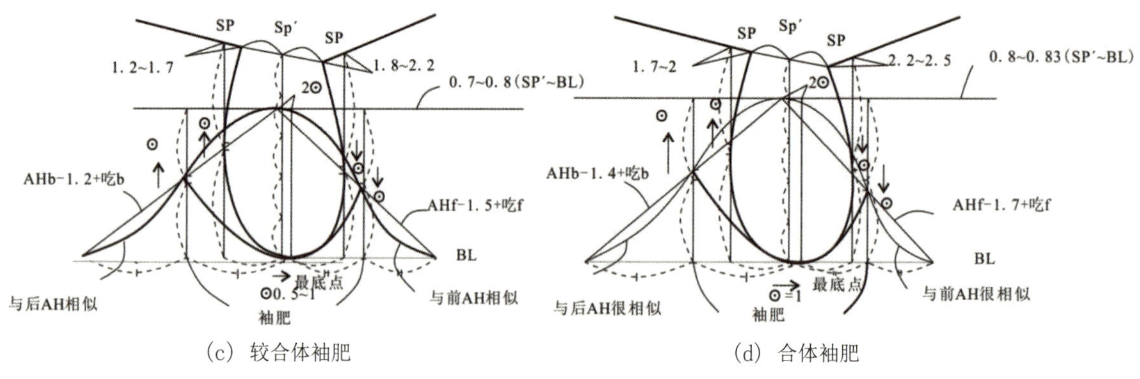

(c) 较合体袖肥　　(d) 合体袖肥

图 43　袖山部位结构

九、袖身结构制图

袖身结构按外形风格分类，可有直身袖、较弯身袖、弯身袖等；按袖片数量分类，可有一片袖、两片袖、多片袖等。

（一）袖身立体形态及展开图

图 44 是两种袖身的立体形态及展开图。图 44（a）是直身袖的立体形态及展开图。直身袖袖身的立体形态是单个圆台体。按圆台体的平面展开法，展开图应该是前袖缝 A'B'C'，后袖缝 A''B''C'' 组成的扇形。考虑到直身袖一般装袖角都较小，扇形的袖口会使成型的袖口在袖缝下形成下垂的多余量，一般要考虑在前后袖口处去除◎大小的量，使袖口成直线，在袖山处前后袖缝亦随之补上◎大小的量。这样原来的扇形结构图就变成上下平行的倒梯形。直身袖展开图可理解为袖中缝 ABC 分别水平展开到 A'B'C'、A''B''C''。

图 44（b）是弯身袖的立体形态及展开图。弯身袖袖身可分解成两个圆台倾斜组合的立体。分别将两个圆台展开形成两个扇形平面图，两扇形平面图在前袖缝处重叠，在后袖缝处空缺。这样组合成的弯身袖展开图，可以理解为袖中缝 ABC 分别向前后袖身轮廓线作垂线展开到 A'B'C'、A''B''C''，形成平面结构图。这种展开法可称为袖身轮廓线垂直展开法。

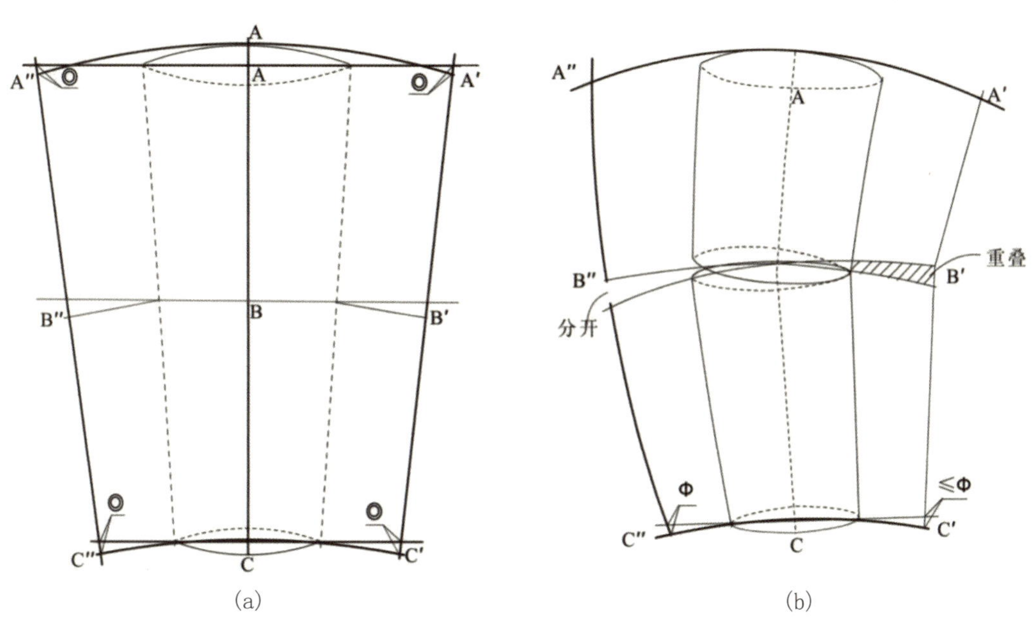

图 44　袖身立体形态及展开图

（二）袖身结构制图

1. 直身袖袖身结构

直身袖袖身为直线形，袖口前偏量为 0 ~ 1cm，结构制图法是先作直身袖外轮廓图，然后将袖底缝按与外轮廓线呈水平展开的方法制图，如图 45 所示。

① 按袖长 SL，袖山高 AT（或袖肥），前袖山斜线长 = 前 AH -（0.9~1.1)cm + 吃势，后袖山斜线长 = 后 AH-(≤ 0.8)cm + 吃势，袖口 CW，作袖身外轮廓图。

② 取袖底最低点 A 作袖中缝，或与衣身侧缝线相对应的部位作袖中缝。

③ 将袖中缝上的点 A、B 分别向袖身前后轮廓线作水平展开，使 A 向外水平展开至 A'、A''，B 向外水平展开至 B'、B''。

④ 将展开的袖山图形，分别按与对应的袖底图形等同地画顺，将袖口画成直线形或略有前高后低的倾斜形。

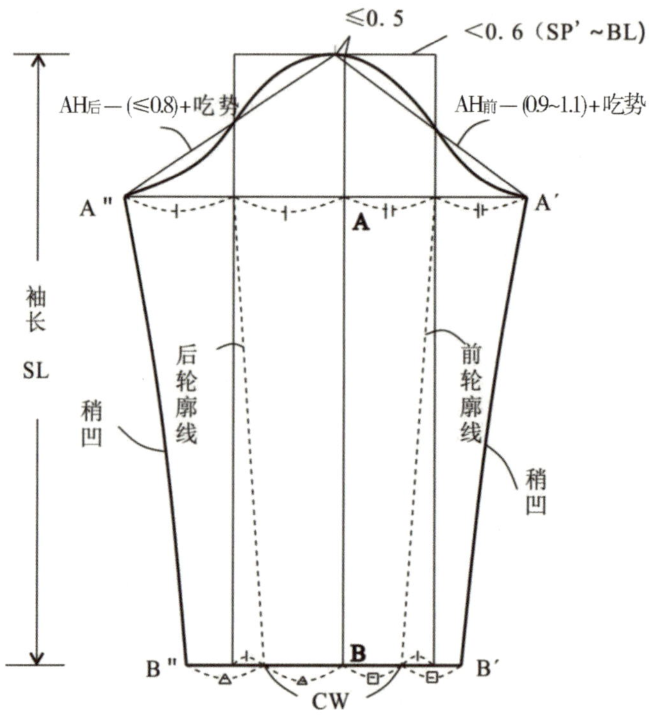

图 45　直身袖袖身结构

2. 弯身形一片袖结构

该袖身为弯曲形，袖口前偏量 b ≤ 3cm，结构制图步骤如图 46 所示。

① 按袖长 SL，袖山高 AT=0.6~0.7（SP'~BL），袖山斜线长按前 = 前 AH-(1.1~1.3)cm + 吃势，后 = 后 AH-(0.8~1.0)cm + 吃势，袖口 CW，袖口前偏量 b，作袖身外轮廓图。由于是弯身型袖身，故应增加袖肘线 EL，其长度 = 31cm+ 垫肩厚。在袖底最低点作袖中缝 ABC，BC 在袖口处向前偏 ≤ 3cm。袖口底边线与 BC 呈垂直状态。

② 将袖中线ABC分别向袖前轮廓线和后轮廓线作垂直展开，即A、B、C分别向前轮廓线（图中虚线）作底角对称线展开到A'B'C'；分别向后轮廓线（图中虚线）作底角对称线展开到A''B''C''。

③ 将前后袖山弧线分别展开，画顺前后袖山，并画顺袖口底边。

观察该类袖结构图，可以看到当后袖缝向袖中线折叠时，后袖缝在袖肘线EL处要折叠省道，在EL以上段要归拢。而前袖缝在向袖中线折叠时，前袖缝在袖肘线EL处要拉展（或作剪切），前袖缝拉展量=袖中线长－前袖缝长。当前袖缝拉展量大于材料最大伸展率（材料允许的最大伸展量）时，则表明该类袖结构不能通过拉伸工艺达到造型的要求。

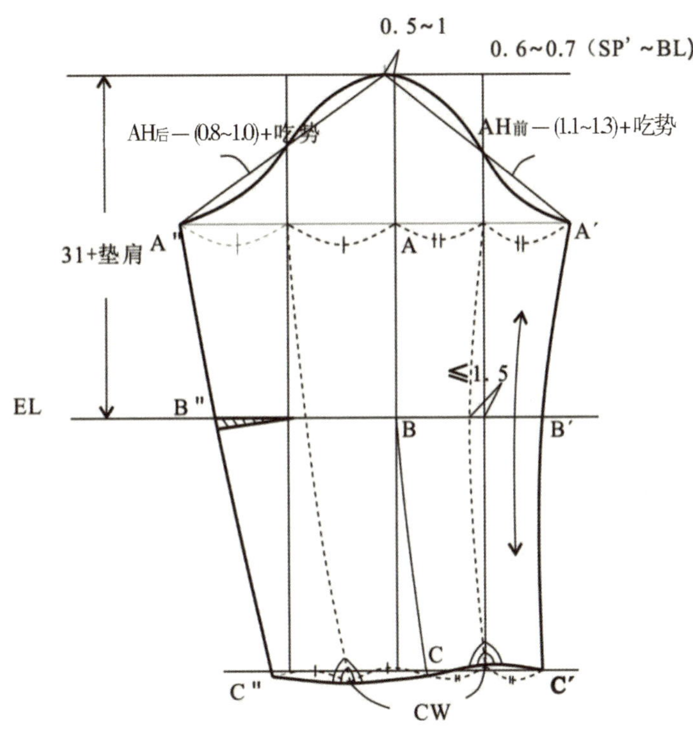

图46　弯身形一片袖结构

3. 弯身形1.5片袖结构

为了使弯身形袖身通过简单的拉伸工艺就能达到造型效果，可将袖中缝向前袖轮廓线移动，使前偏袖量控制在3～5cm之间，在后袖轮廓线下端收省。这样形成的前袖缝拉伸量明显减少，一般在0.3～1cm之间，故大大降低制作工艺的难度。其结构制图如图47所示。

①按袖长SL，袖山高AT（或袖肥），袖山斜线长按前袖山斜线＝前AH－(1.3~1.5)cm＋吃势，后袖山斜线＝后AH－(1.0~1.2)cm＋吃势，袖口CW，袖口前偏量b，袖肘线EL，作袖身外轮廓图。

② 在距前袖轮廓线2.5～4cm处作袖缝A'B'C'，将袖缝A'B'C'三点分别作前袖轮廓线的垂线，展开成A''B''C''，将袖缝A'B'C'三点分别作后袖垂直线DEF的垂线，展开成A'''B'''C'''。

③ 将前后袖山弧线分别展开，画顺袖山和袖口。

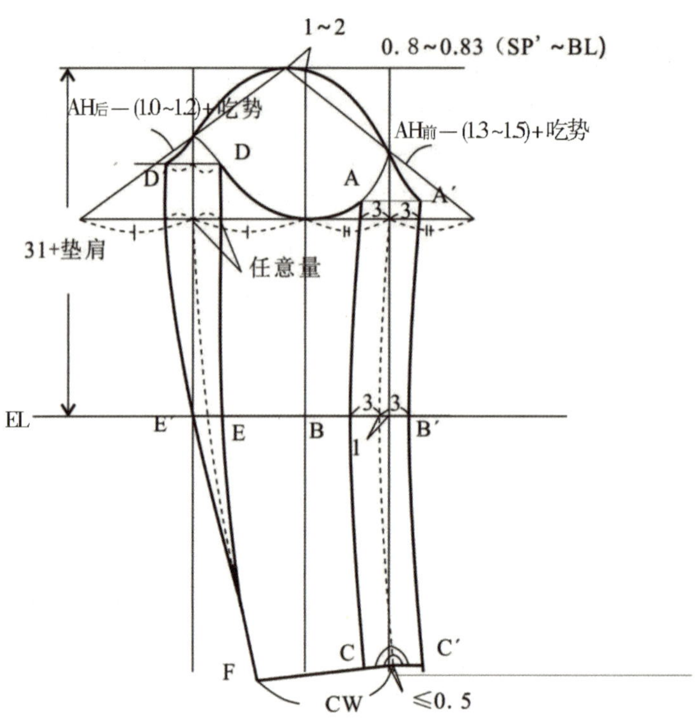

图 47　弯身形 1.5 片袖结构

4. 弯身形两片袖结构

该袖结构是在弯身形一片袖的结构基础上，将袖缝作为两条，其中前袖缝的偏袖量控制在 2.5 ~ 4cm（常取 3cm），后袖缝的偏袖量可取值在 0 ~ 4cm 之间，上下偏袖量可相等也可不等。制图步骤如图 48 所示。

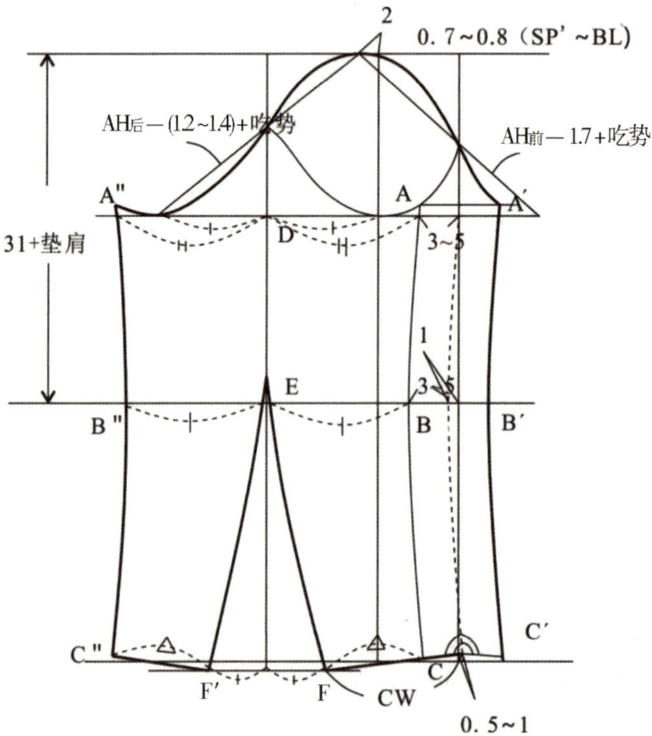

图 48　弯身形两片袖结构

① 袖长 SL，袖山高 AT，取 0.8~0.83（SP'~BL），袖山斜线长按前袖山斜线 = 前 AH−1.7cm+ 吃势，后袖山斜线 = 后 AH−(1.2~1.4)cm + 吃势，袖口 CW，袖口前偏量 b，袖肘线 EL，作袖身外轮廓图。

② 作前袖缝 ABC，将 A、B、C 三点作前袖轮廓线的垂线展开至 A'B'C'，将后袖缝 DEF 的三点作后袖轮廓线的垂线展开至 DEF'。

③ 注意后袖山弧线与前后袖窿弧线高度相似，将袖山弧线向两侧展开，并画顺袖山、袖口。

（三）分割袖结构制图

1. 分割袖结构种类

（1）分割袖结构按袖身宽松程度分类

①宽松型：前袖中线与水平线交角 α = 前肩斜角，后袖为 α；

②较宽松型：前袖中线与水平线交角 α = 前肩斜角 ~ 35°，后袖为 α；

③较贴体型：前袖中线与水平线交角 α = 35° ~ 50°，后袖为 35° ~ 47.5°；

④贴体型：前袖中线与水平线交角 α = 50° ~ 65°，后袖为 α ~(α −40°) / 2。

（2）分割袖结构按分割线形式分类（如图 49 所示）

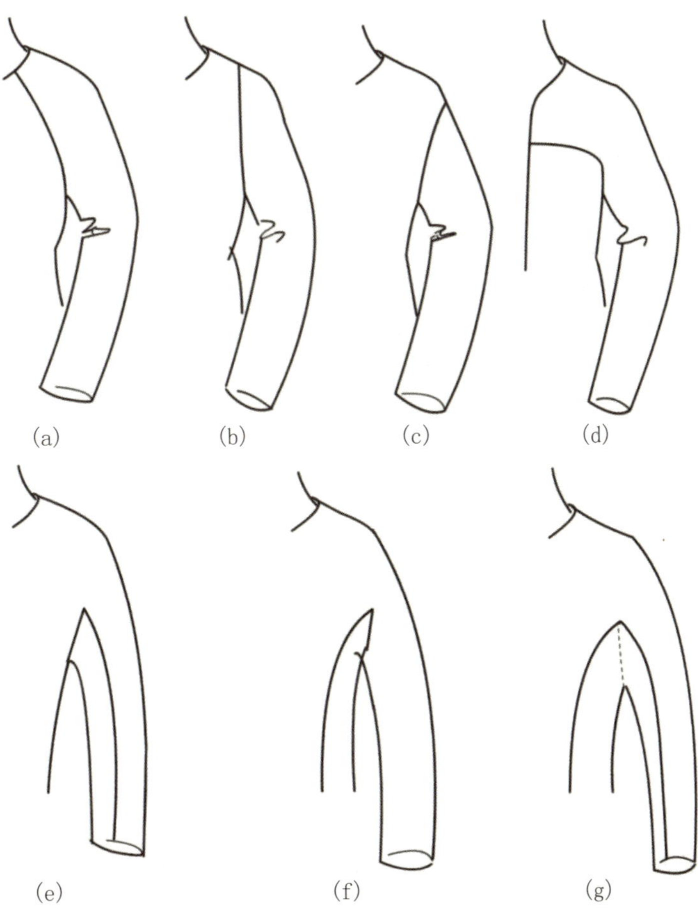

图 49　分割袖结构按分割线形式分类

①插肩袖：分割线将衣身的肩、胸部分割，与袖山并合，如图 49（a）所示；

②半插肩袖：分割线将衣身部分的肩、胸部分割，与袖山并合，如图 49（b）所示；

③落肩袖：分割线将袖山的一部分分割，与衣身并合，如图 49（c）所示；

④覆肩袖：分割线将衣身的胸部分割，与袖山并合，如图 49（d）所示。

⑤袖身分割袖：在袖身上做分割，改善运动功能，如图 49（e）所示。

⑥衣身分割袖：在衣身上做分割，改善连袖运动功能，如 49（f）所示。

⑦衣身袖身分割袖：在衣身袖身上同时做分割，改善连袖运动功能，如图 49（g）所示。

上述① ~ ④为上部分分割袖，⑤ ~ ⑦为下部分分割袖。

（3）分割袖结构按袖身造型分类

①直身袖：袖中线形状为直线型，故前、后袖可合并成一片袖或在袖山上作省的一片袖结构。

②弯身袖：前后袖中线都为弧线状，前袖中线一般前偏量≤ 3cm，后袖中线偏量为前袖中线偏量 – 1cm。

2. 分割袖结构制图法

分割袖的结构制图方法按分割线形式分类进行分析。

（1）直身型插肩分割袖

其结构制图方法如图 50 所示。

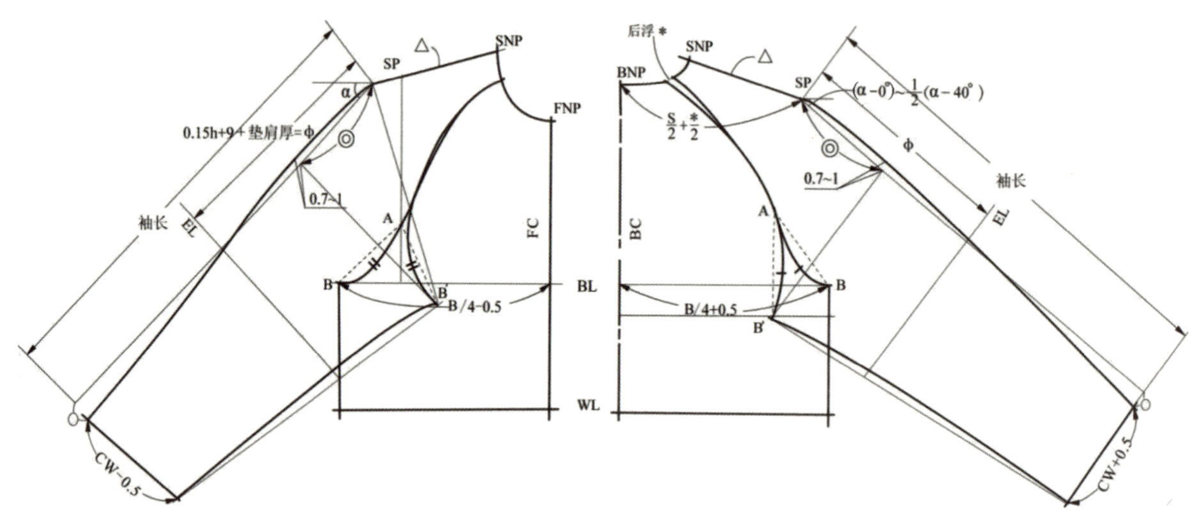

图 50　直身型插肩分割袖结构制图

① 在前衣身 SP 处作与水平线成 α 角的直线（α 可在 0° ~45°中取），在直线上取袖长，取袖肘长 = 0.15h（身高）+ 9cm + 垫肩厚，在袖口处向内撇去约为 0~2cm（用○表示）的长度，作袖口线与袖中线垂直，取袖口值 = 袖口 –0.5cm。

② 取袖山高 = (0 ~ 9)cm+(≤ 2)cm（ α = 前肩斜角）；(9 ~ 13)cm+(≤ 2)cm（ α = 前肩斜角 ~ 35°）；(13 ~ 17)cm+(≤ 2)cm（ α = 35° ~ 50°）；(>17)cm+(≤ 2)cm（ α = 50° ~ 65°）。在前袖窿弧线与前胸宽相交点 A 处（也可不拘泥于该点，根据效果图确定 A 点位置）交于袖山高，取 AB =

AB'，确定袖肥，并连接袖口，按造型画顺袖中缝和袖底线，然后按造型要求自领窝部位向袖窿处画分割线。

③ 在后衣身 SP 处作袖中线，与水平线的夹角为（α –0°）~（α –40°）/2。其余线条画法与前袖相同，袖山高亦与前袖相同，且要求 AB ＝ AB'，最后画顺袖中缝、袖底缝。按造型要求，自领窝部位向袖窿处画分割线。

（2）弯身型贴体插肩分割袖

其结构制图方法如图 51 所示。

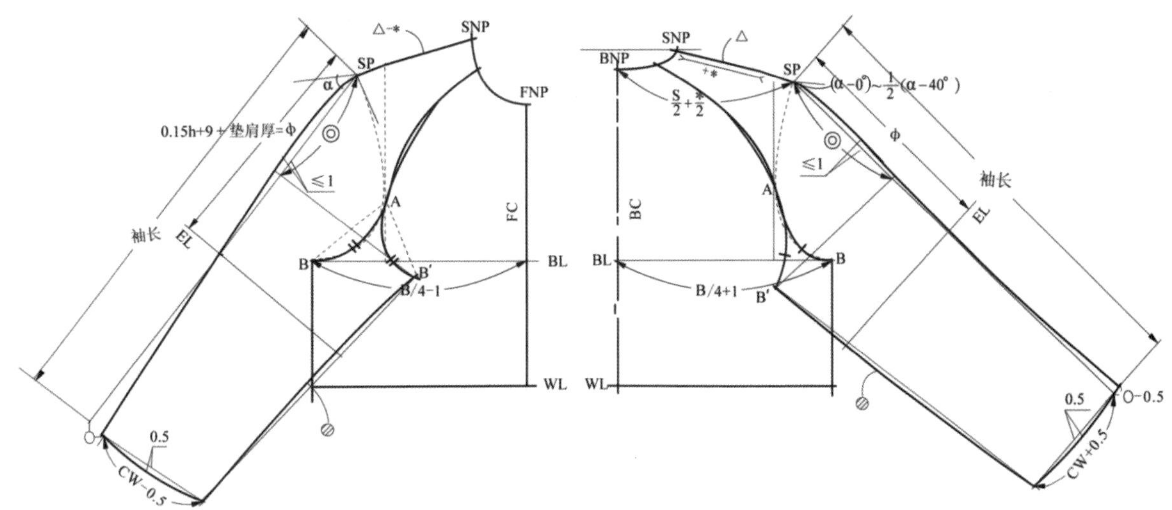

图 51　弯身型贴体插肩分割袖结构制图

① 在前衣身 SP 处作与水平线成 α 角（α＝50°～65°）的袖中线，取袖长，取袖肘长 =0.15h（身高）＋ 9cm ＋垫肩厚，在袖口处偏斜 2 ~ 3cm（用○表示），作袖口线与袖中线垂直，取袖口值＝袖口 –0.5cm，袖口凹量 0.5cm。

② 取袖山高≥ 19cm 的量，作 AB ＝ AB'，得到袖肥，画顺袖底缝和袖口线，按造型要求画准插肩袖分割线，要求袖底部与袖窿的凹度尽量相同。前袖缝画成凹状弧线。

③ 在后衣身 SP 处作与水平线夹角为（α –0°）~（α –40°）/ 2 的后袖中线，在后中线上取袖长，在袖口处向外偏量为○ –0.5cm，取袖口值＝袖口 +0.5cm，袖口凸量为 0.5cm。作后袖山高＝前袖山高，且 AB ＝ AB'，作插肩袖后分割线，使袖山底部凹量与袖窿凹量尽量相同。后袖窿画成凸状弧线。

（3）半插肩分割袖

其结构制图方法如图 52 所示。

① 在前衣身 SP 处作与水平线成 α 角的直线，在直线上取袖长，取袖肘长 =0.15h+9cm ＋垫肩厚，在袖口处撇去○量，作袖口线与袖中线垂直。

② 作袖山高，取 AB ＝ AB'，得到袖肥，画顺袖底缝和袖口线，在肩线距 SP 点 1/3 处作分割点，通过分割点作出半插肩袖分割线。

③ 在后衣身 SP 处作袖中线与水平线夹角为 α –(0°~2.5°)，在后中线上取袖长，袖口处偏量为○。作后袖山高＝前袖山高，作 AB ＝ AB'，画顺袖中缝、袖底缝。过与前袖同一分割点作后袖半插肩袖分割线。

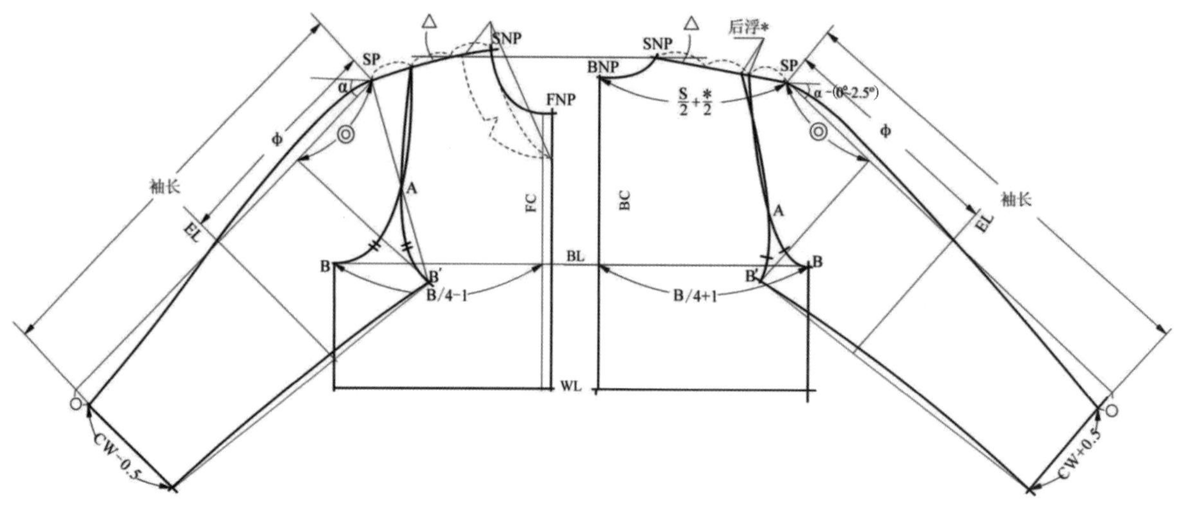

图 52　半插肩分割袖结构制图

（4）覆肩型分割袖

其结构制图方法如图 53 所示。

覆肩型分割袖更多地继承了连袖的风格，所以其 α 取值范围应控制在 0° ~ 45° 之间，制图方法同前插肩型分割袖。

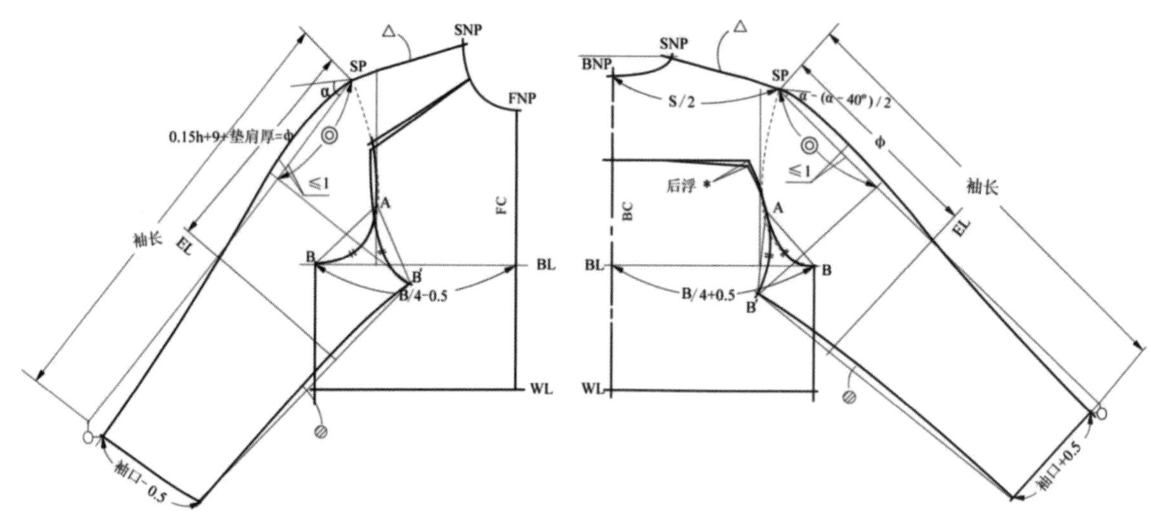

图 53　覆肩型分割袖结构制图

第二部分

经典服装
板型设计案例

一、插角立领合体外套

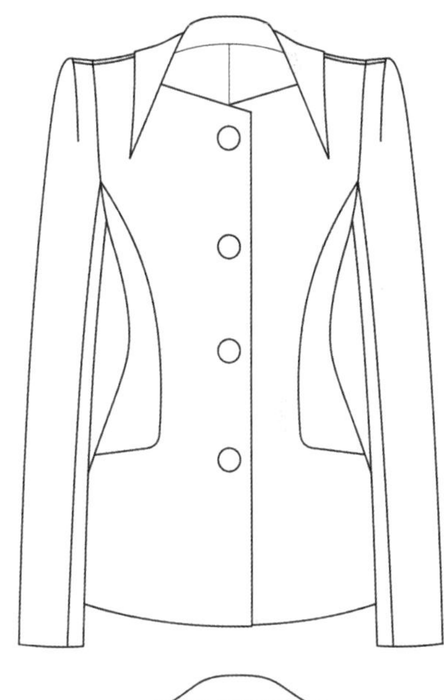

后衣长	62
B	95
N	39
S	39
W	79
下摆	104
袖肥	17
袖口	12.5
SL	59
垫肩	1.0

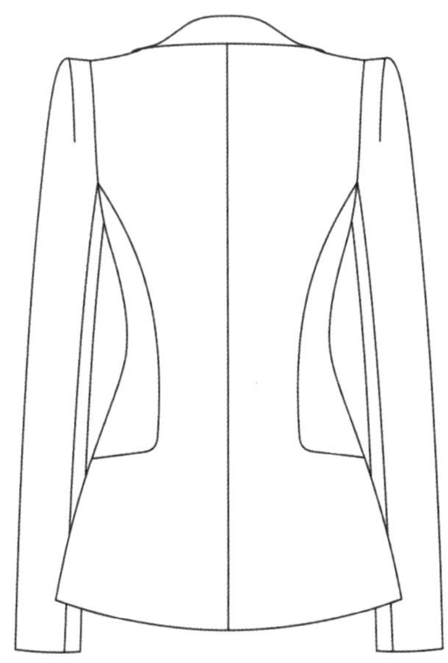

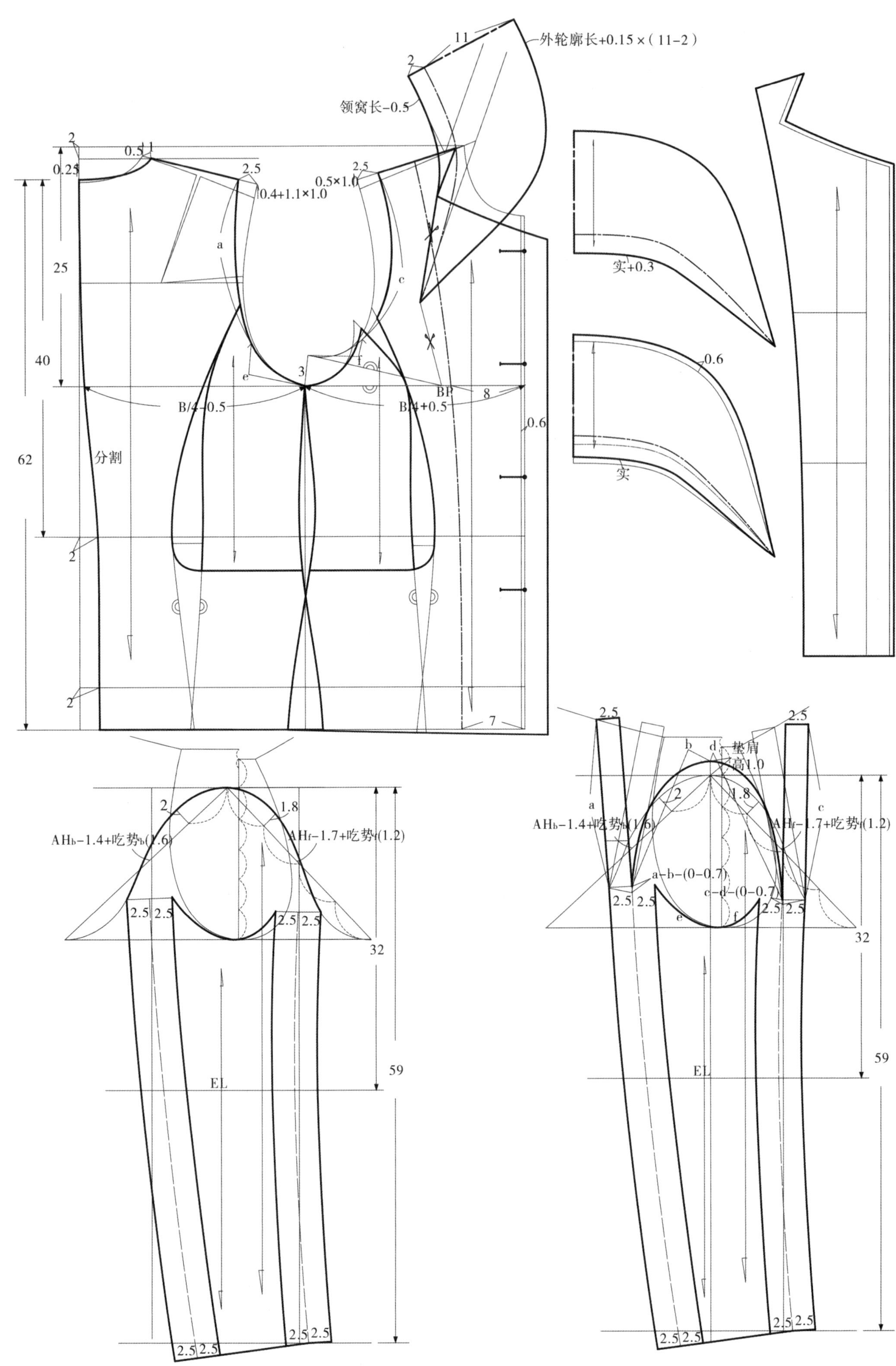

11
外轮廓长+0.15×（11-2）
2
领窝长-0.5
2
0.5
1
0.25
2.5
0.4+1.1×1.0
2.5
0.5×1.0
25
40
62
a
c
f
e
3
BP
8
B/4-0.5
B/4+0.5
0.6
分割
2
2
7
实+0.3
0.6
实
2
AHb-1.4+吃势b(1.6)
1.8
AHf-1.7+吃势f(1.2)
2.5 2.5
2.5 2.5
32
EL
59
2.5 2.5
2.5 2.5
2.5
2.5
b
d
垫肩
高1.0
2
1.8
a
c
AHb-1.4+吃势b(1.6)
AHf-1.7+吃势f(1.2)
a-b-(0-0.7)
c-d-(0-0.7)
2.5 2.5
2.5 2.5
e
f
32
EL
59
2.5 2.5
2.5 2.5

二、垂荡领双排扣抽褶袖外套

后衣长	70
B	97
N	40
S	39
W	80
袖肥	17
袖口	12.5
SL	59
垫肩	0.8

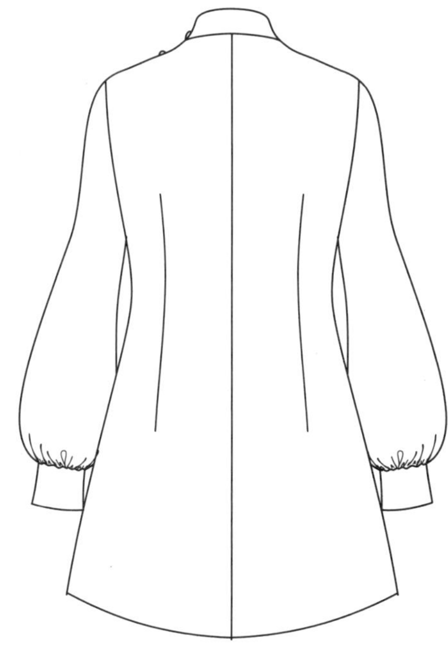

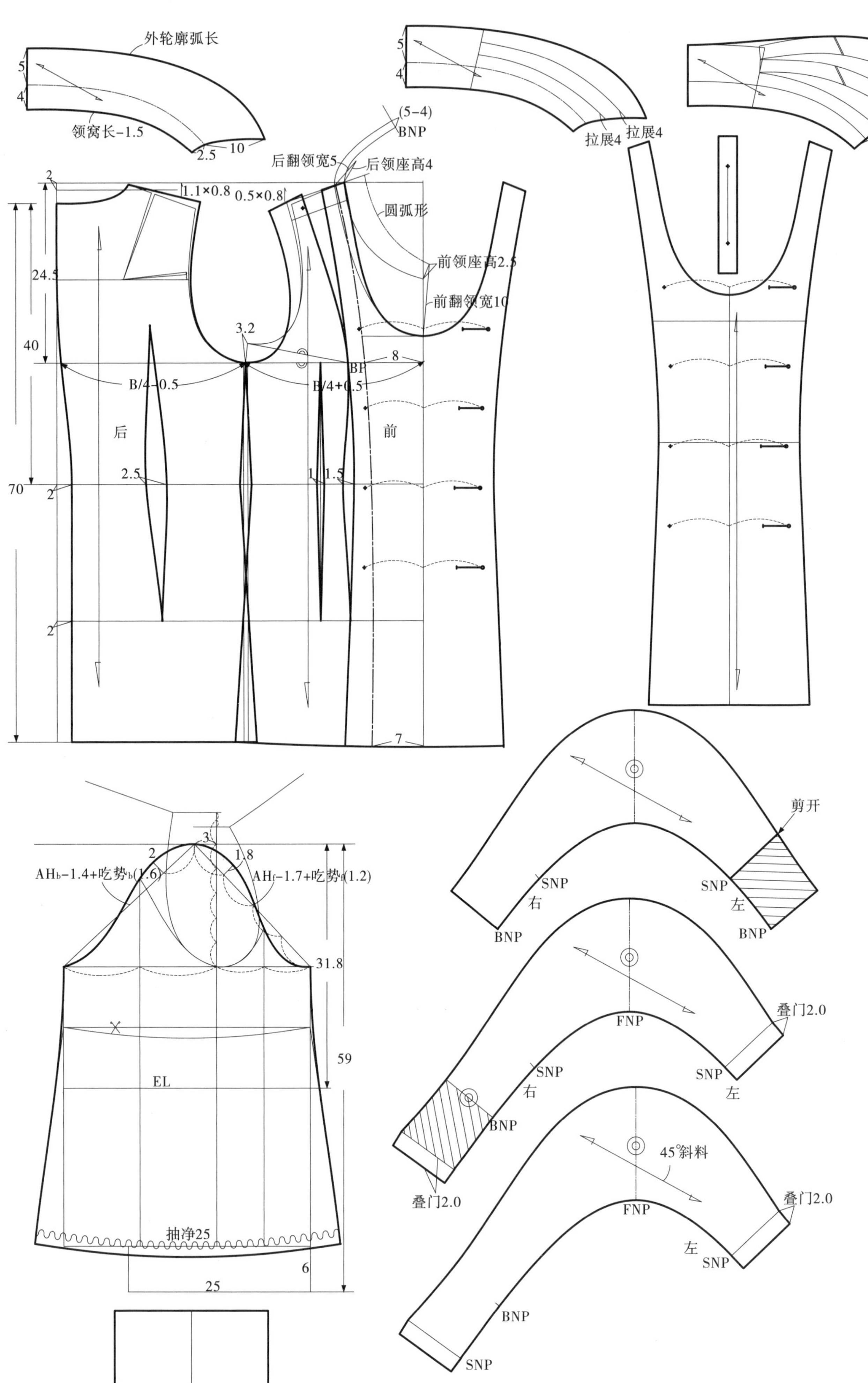

外轮廓弧长
5
4
领窝长-1.5
2.5
10
5
4
拉展4
拉展4
(5-4)
BNP
后翻领宽5
后领座高4
2
1.1×0.8
0.5×0.8
圆弧形
24.5
前领座高2.5
前翻领宽10
40
3.2
8
BP
B/4-0.5
B/4+0.5
后
前
2.5
1
1.5
70
2
2
7
剪开
SNP
SNP
右
左
BNP
BNP
2
3
1.8
AHb-1.4+吃势b(1.6)
AHf-1.7+吃势f(1.2)
31.8
59
EL
叠门2.0
FNP
SNP
SNP
右
左
BNP
叠门2.0
45°斜料
FNP
叠门2.0
抽净25
6
25
左
SNP
BNP
SNP

三、翻驳领插角腰部分割外套

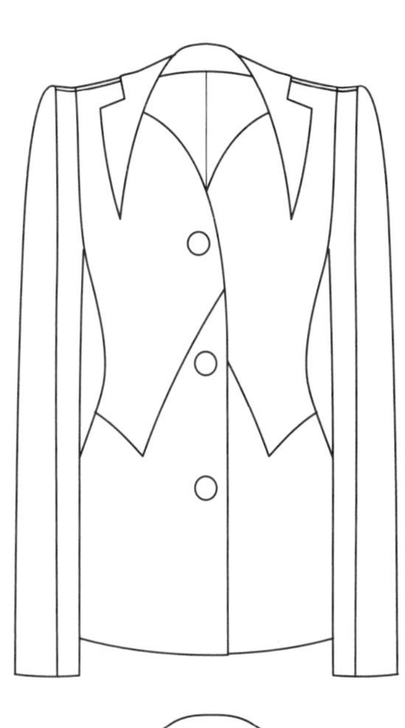

后衣长	62
B	95
N	39
S	40
W	79
下摆	104
袖肥	17
袖口	12.5
SL	59

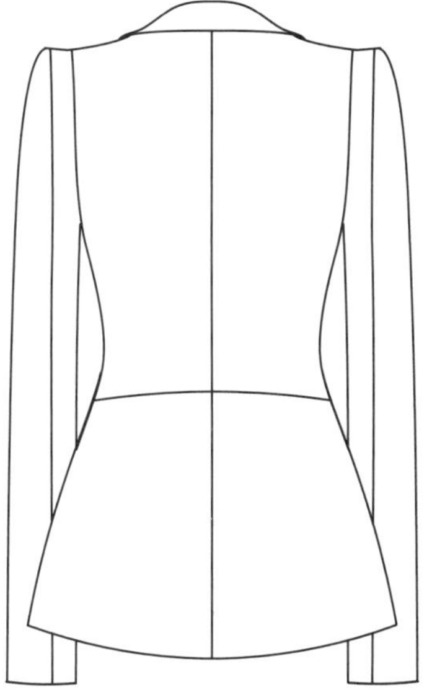

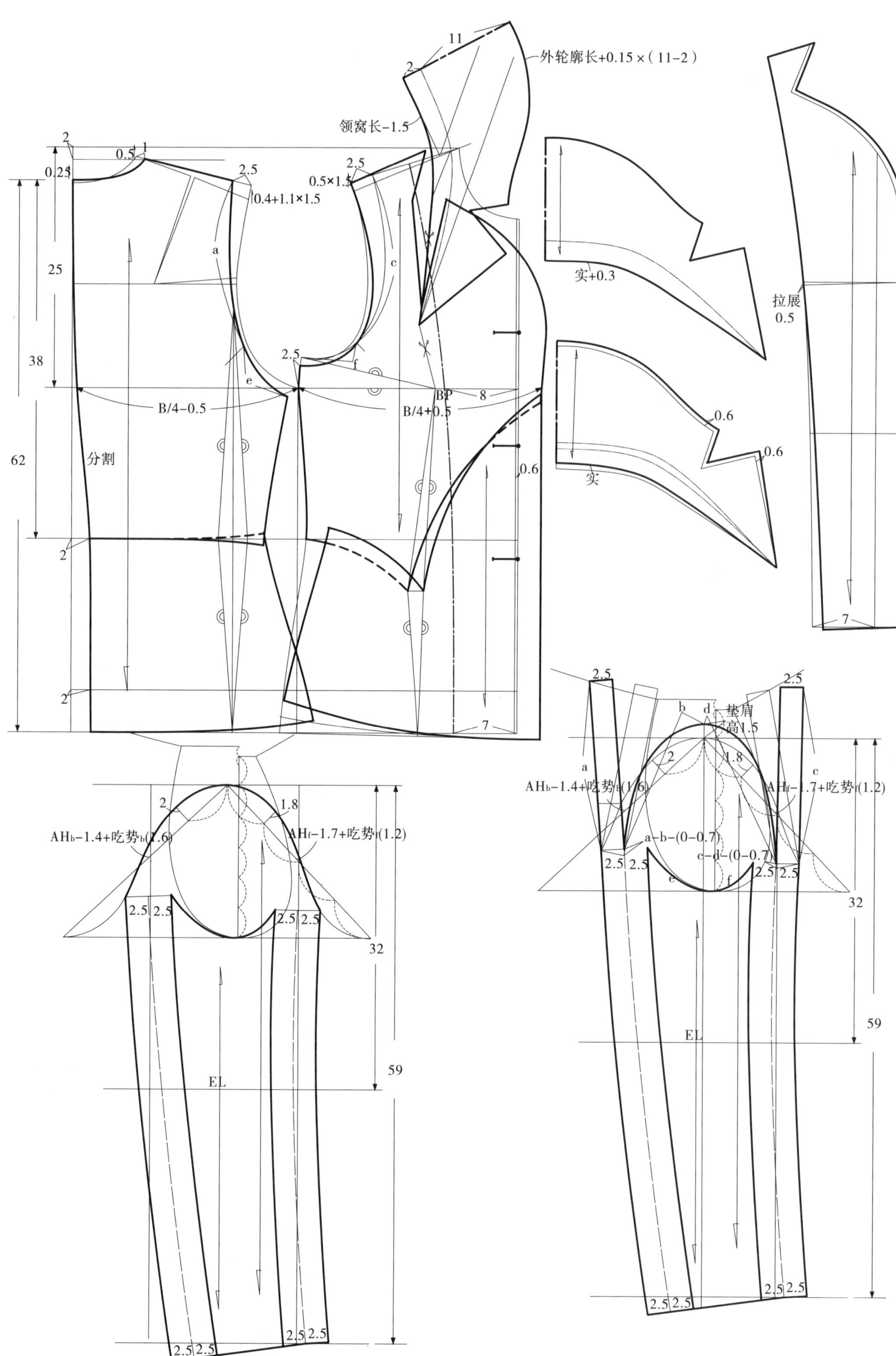

外轮廓长+0.15×（11-2）
领窝长-1.5
0.4+1.1×1.5
0.5×1.5
B/4-0.5
B/4+0.5
BP
分割
实+0.3
实
拉展
0.5
垫肩
高1.5
AHb-1.4+吃势b(1.6)
AHf-1.7+吃势f(1.2)
a-b-(0-0.7)
c-d-(0-0.7)
EL

四、翻立领插肩袖较合体长外套

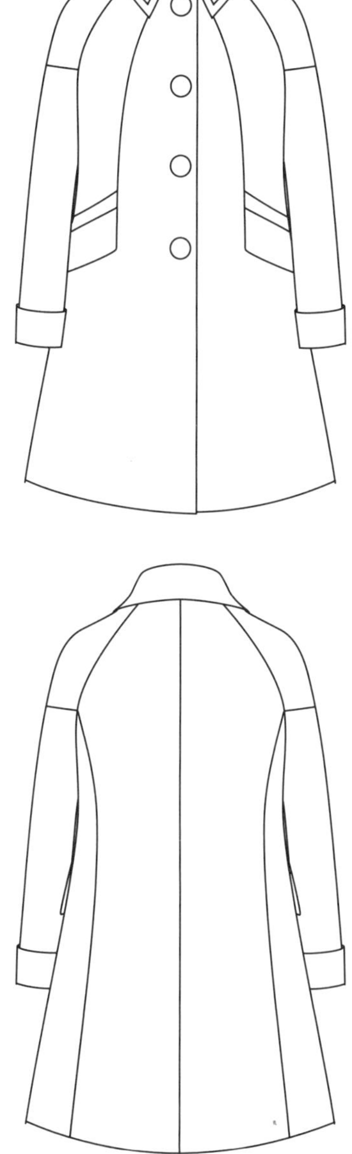

后衣长	90
B	98
N	39
S	38
W	86
下摆	133
袖肥	16.5
袖口	12.5
SL	59
垫肩	1.0

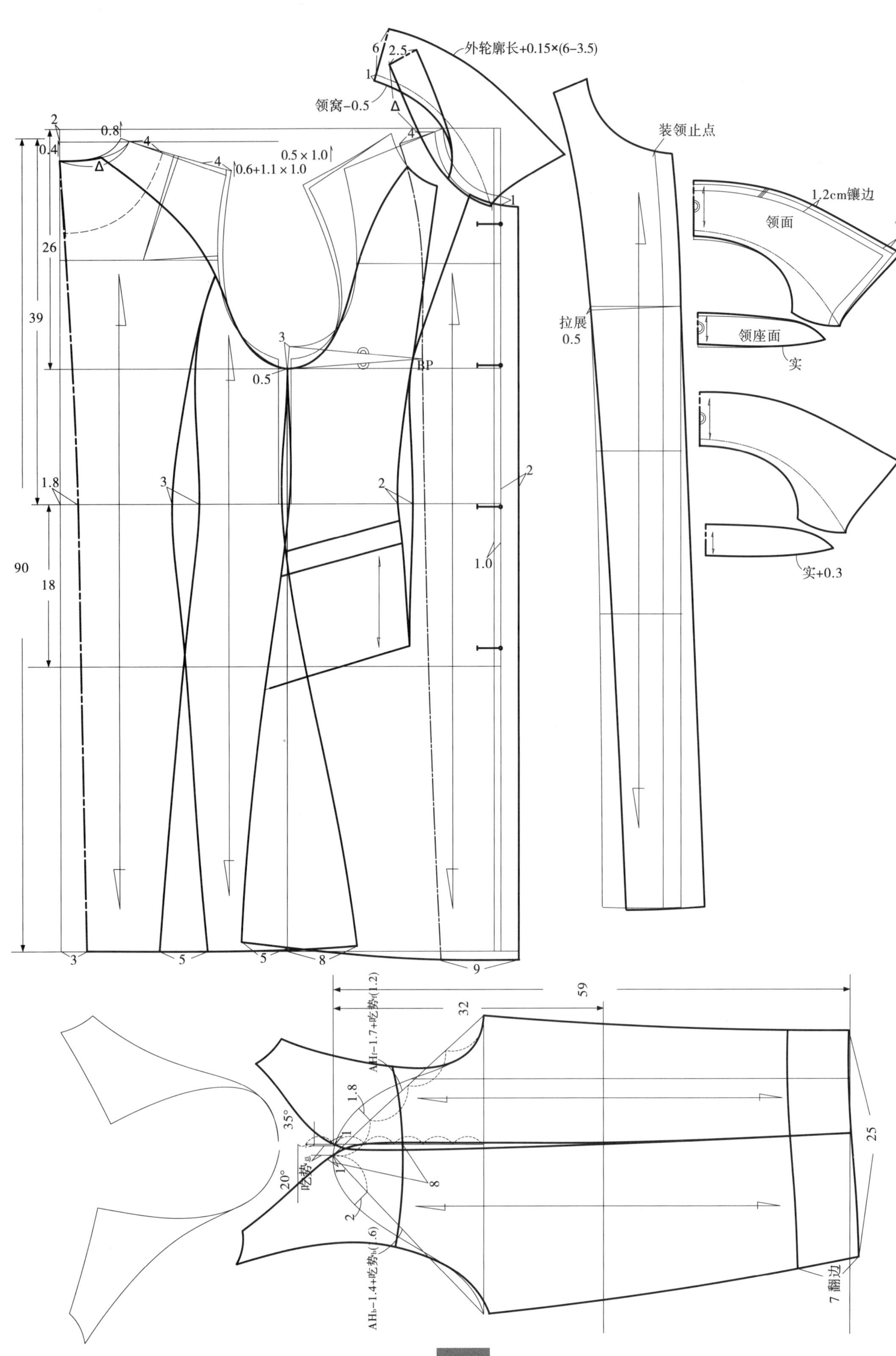

外轮廓长+0.15×(6−3.5)
领窝−0.5
装领止点
1.2cm镶边
领面
领座面
实
拉展
0.5
BP
实+0.3
AHf−1.7+吃势f(1.2)
AHb−1.4+吃势b(1.6)
吃势总
7翻边

五、翻立领两片袖较合体短外套

后衣长	58
B	94
W	80
S	39
N	39
袖肥	17.2
袖口	12.5
垫肩	1.0
SL	58

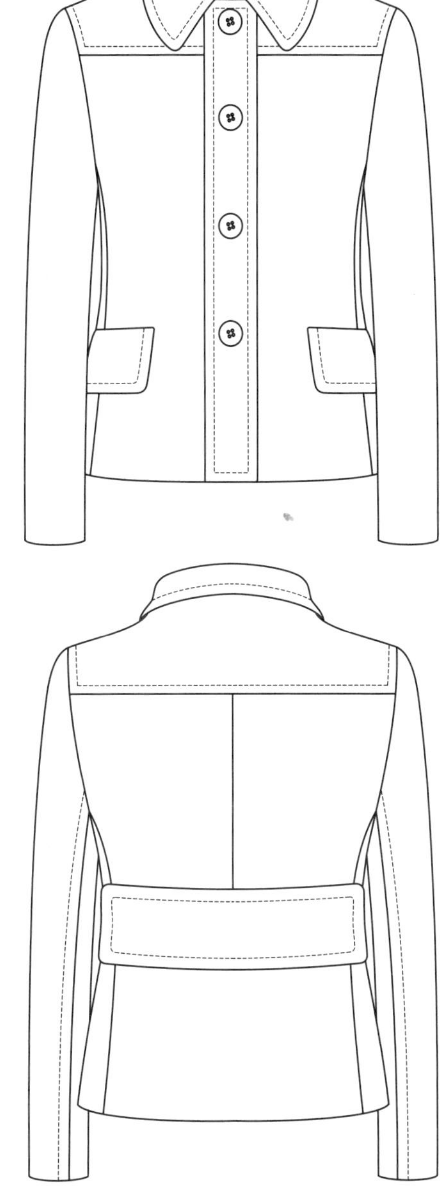

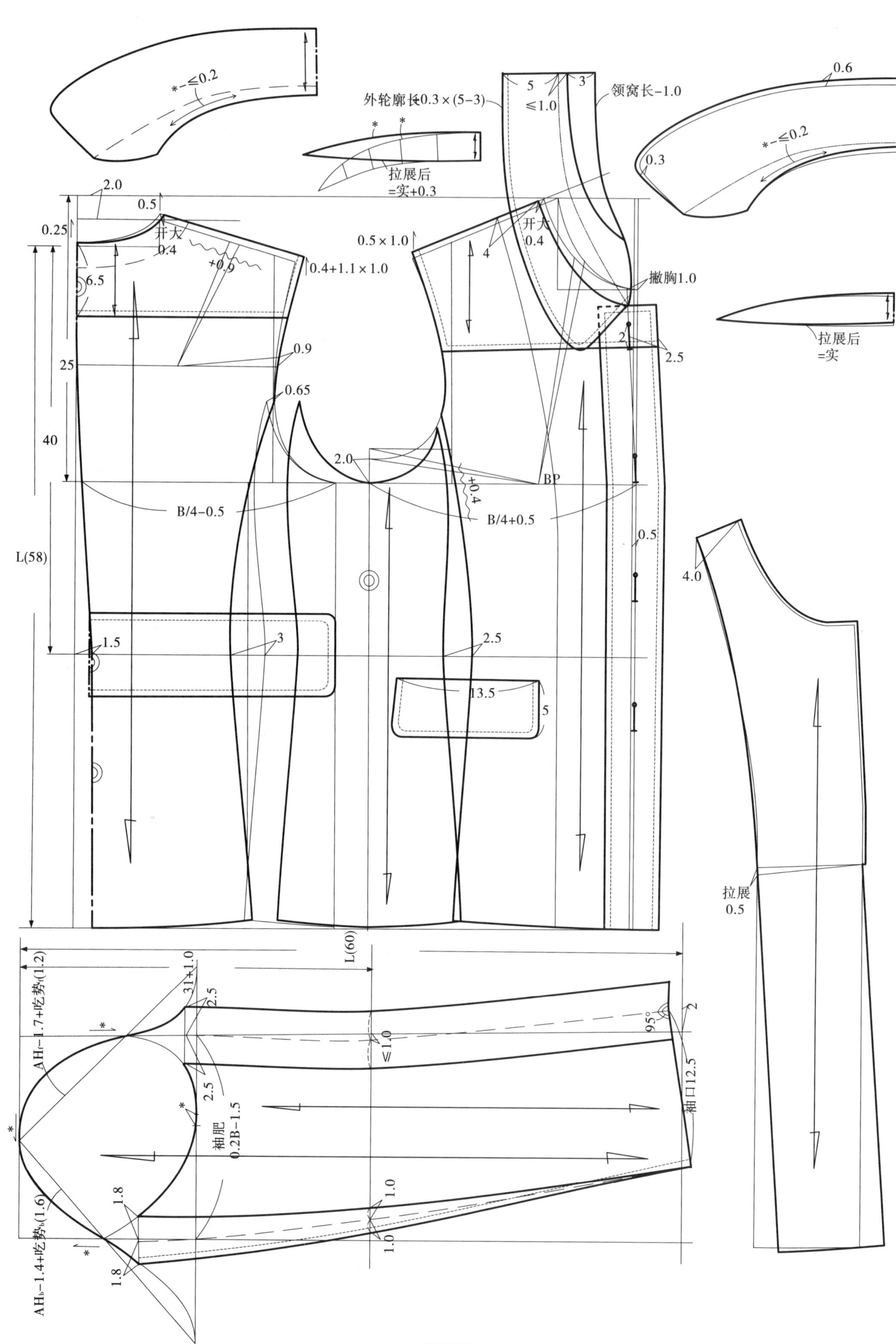

*-≤0.2
外轮廓长+0.3×(5-3)
拉展后
=实+0.3
5
3
≤1.0
领窝长-1.0
0.6
*-≤0.2
0.3
2.0
0.5
0.25
开大
0.4
+0.9
6.5
0.4+1.1×1.0
0.5×1.0
4
开大
0.4
撇胸1.0
拉展后
=实
0.9
25
0.65
40
2.0
BP
+0.4
B/4-0.5
B/4+0.5
L(58)
0.5
4.0
1.5
3
2.5
13.5
5
拉展
0.5
L(60)
31+1.0
2.5
AH_f-1.7+吃势_f(1.2)
95°
2
≤1.0
袖口12.5
2.5
袖肥
0.2B-1.5
1.8
1.0
1.0
AH_b-1.4+吃势_b(1.6)
1.8

六、翻立领两片袖较合体长外套

后衣长	90
B	98
N	40
S	39
下摆	130
袖肥	16
袖口	12.5
SL	59

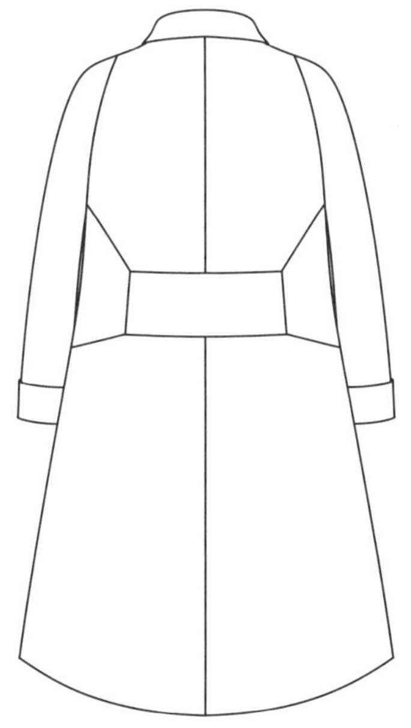

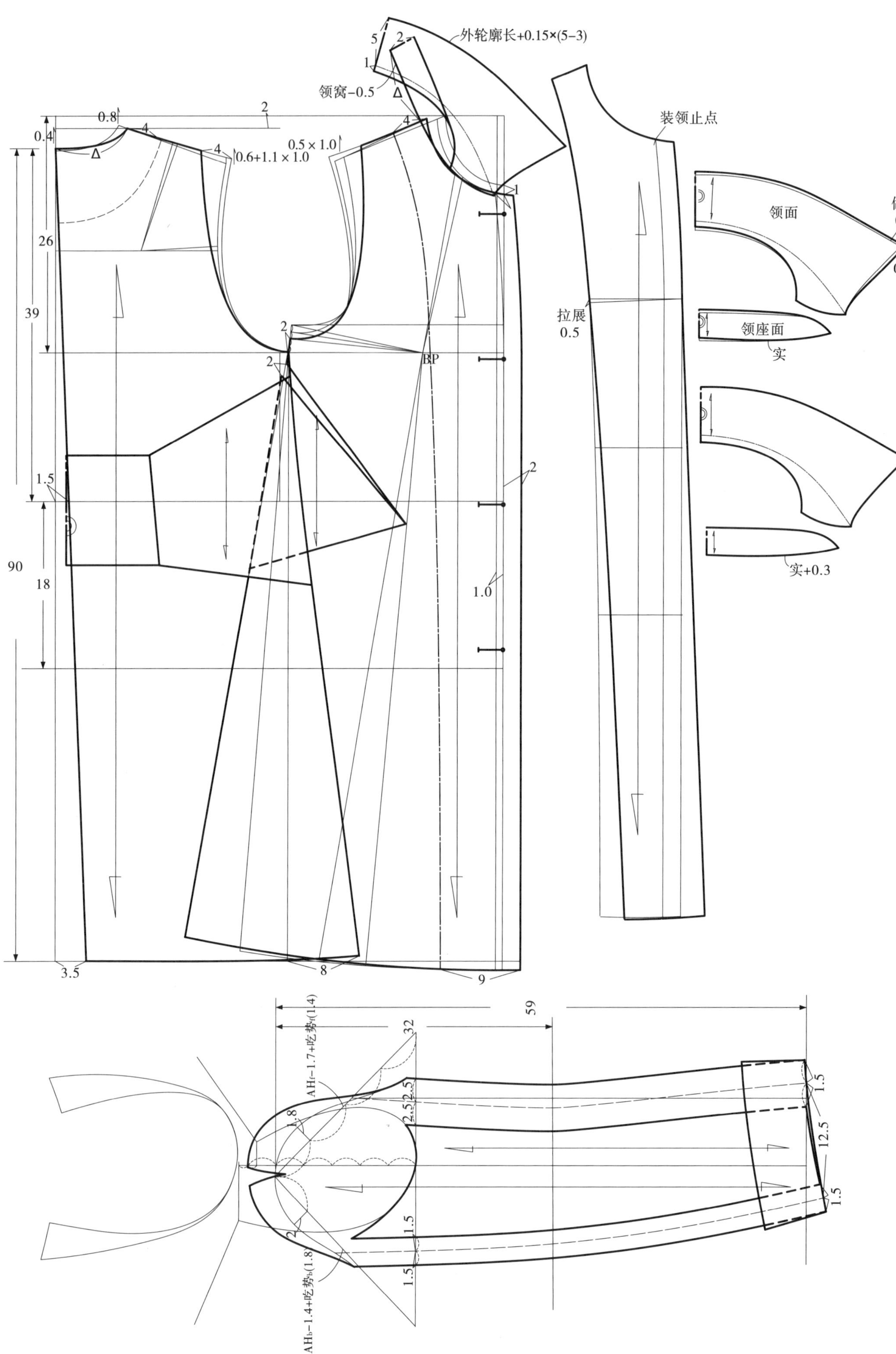

外轮廓长+0.15×(5-3)
领窝-0.5
装领止点
领面
做势
0.5
0.3
领座面
实
拉展
0.5
实+0.3
BP
0.6+1.1×1.0
0.5×1.0
AHf-1.7+吃势f(1.4)
AHb-1.4+吃势b(1.8)
59

七、翻立领两片袖较宽松短外套

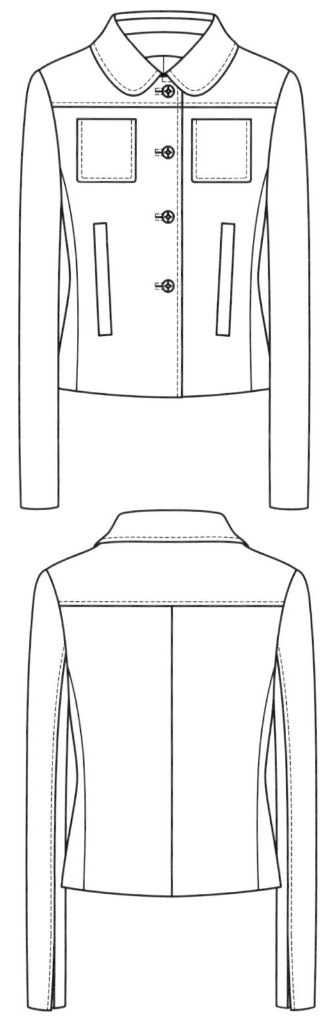

后衣长	55
B	94
W	74
S	39.5
N	39.5
下摆	100
袖肥	17
袖口	13
垫肩	1.0
SL	60

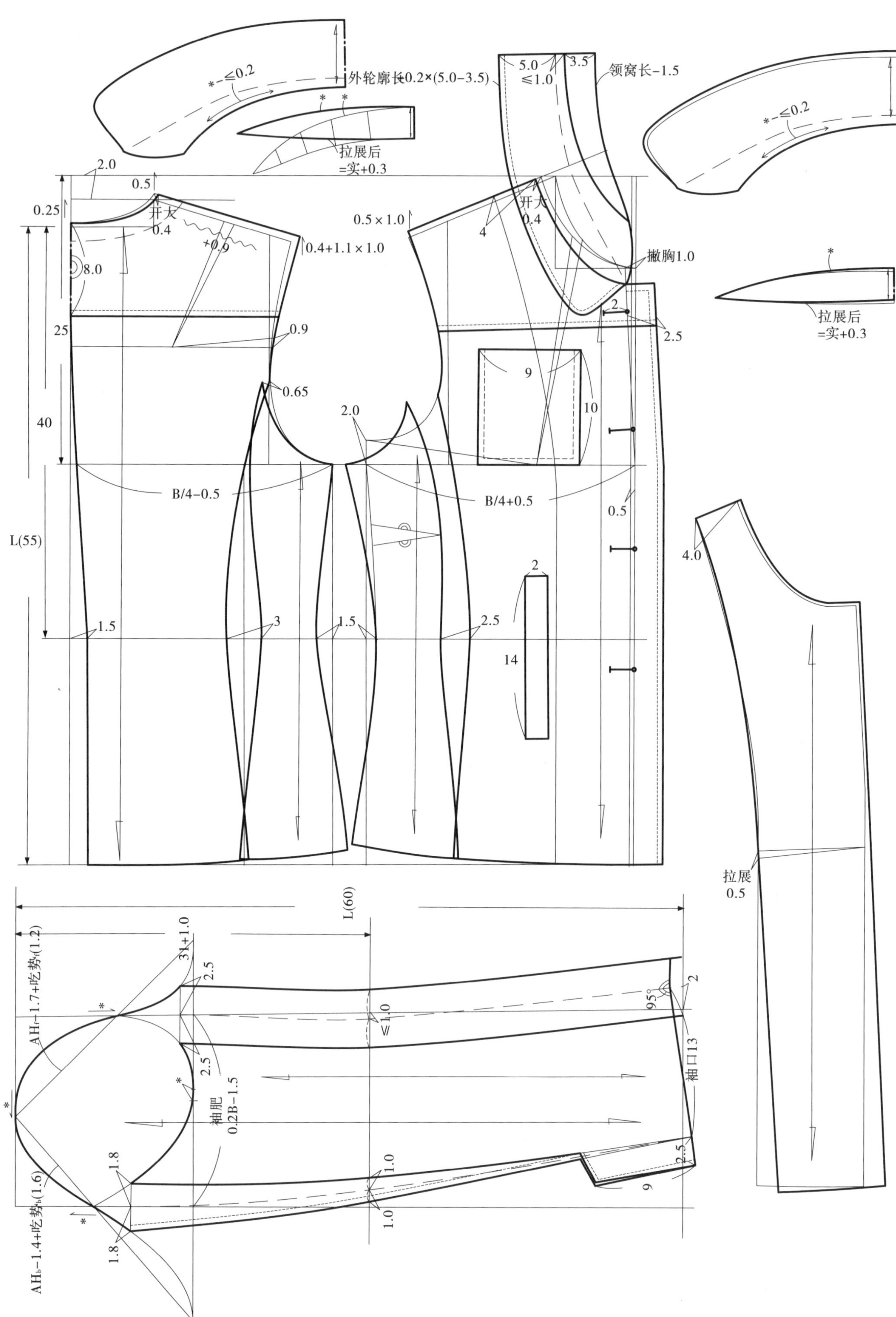
外轮廓长+0.2×(5.0−3.5)
*−≤0.2
拉展后
=实+0.3
5.0
≤1.0
3.5
领窝长−1.5
2.0
0.5
0.25
开大
0.4
0.9
0.4+1.1×1.0
0.5×1.0
4
0.4
撇胸1.0
8.0
25
0.9
0.65
40
2.0
9
10
2
2.5
B/4−0.5
B/4+0.5
0.5
L(55)
4.0
2
1.5
3
1.5
2.5
14
拉展
0.5
L(60)
AHf−1.7+吃势f(1.2)
31+1.0
2.5
95°
2
≤1.0
袖口13
2.5
袖肥
0.2B−1.5
1.8
1.0
1.0
2.5
9
1.8
AHb−1.4+吃势b(1.6)

八、翻立领牛仔外套

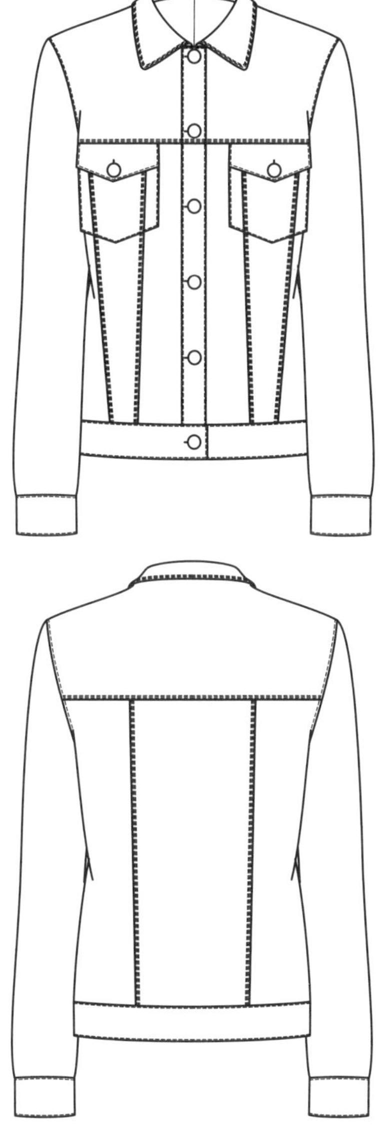

后衣长	55
B	94
W	76
S	39.5
N	39
袖肥	17
袖口	11.5
垫肩	1.0
SL	60

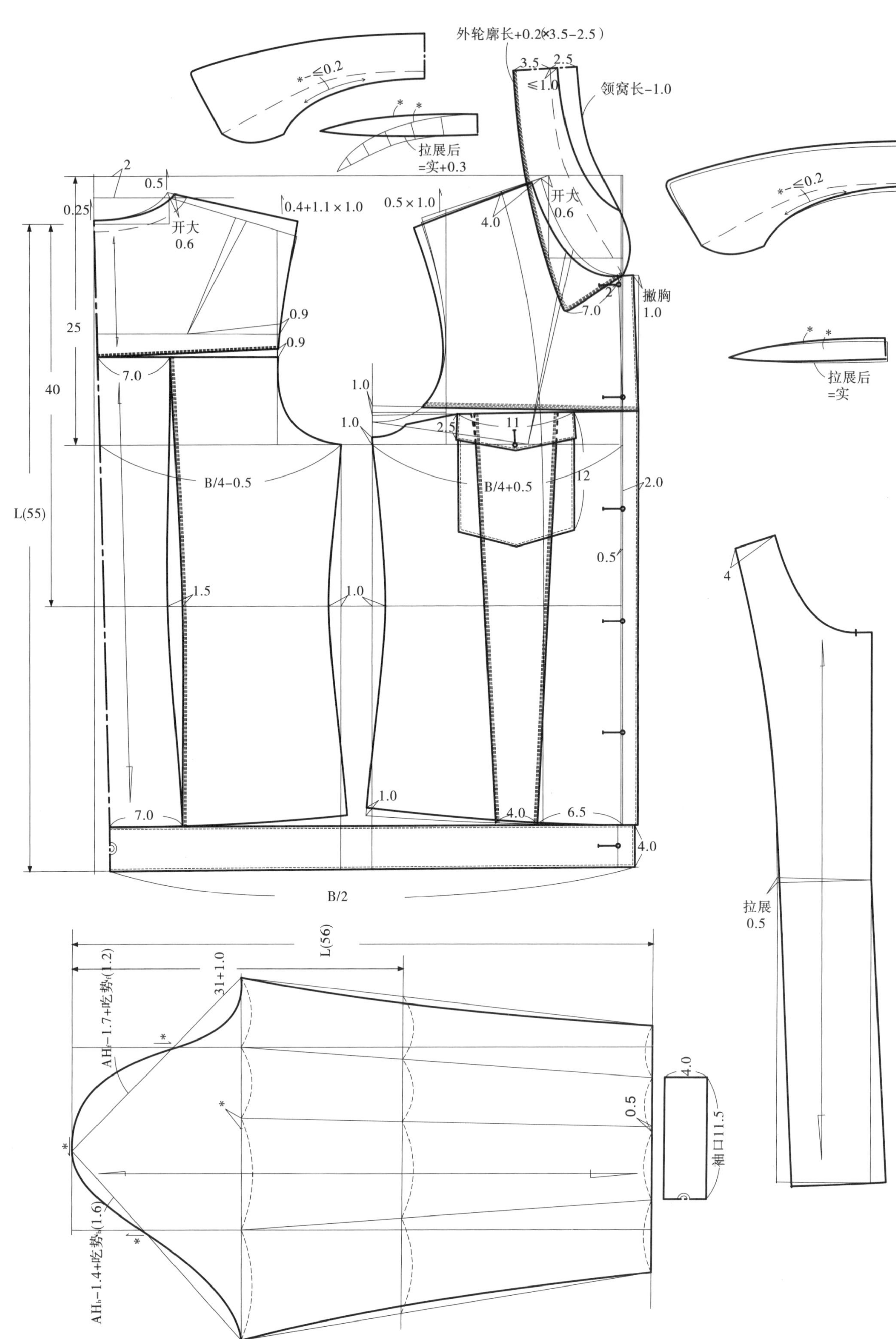

外轮廓长+0.2×(3.5−2.5)
3.5
2.5
≤1.0
领窝长−1.0
*−≤0.2
拉展后
=实+0.3
开大
0.6
0.4+1.1×1.0
0.5×1.0
4.0
撇胸
1.0
7.0
0.9
25
40
L(55)
B/4−0.5
B/4+0.5
11
2.5
12
2.0
0.5
1.5
1.0
6.5
B/2
拉展后
=实
拉展
0.5
L(56)
31+1.0
AH_f−1.7+吃势_f(1.2)
AH_b−1.4+吃势_b(1.6)
袖口11.5

九、翻领插肩袖较宽松外套

后衣长	72
B	100
W	88
S	40
N	39.5
袖肥	18.5
袖口	14
垫肩	1.0
SL	60

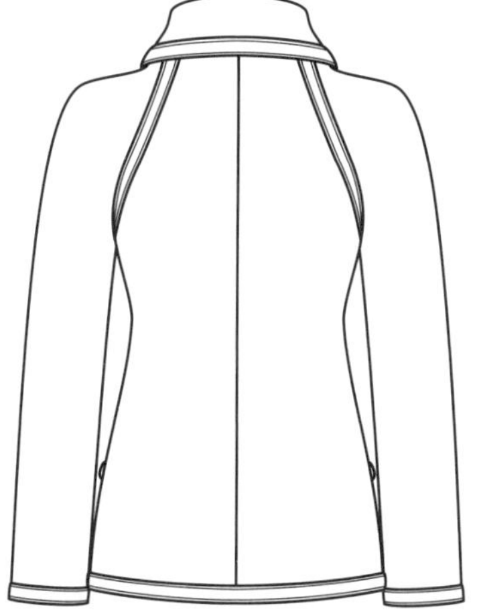

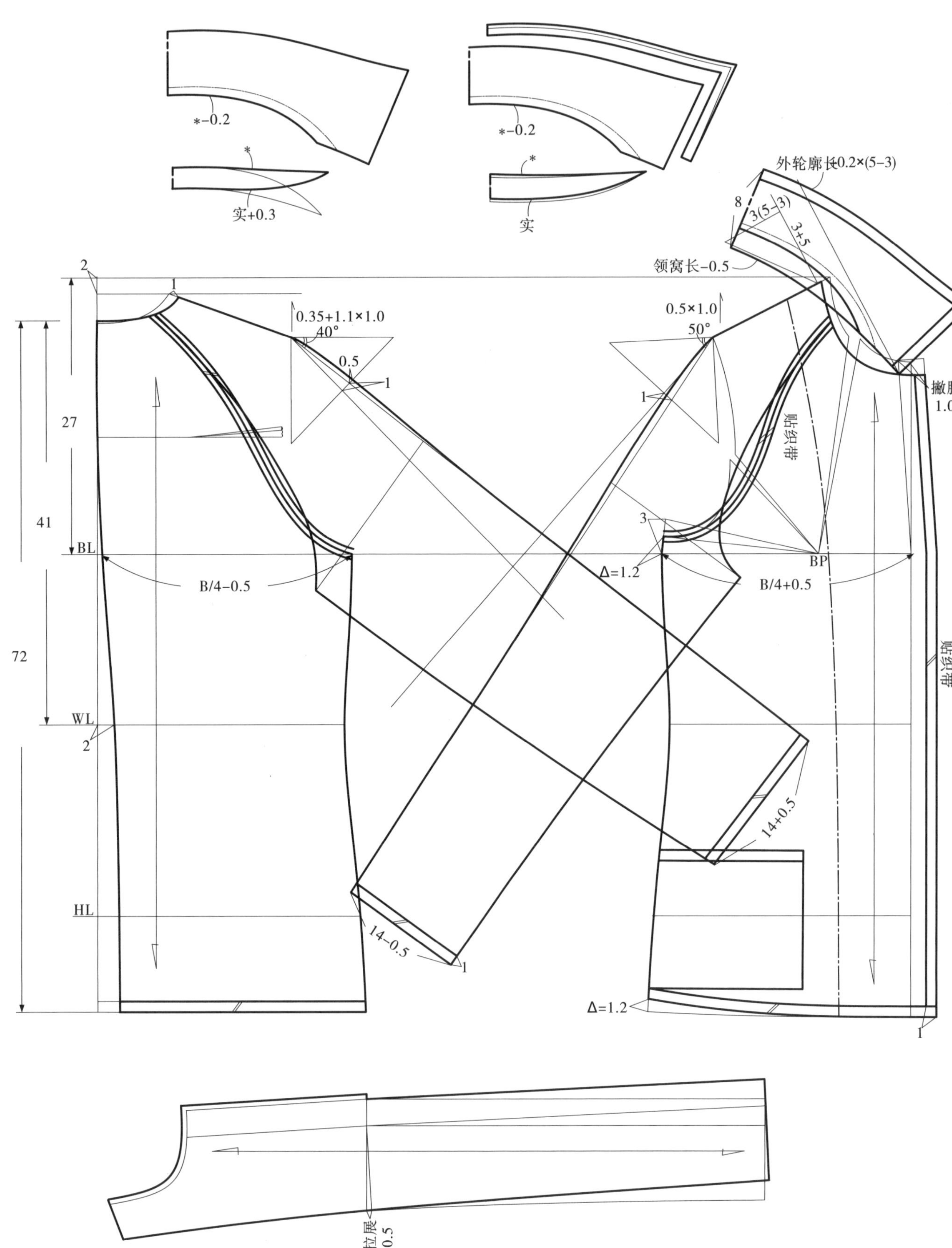

*-0.2
*
实+0.3
*-0.2
*
实
外轮廓长+0.2×(5-3)
8
3(5-3)
3+5
领窝长-0.5
2
1
0.35+1.1×1.0
40°
0.5
1
0.5×1.0
50°
1
27
41
72
BL
B/4-0.5
贴织带
3
Δ=1.2
BP
B/4+0.5
贴织带
WL
2
14+0.5
HL
14-0.5
1
Δ=1.2
1
拉展
0.5

十、翻折领、纽襻拼接衣身后领袖子中长外套

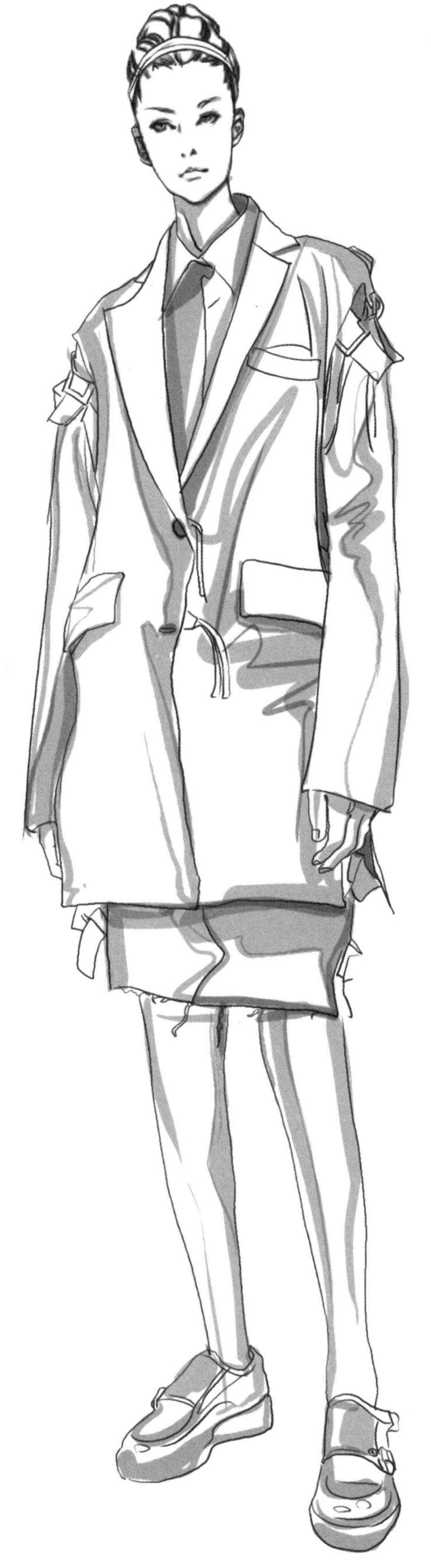

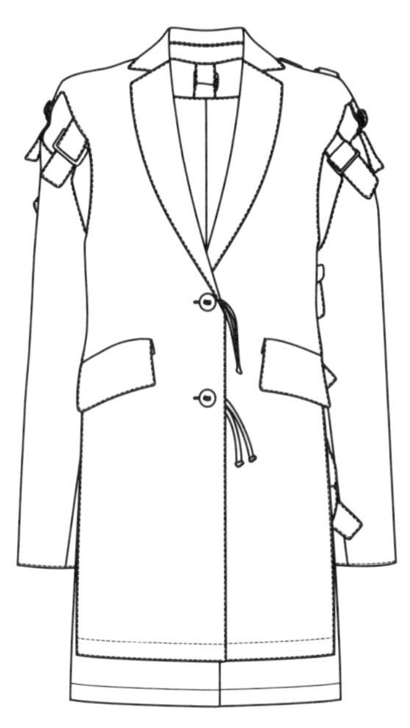

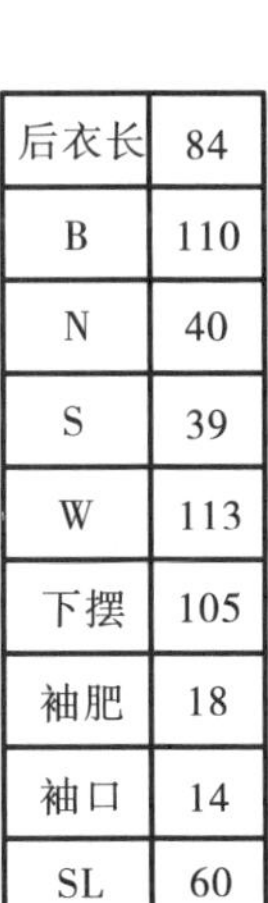

后衣长	84
B	110
N	40
S	39
W	113
下摆	105
袖肥	18
袖口	14
SL	60

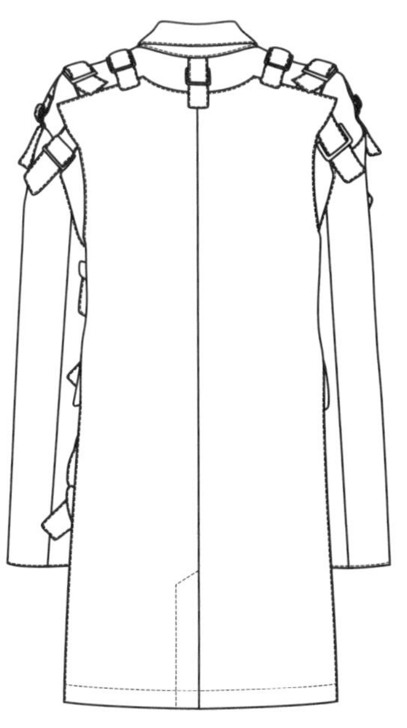

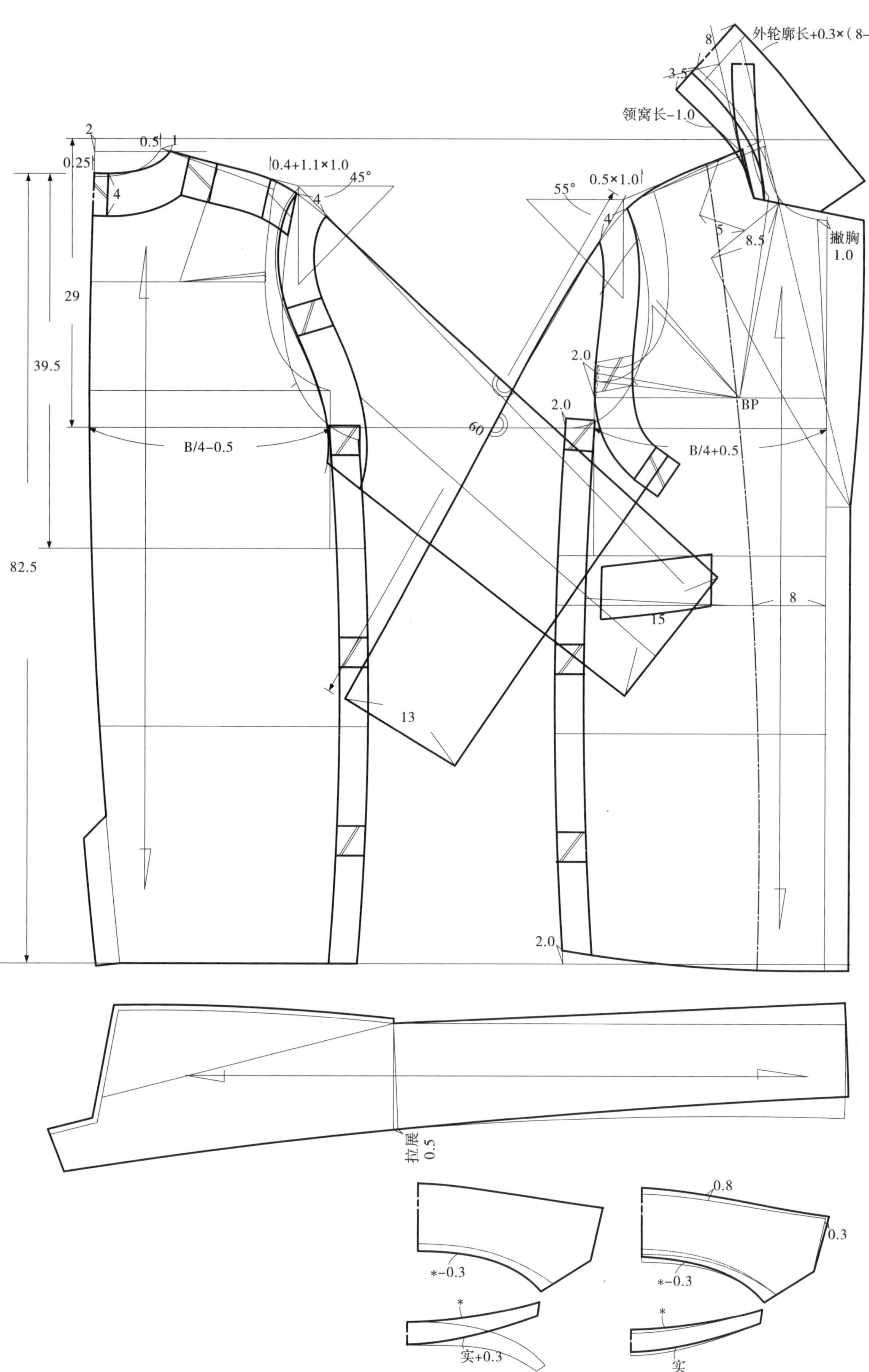
外轮廓长+0.3×（8-3.5）
8
3.5
领窝长-1.0
2
0.5
1
0.25
4
0.4+1.1×1.0
45°
4
55°
0.5×1.0
4
5
8.5
撇胸
1.0
29
39.5
2.0
BP
2.0
60
B/4-0.5
B/4+0.5
82.5
8
15
13
2.0
拉展
0.5
0.8
0.3
*-0.3
*-0.3
*
实+0.3
*
实

十一、翻折领分割袖较合体外套

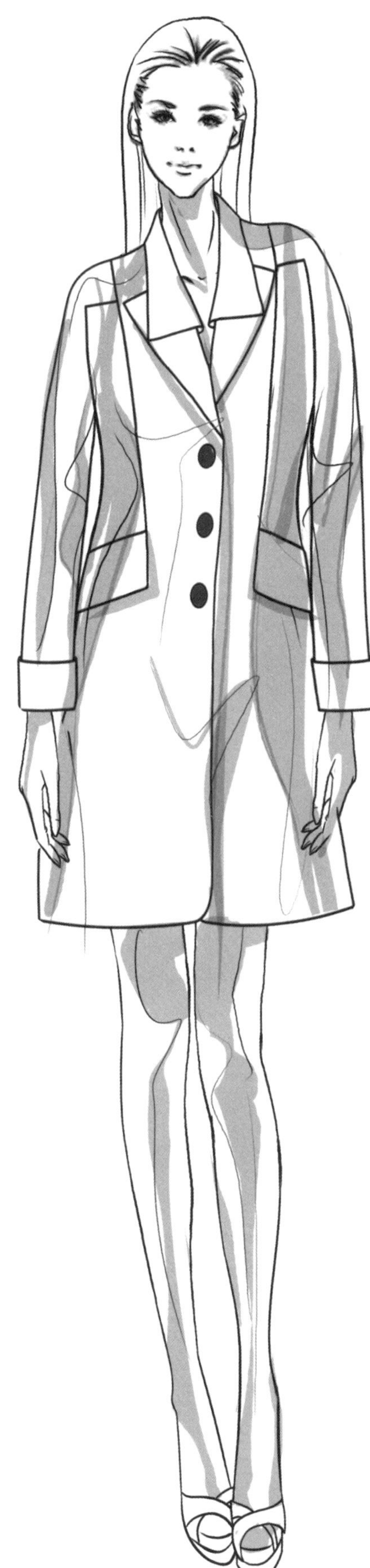

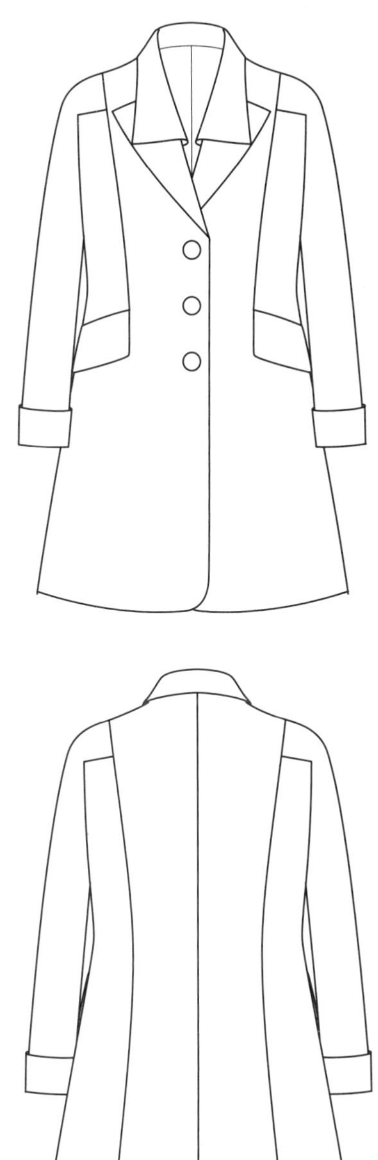

后衣长	90
B	98
N	39
S	38
W	86
下摆	132
袖肥	17
袖口	12.5
SL	59

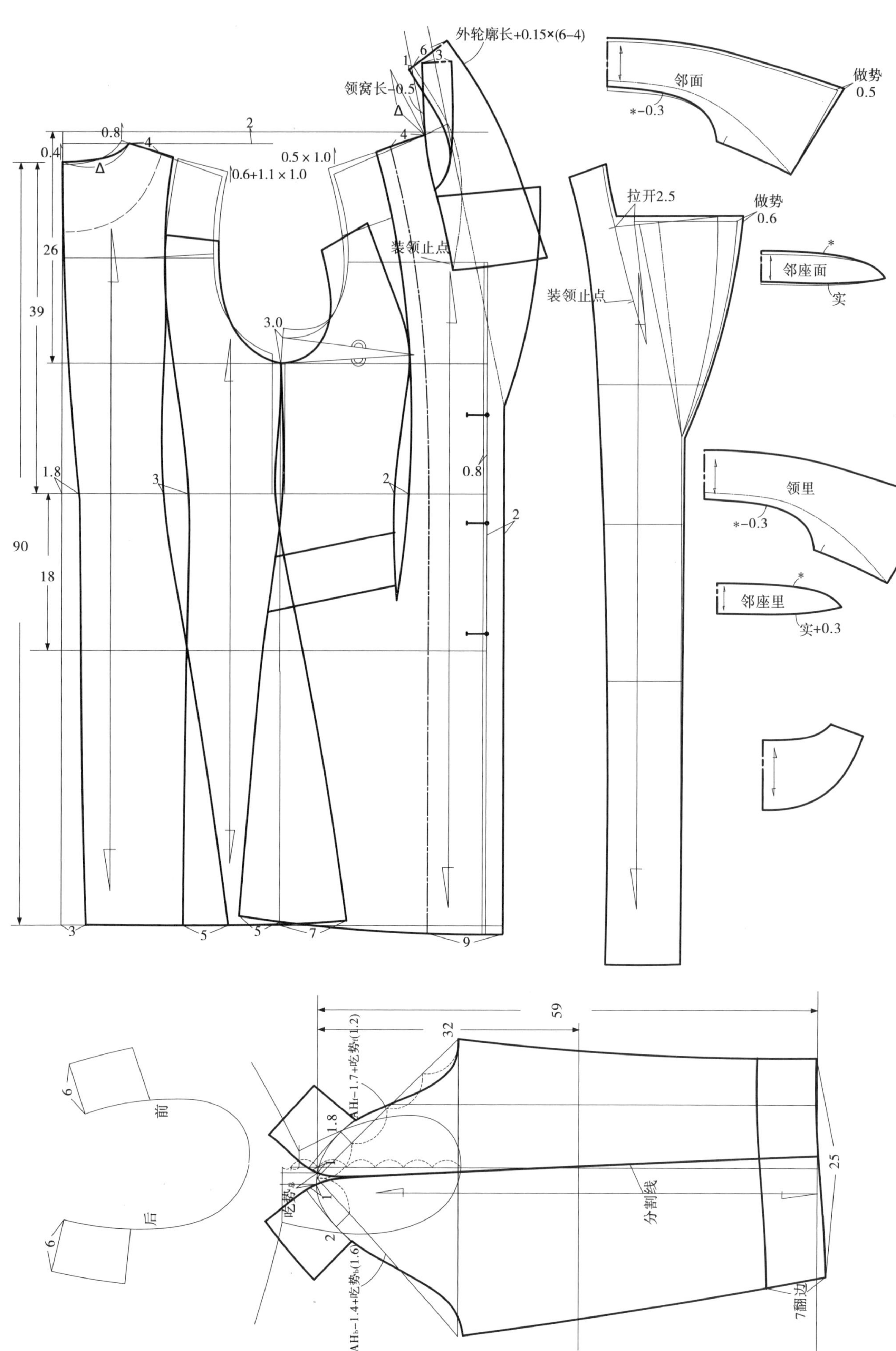

外轮廓长+0.15×(6−4)
领窝长−0.5
装领止点
邻面
做势
0.5
*−0.3
拉开2.5
做势
0.6
邻座面
实
领里
*−0.3
邻座里
实+0.3
分割线
前
后
7翻边

十二、翻折领喇叭袖西装外套

后衣长	65
B	98
W	84
S	39
N	40
袖肥	18
袖口	40
垫肩	1.0
SL	60

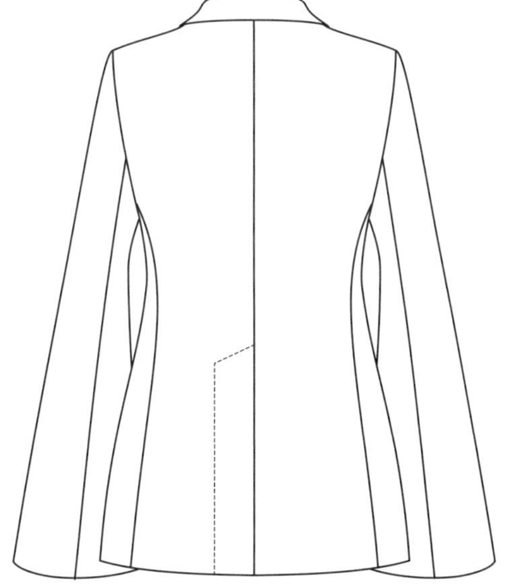

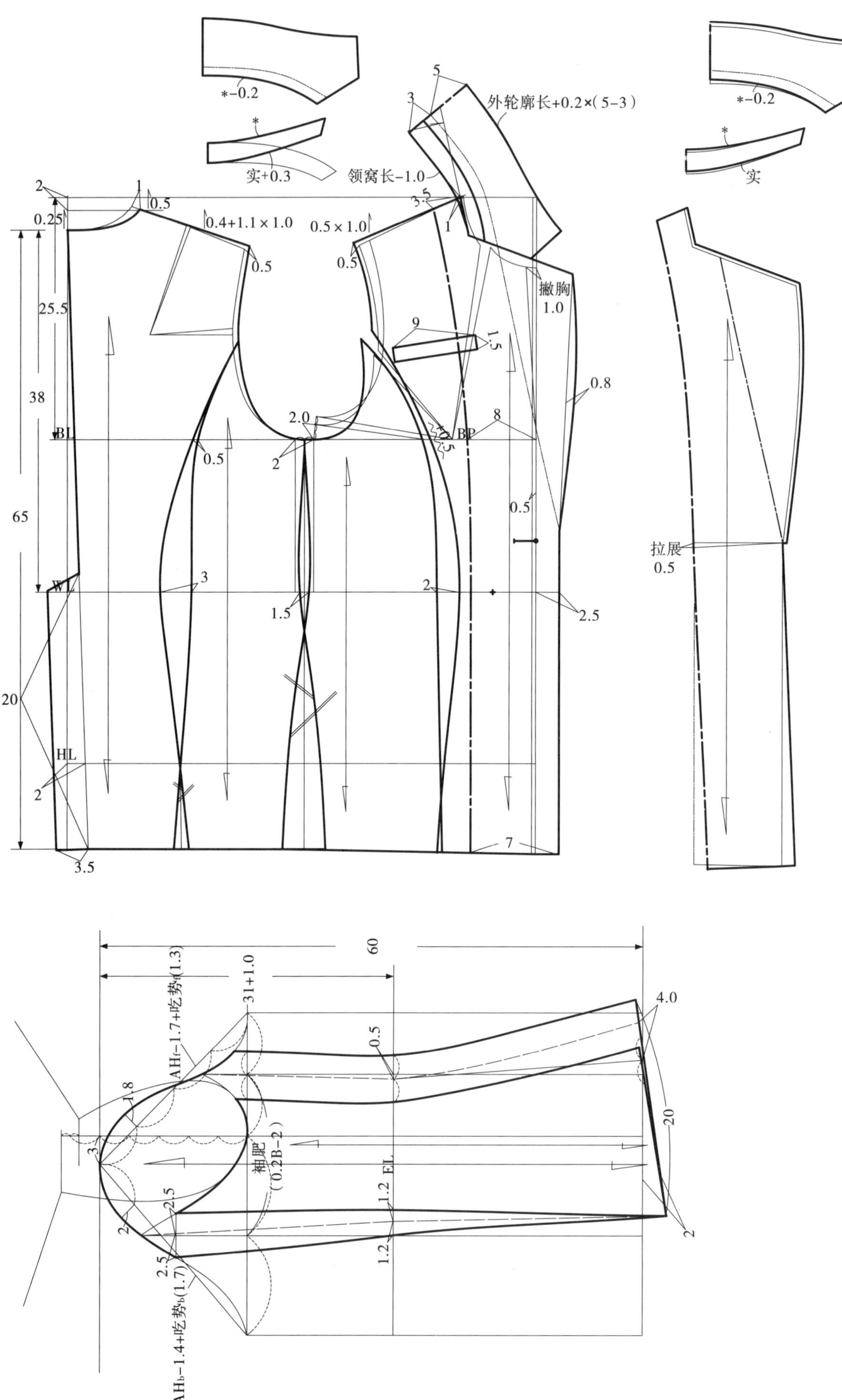

*-0.2
*
实+0.3
5
3
外轮廓长+0.2×(5-3)
领窝长-1.0
*-0.2
*
实
2
1
0.5
0.25
0.4+1.1×1.0
0.5×1.0
3.5
1
0.5
0.5
25.5
撇胸
1.0
9
1.5
38
0.8
2.0
8
BL
BP
0.5
2
0.5
65
0.5
拉展
0.5
WL
3
2
2.5
1.5
20
HL
2
7
3.5
60
AHf-1.7+吃势f(1.3)
31+1.0
4.0
0.5
1.8
20
3
袖肥
(0.2B-2)
EL
2.5
1.2
2
1.2
2
2.5
2.5
AHb-1.4+吃势b(1.7)

十三、翻折领两片袖侧片拼接折裥压线外套

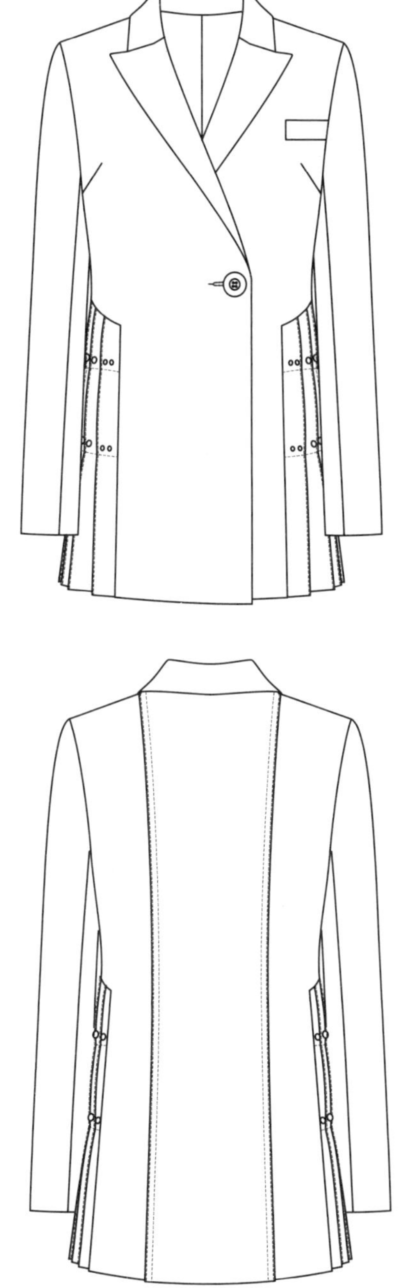

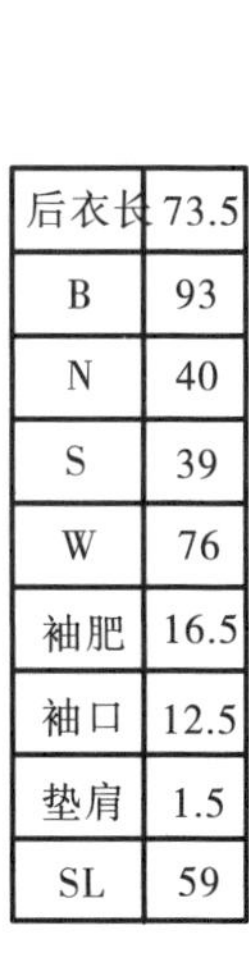

后衣长	73.5
B	93
N	40
S	39
W	76
袖肥	16.5
袖口	12.5
垫肩	1.5
SL	59

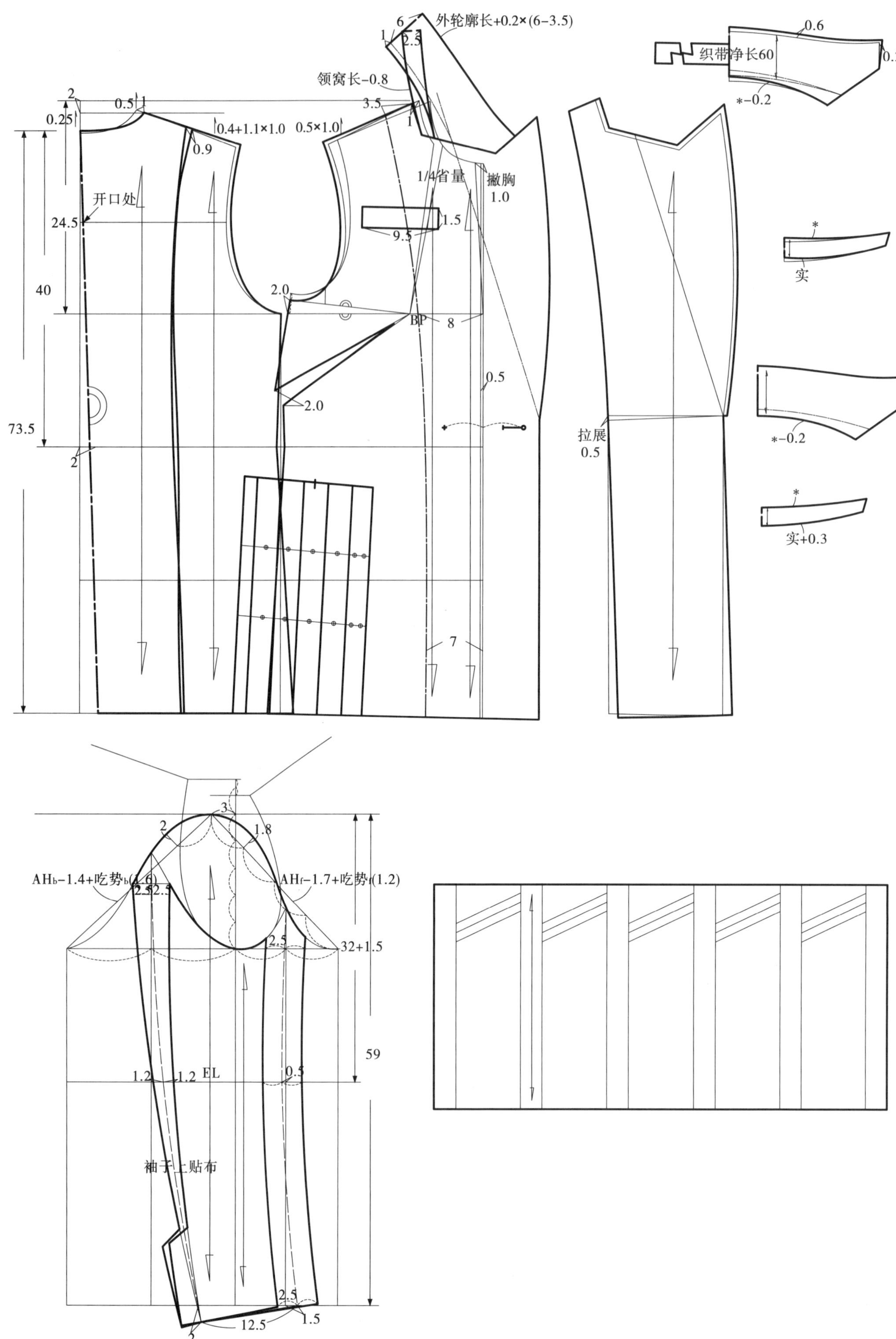

外轮廓长+0.2×(6-3.5)
领窝长-0.8
织带净长60
开口处
1/4省量
撇胸
BP
拉展
实
实+0.3
AHb-1.4+吃势b(1.6)
AHf-1.7+吃势f(1.2)
32+1.5
EL
袖子上贴布

十四、翻折领两片袖合体外套

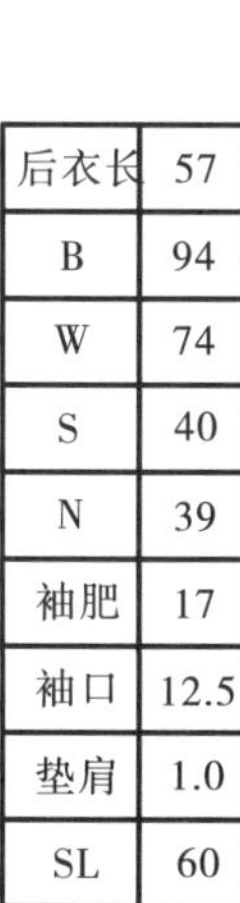

后衣长	57
B	94
W	74
S	40
N	39
袖肥	17
袖口	12.5
垫肩	1.0
SL	60

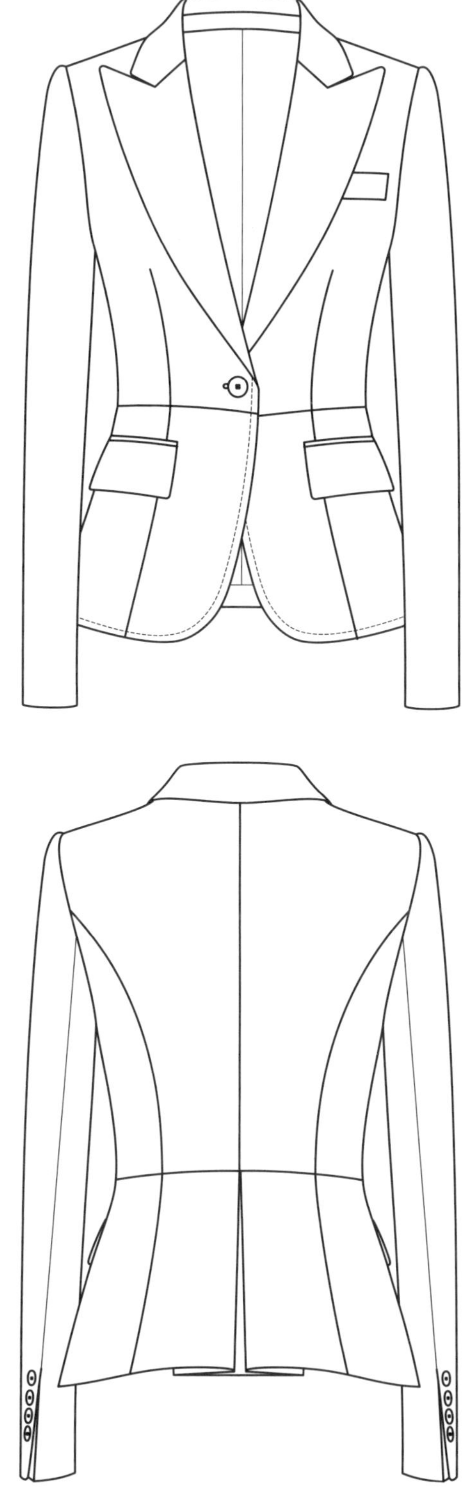

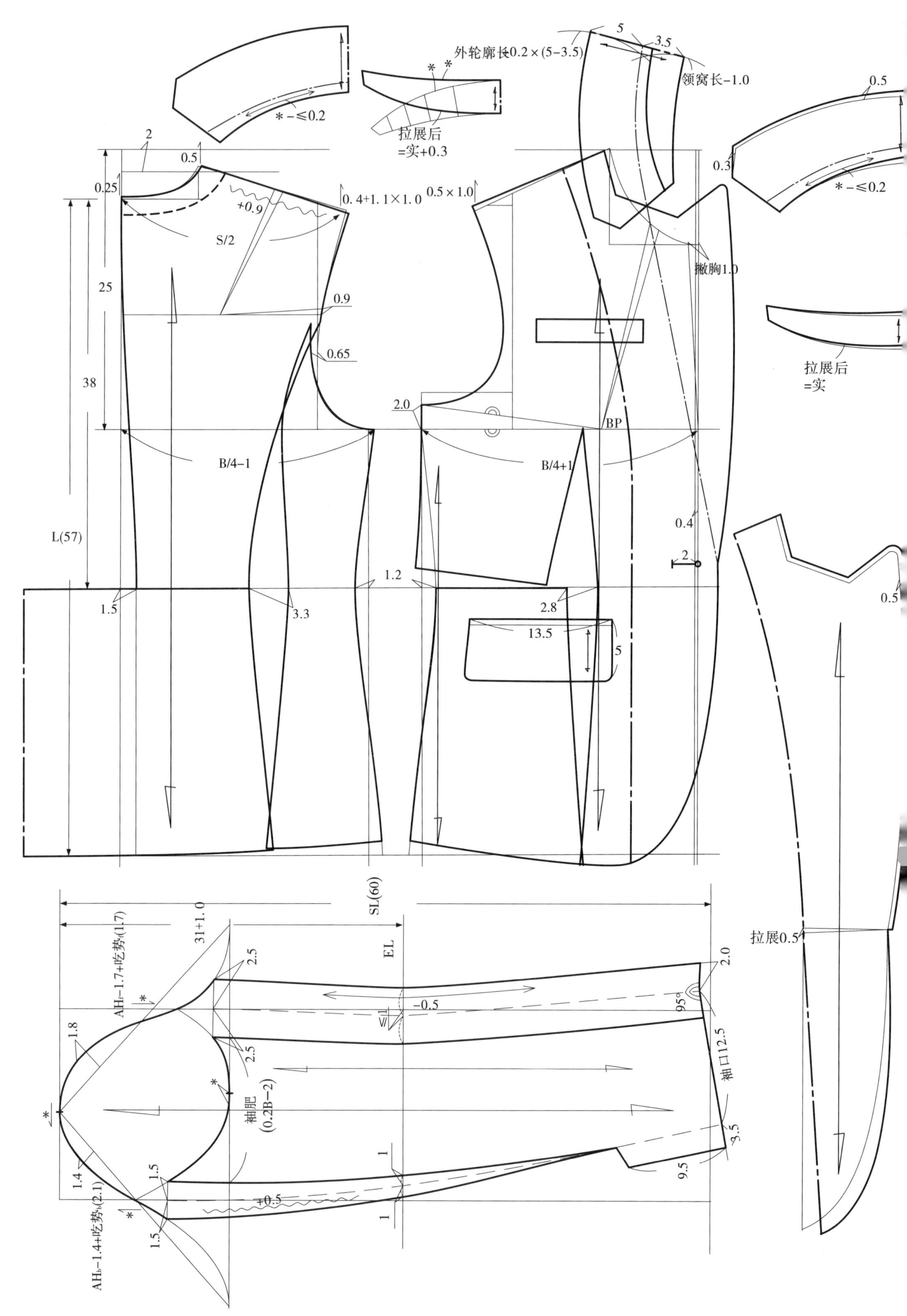
外轮廓长+0.2×(5−3.5)
领窝长−1.0
*−≤0.2
拉展后
=实+0.3
S/2
+0.9
0. 4+1. 1×1. 0
0.5×1.0
撇胸1.0
B/4−1
B/4+1
BP
L(57)
13.5
拉展后
=实
拉展0.5
SL(60)
EL
31+1.0
AH_f−1.7+吃势_f(1.7)
AH_b−1.4+吃势_b(2.1)
袖肥
(0.2B−2)
袖口12.5
95°
−0.5
+0.5

十五、翻折领两片袖后领开衩系带外套

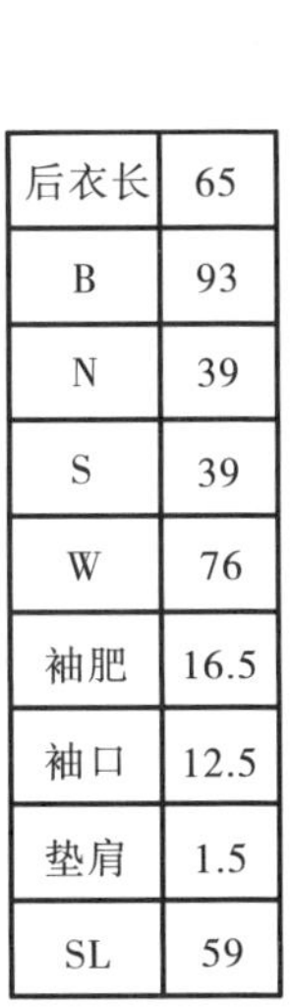

后衣长	65
B	93
N	39
S	39
W	76
袖肥	16.5
袖口	12.5
垫肩	1.5
SL	59

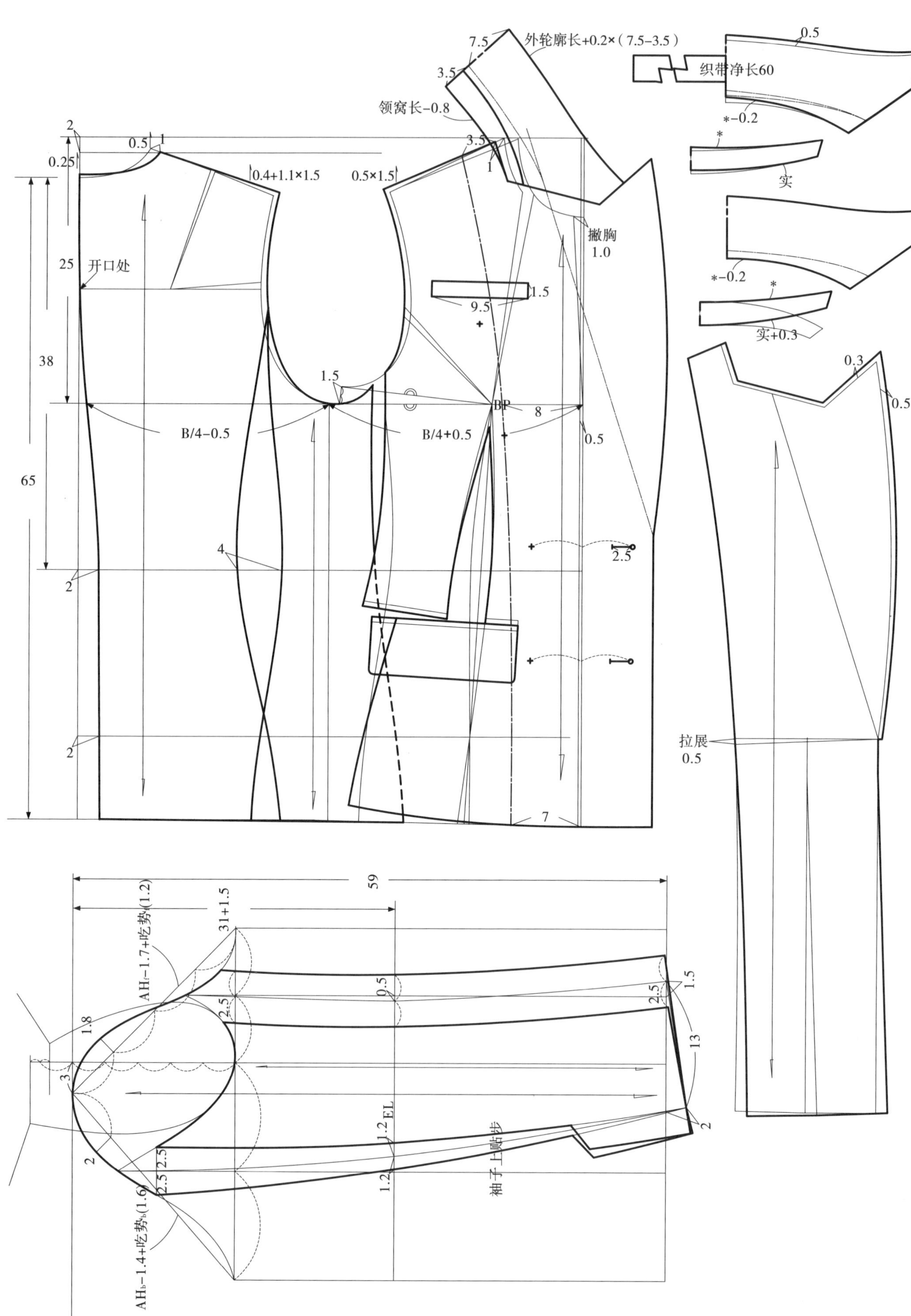
外轮廓长+0.2×（7.5−3.5）
织带净长60
领窝长−0.8
开口处
撇胸
1.0
B/4−0.5
B/4+0.5
BP
拉展
0.5
AHf−1.7+吃势f(1.2)
AHb−1.4+吃势b(1.6)
31+1.5
59
EL
袖子上贴边
实
实+0.3
*−0.2

十六、翻折领两片袖后腰部活页外套

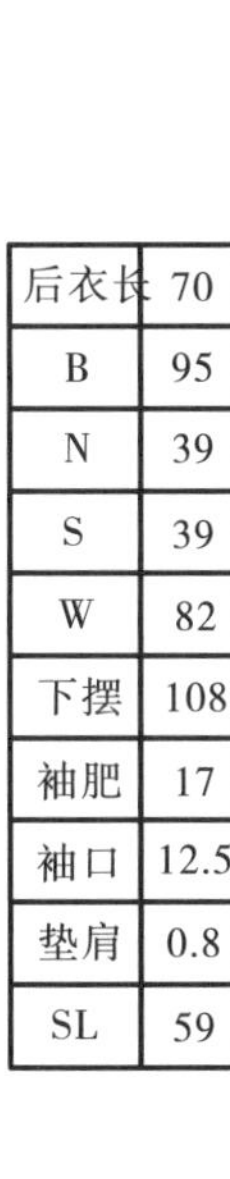

后衣长	70
B	95
N	39
S	39
W	82
下摆	108
袖肥	17
袖口	12.5
垫肩	0.8
SL	59

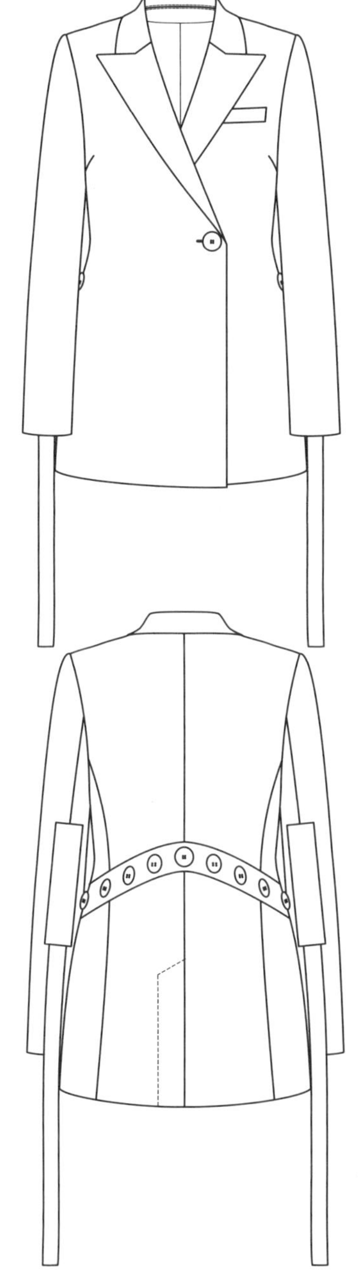

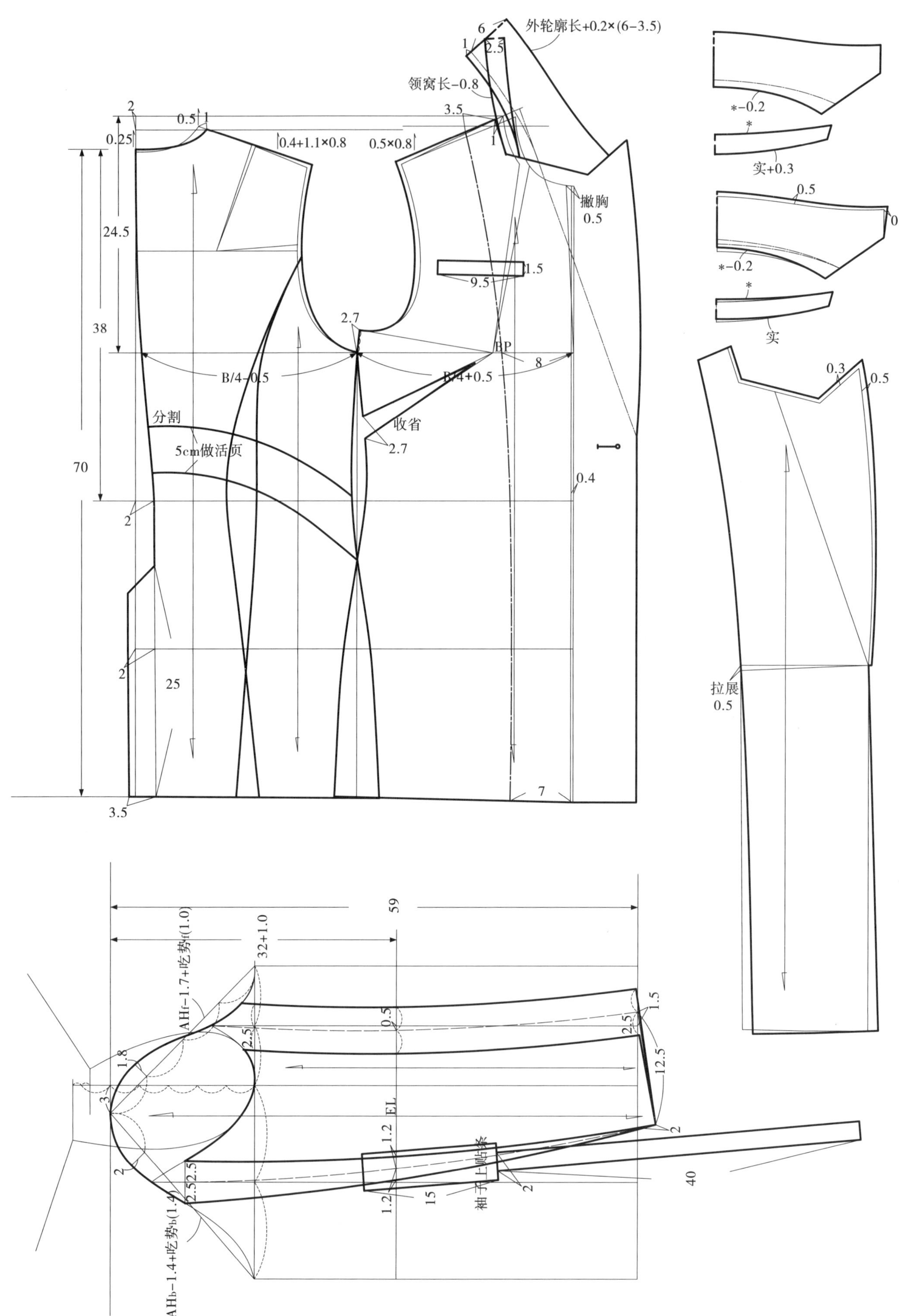
外轮廓长+0.2×(6−3.5)
领窝长−0.8
撇胸
0.5
BP
B/4−0.5
B/4+0.5
收省
分割
5cm做活页
*−0.2
实+0.3
实
拉展
0.5
59
32+1.0
AHf−1.7+吃势f(1.0)
AHb−1.4+吃势b(1.4)
EL
袖子上贴条

十七、翻折领两片袖较合体外套

后衣长	70
B	94
W	78
S	39.5
N	39
袖肥	17
袖口	12.5
垫肩	1.2
SL	59

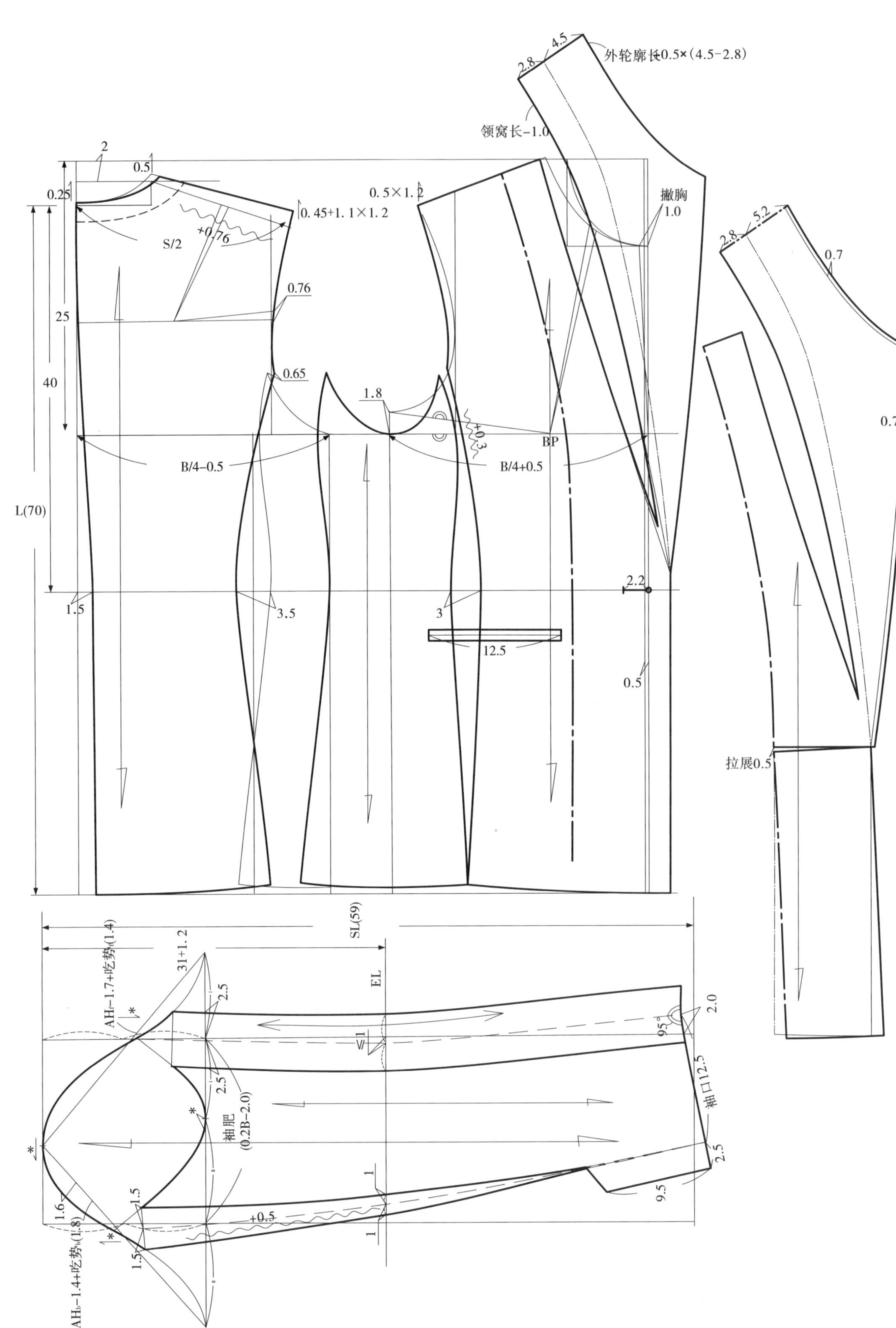

外轮廓长+0.5×(4.5-2.8)
4.5
2.8
领窝长-1.0
撇胸
1.0
0.5×1.2
0.45+1.1×1.2
S/2
+0.76
0.76
0.65
1.8
+0.3
BP
B/4-0.5
B/4+0.5
25
40
L(70)
1.5
3.5
3
2.2
12.5
0.5
5.2
0.7
拉展0.5
SL(59)
AH$_f$-1.7+吃势$_f$(1.4)
31+1.2
EL
2.5
≤1
袖肥(0.2B-2.0)
95°
2.0
袖口12.5
9.5
1.6
1.5
+0.5
AH$_b$-1.4+吃势$_b$(1.8)

十八、翻折领两片袖较合体西装外套

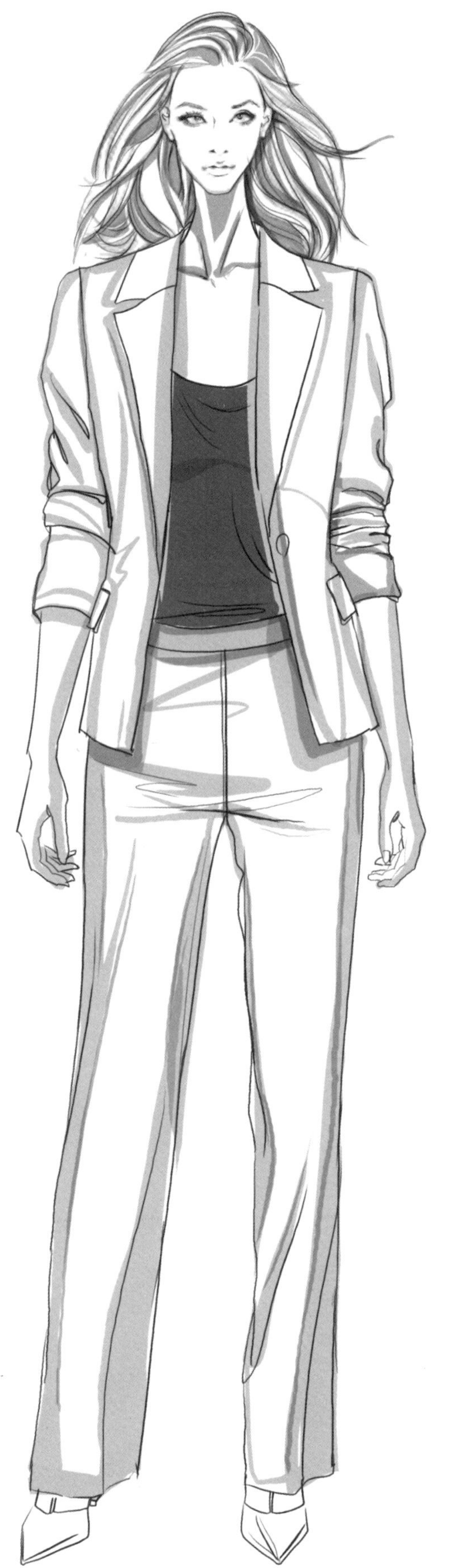

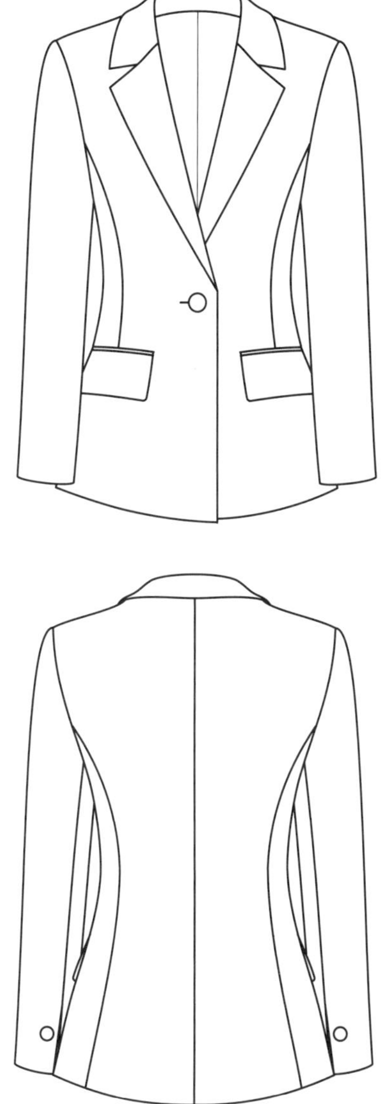

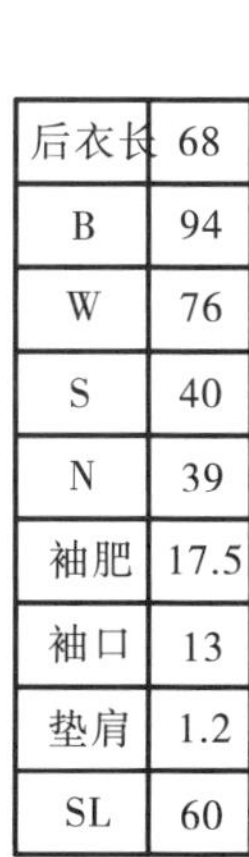

后衣长	68
B	94
W	76
S	40
N	39
袖肥	17.5
袖口	13
垫肩	1.2
SL	60

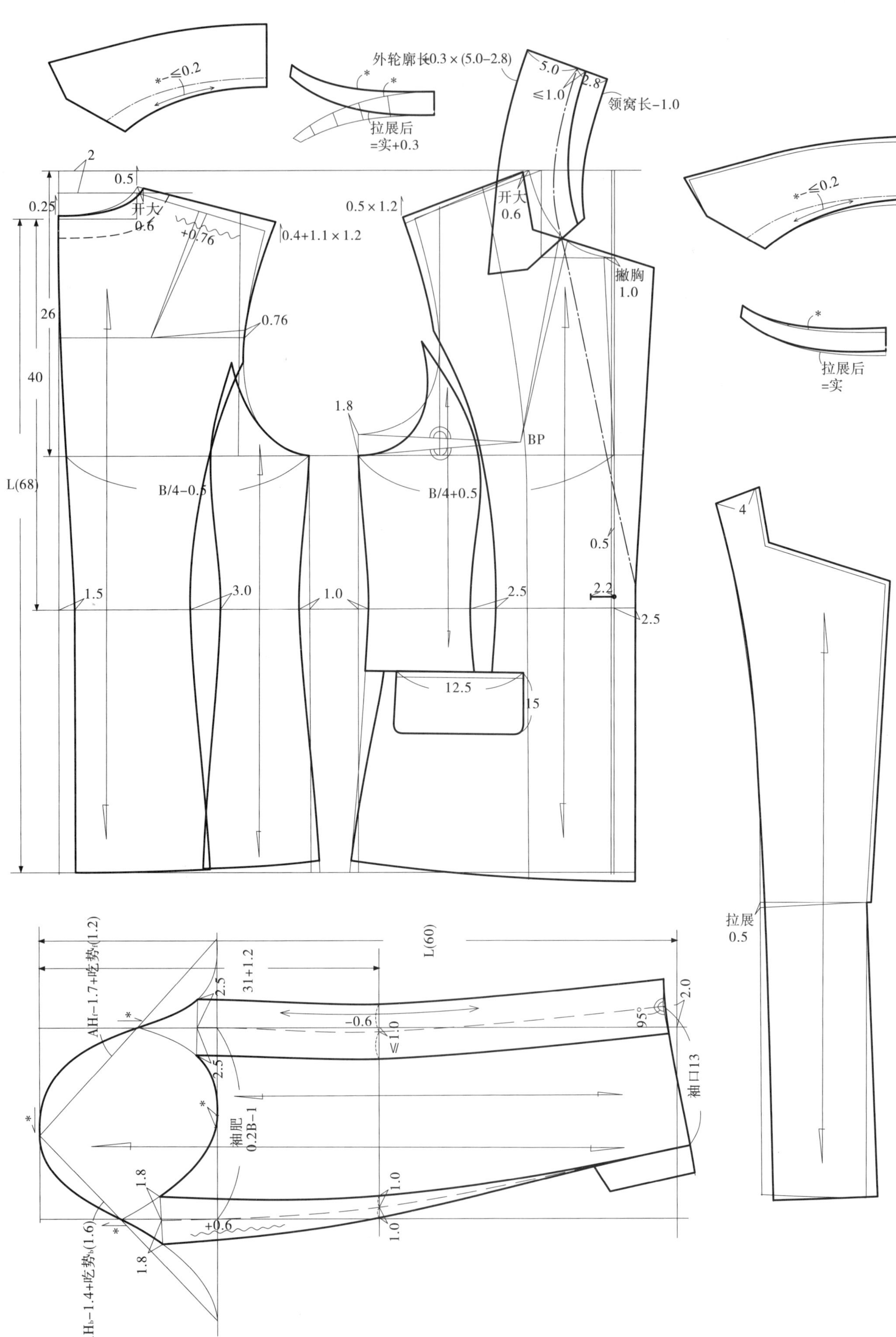

*-≤0.2
外轮廓长+0.3×(5.0-2.8)
拉展后
=实+0.3
5.0
2.8
≤1.0
领窝长-1.0
2
0.5
0.25
开大
0.6
+0.76
0.4+1.1×1.2
0.5×1.2
开大
0.6
撇胸
1.0
*-≤0.2
26
0.76
40
拉展后
=实
1.8
BP
L(68)
B/4-0.5
B/4+0.5
0.5
4
1.5
3.0
1.0
2.5
2.2
2.5
12.5
15
拉展
0.5
AHf-1.7+吃势f(1.2)
L(60)
31+1.2
2.5
-0.6
≤1.0
95°
2.0
2.5
袖口13
袖肥
0.2B-1
1.8
1.0
+0.6
1.0
1.8
AHb-1.4+吃势b(1.6)

十九、翻折领两片袖较宽松外套

后衣长	73.5
B	97
N	39
S	39
W	92
袖肥	17
袖口	12.5
垫肩	1.0
SL	59

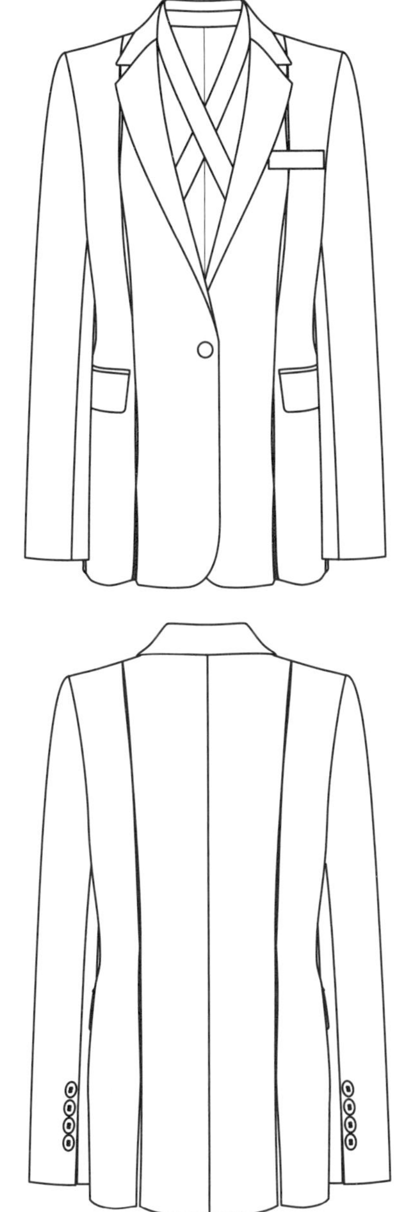

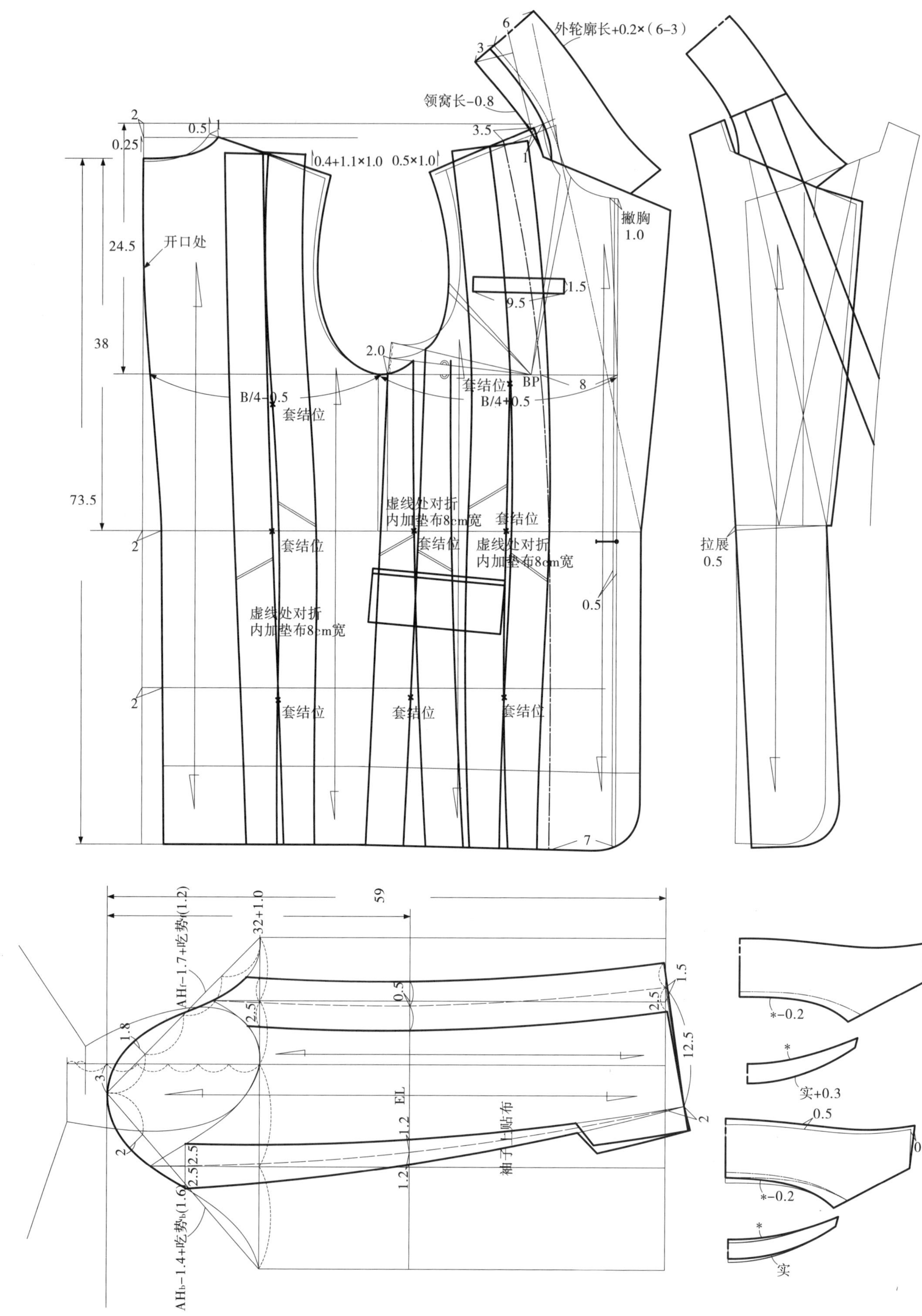
外轮廓长+0.2×（6-3）
领窝长-0.8
0.4+1.1×1.0
0.5×1.0
撇胸
1.0
开口处
B/4-0.5
B/4+0.5
套结位
BP
虚线处对折
内加垫布8cm宽
拉展
0.5
59
32+1.0
AHf-1.7+吃势f(1.2)
AHb-1.4+吃势b(1.6)
EL
袖子贴布
*-0.2
实+0.3
实

二十、翻折领两片袖较宽松西装外套

后衣长	60
B	96
W	78
S	39
N	39
下摆	100
袖肥	17
袖口	13
垫肩	0.8
SL	59

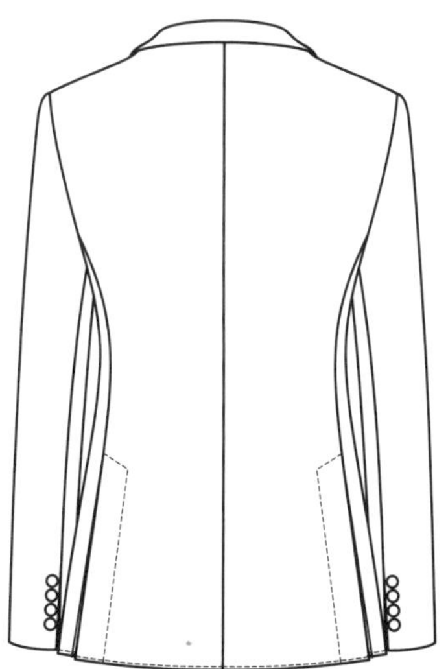

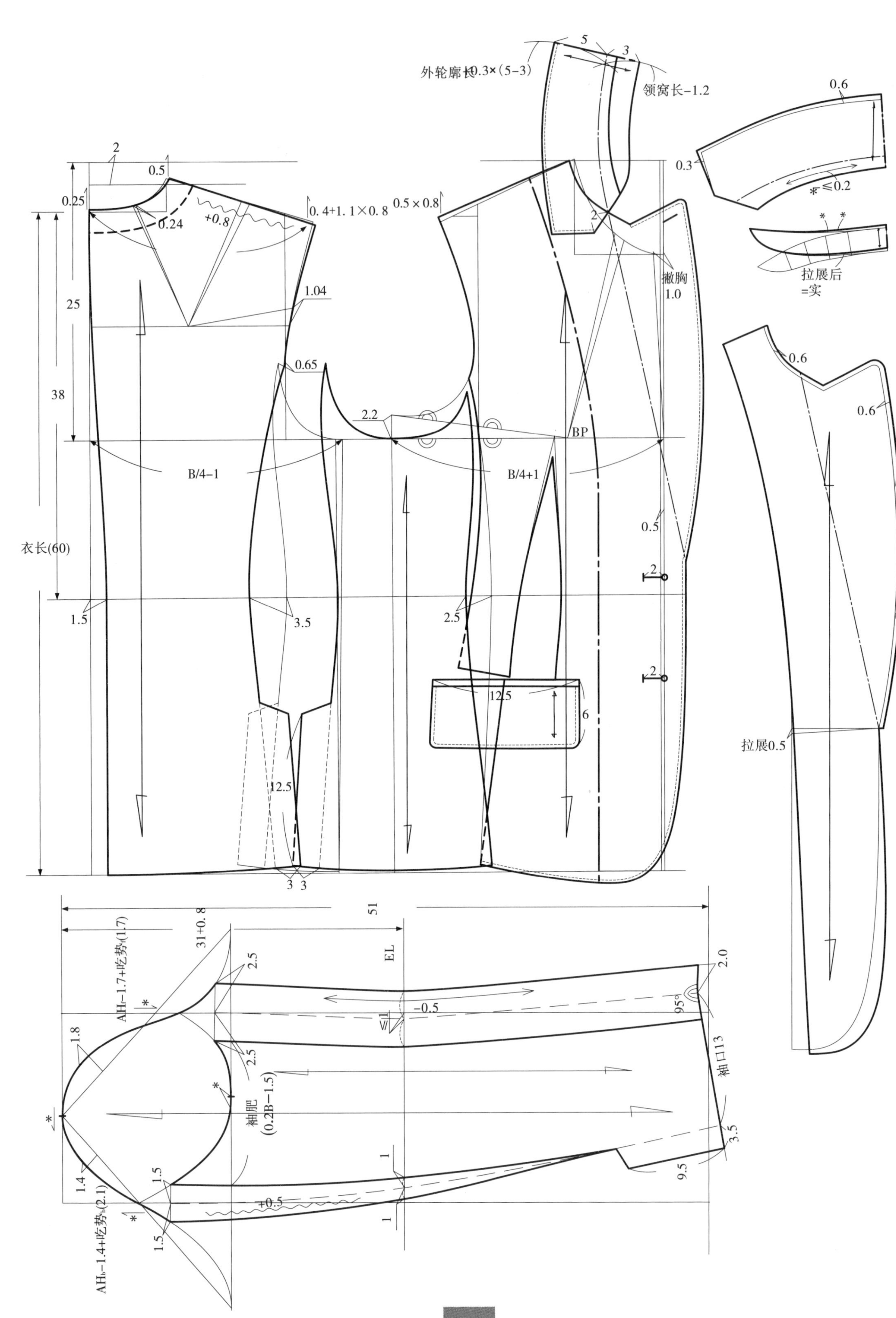

外轮廓长+0.3×(5−3)
领窝长−1.2
撇胸
1.0
拉展后
=实
B/4−1
B/4+1
BP
衣长(60)
拉展0.5
EL
袖肥
(0.2B−1.5)
袖口13
AHf−1.7+吃势f(1.7)
AHb−1.4+吃势b(2.1)
31+0.8
51

二十一、翻折领两片袖卡腰合体西装外套

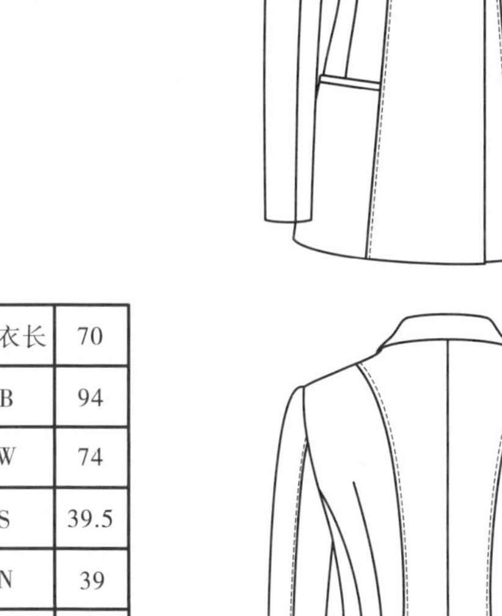

后衣长	70
B	94
W	74
S	39.5
N	39
袖肥	17.5
袖口	12.5
垫肩	1.0
SL	59

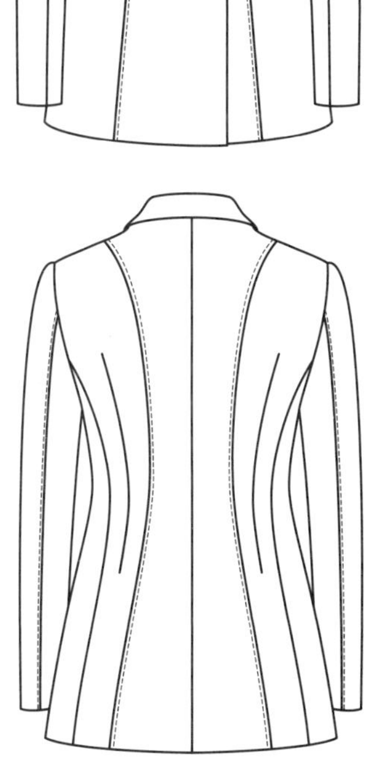

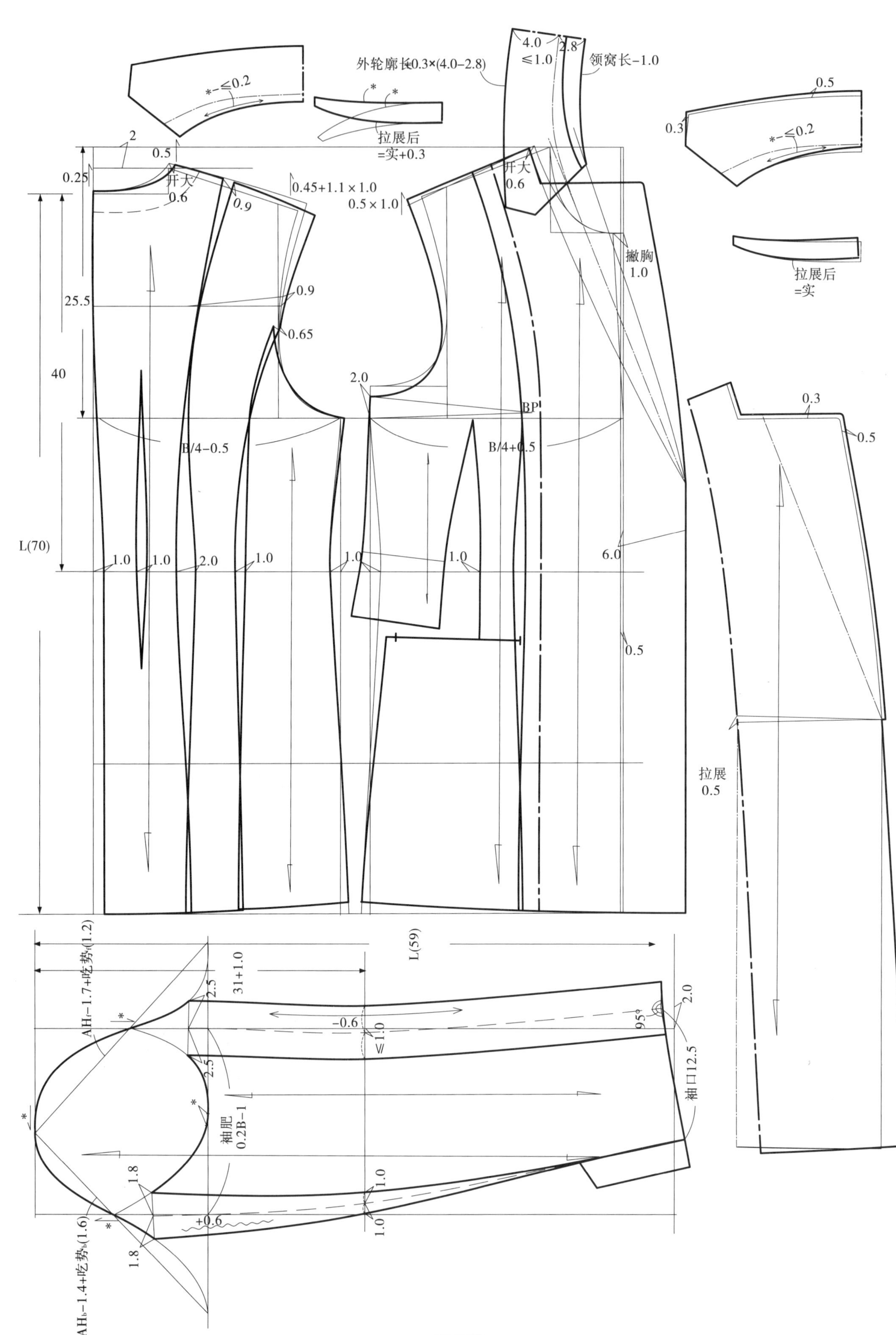

外轮廓长-0.3×(4.0-2.8)
4.0
≤1.0
2.8
领窝长-1.0
拉展后
=实+0.3
拉展后
=实
撇胸
1.0
开大
0.6
0.45+1.1×1.0
0.5×1.0
B/4-0.5
B/4+0.5
BP
L(70)
40
25.5
拉展
0.5
L(59)
31+1.0
袖肥
0.2B-1
袖口12.5
95°
AHf-1.7+吃势f(1.2)
AHb-1.4+吃势b(1.6)

二十二、翻折领两片袖卡腰较合体外套

后衣长	60
B	96
W	74
S	40
N	38
袖肥	17
袖口	12.5
垫肩	0.5
SL	59

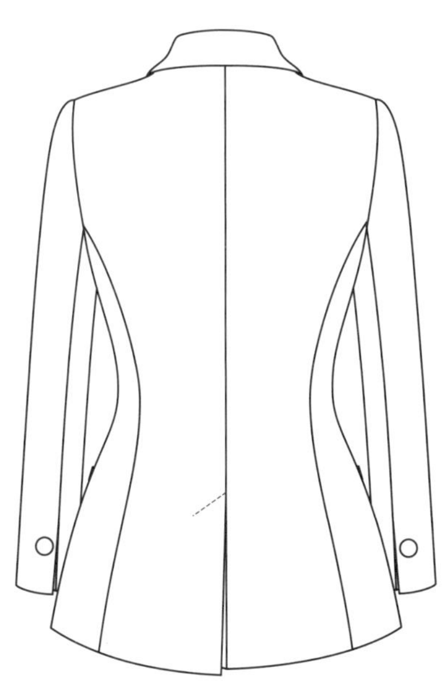

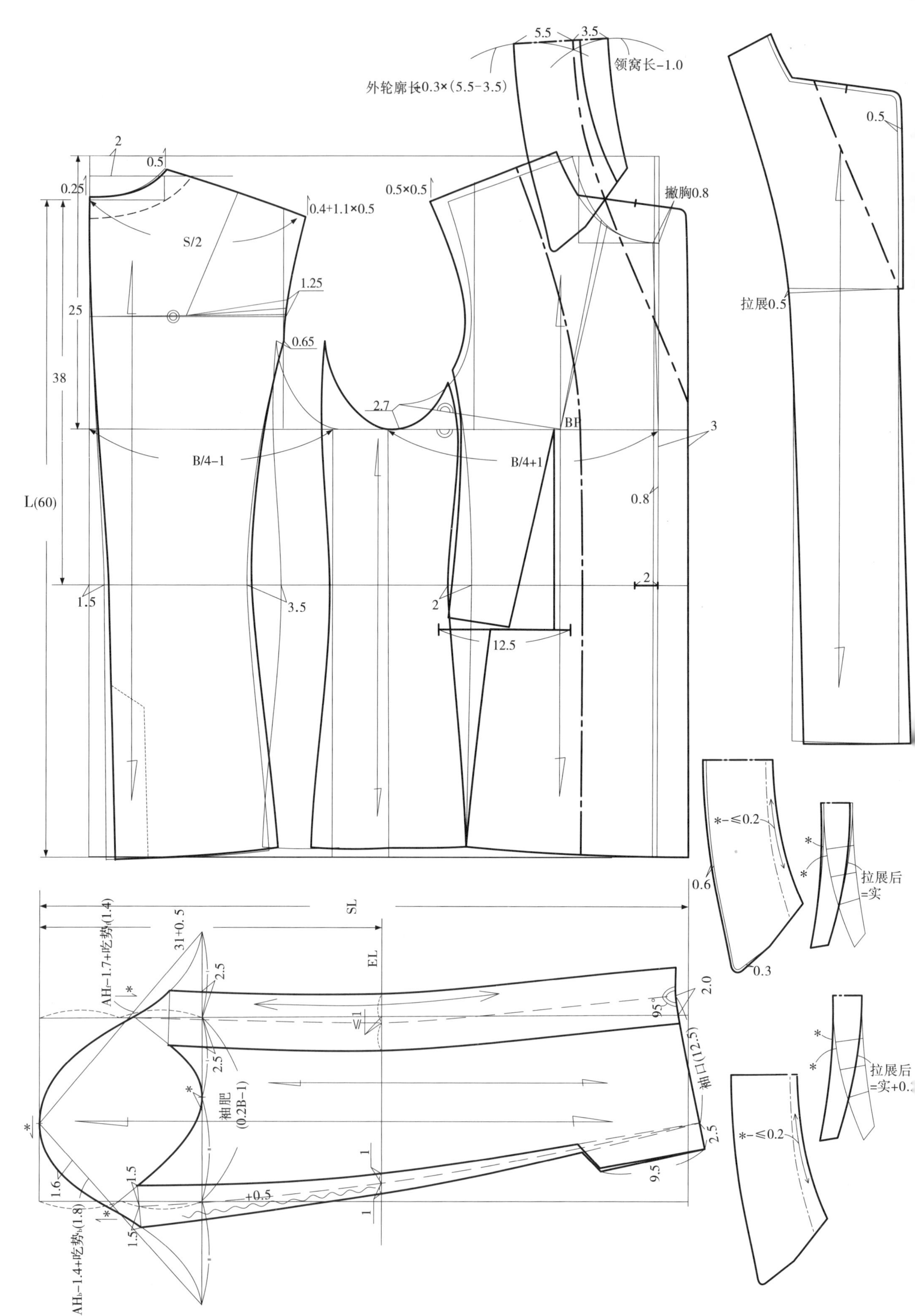
5.5
3.5
领窝长-1.0
外轮廓长+0.3×(5.5-3.5)
2
0.5
0.25
0.5×0.5
0.4+1.1×0.5
撇胸0.8
0.5
S/2
1.25
25
拉展0.5
0.65
38
2.7
BP
3
B/4-1
B/4+1
L(60)
0.8
2
1.5
3.5
2
12.5
*-≤0.2
*
*
拉展后
=实
0.6
0.3
SL
AH-1.7+吃势(1.4)
31+0.5
EL
2.5
2.0
95°
2.5
袖口(12.5)
袖肥
(0.2B-1)
*
拉展后
=实+0.2
*-≤0.2
2.5
1.6
1.5
+0.5
9.5
1
1
1.5
AHb-1.4+吃势b(1.8)

二十三、翻折领两片袖卡腰较合体西装外套

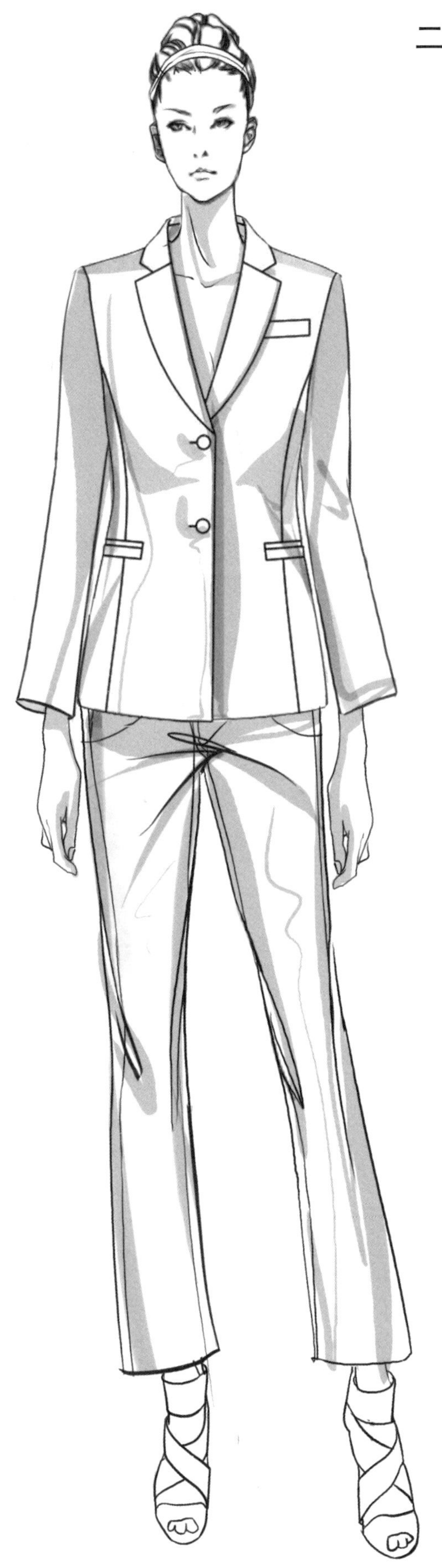

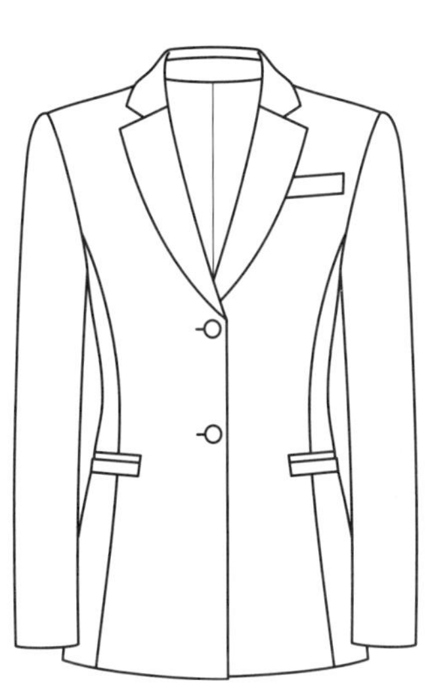

后衣长	68
B	94
W	76
S	40
N	39
袖肥	17.5
袖口	12.5
垫肩	1.2
SL	60

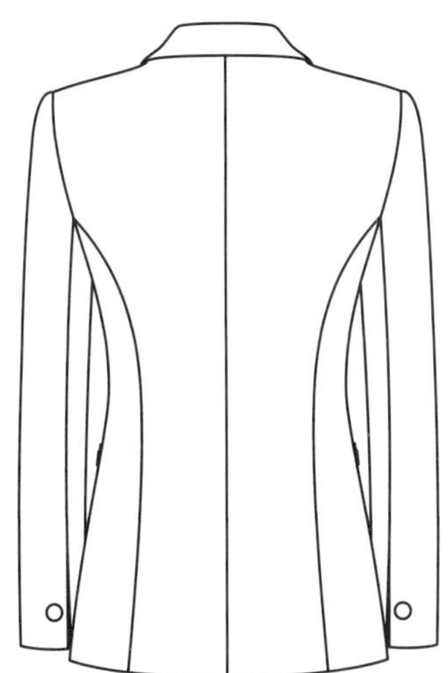

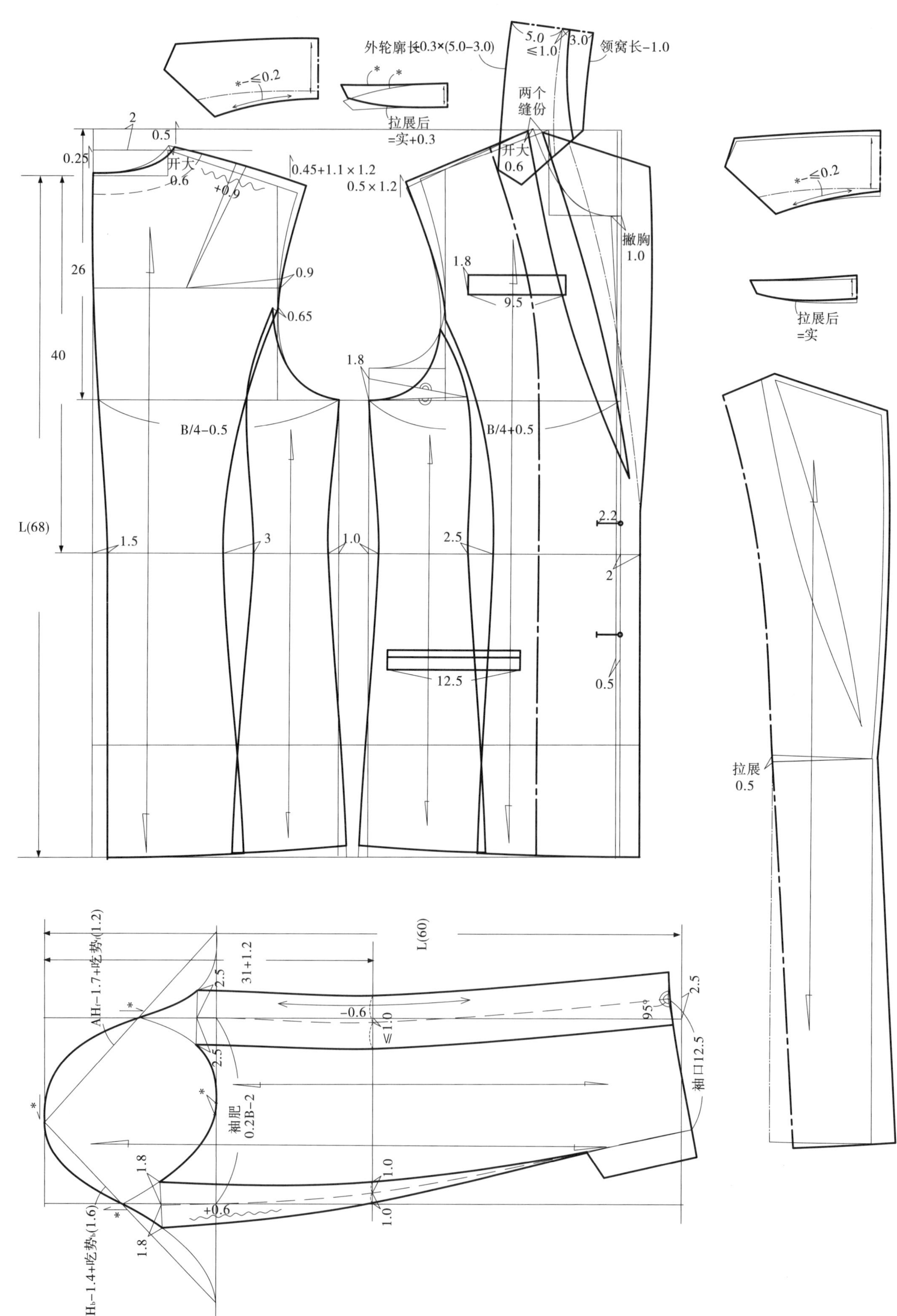
*-≤0.2
外轮廓长+0.3×(5.0-3.0)
拉展后
=实+0.3
5.0
≤1.0
3.0
领窝长-1.0
两个
缝份
开大
0.6
撇胸
1.0
*-≤0.2
拉展后
=实
2
0.5
0.25
开大
0.6
+0.9
0.45+1.1×1.2
0.5×1.2
26
40
0.9
0.65
1.8
9.5
1.8
B/4-0.5
B/4+0.5
L(68)
1.5
3
1.0
2.5
2.2
2
12.5
0.5
拉展
0.5
AHf-1.7+吃势f(1.2)
L(60)
31+1.2
2.5
-0.6
≤1.0
95°
2.5
袖口12.5
袖肥
0.2B-2
1.8
1.0
+0.6
1.0
1.8
AHb-1.4+吃势b(1.6)

二十四、翻折领两片袖卡腰下摆活褶西装外套

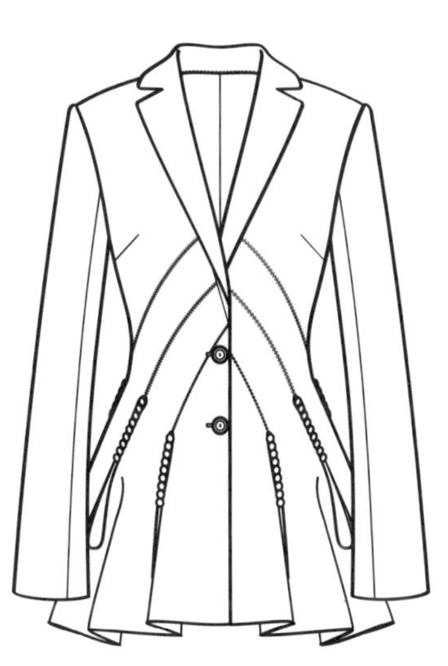

后衣长	70
B	95
N	39
S	39
W	82
袖肥	17
袖口	12.5
SL	59

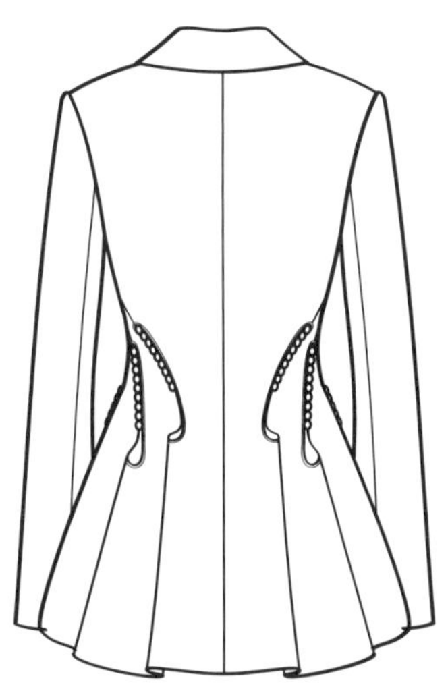

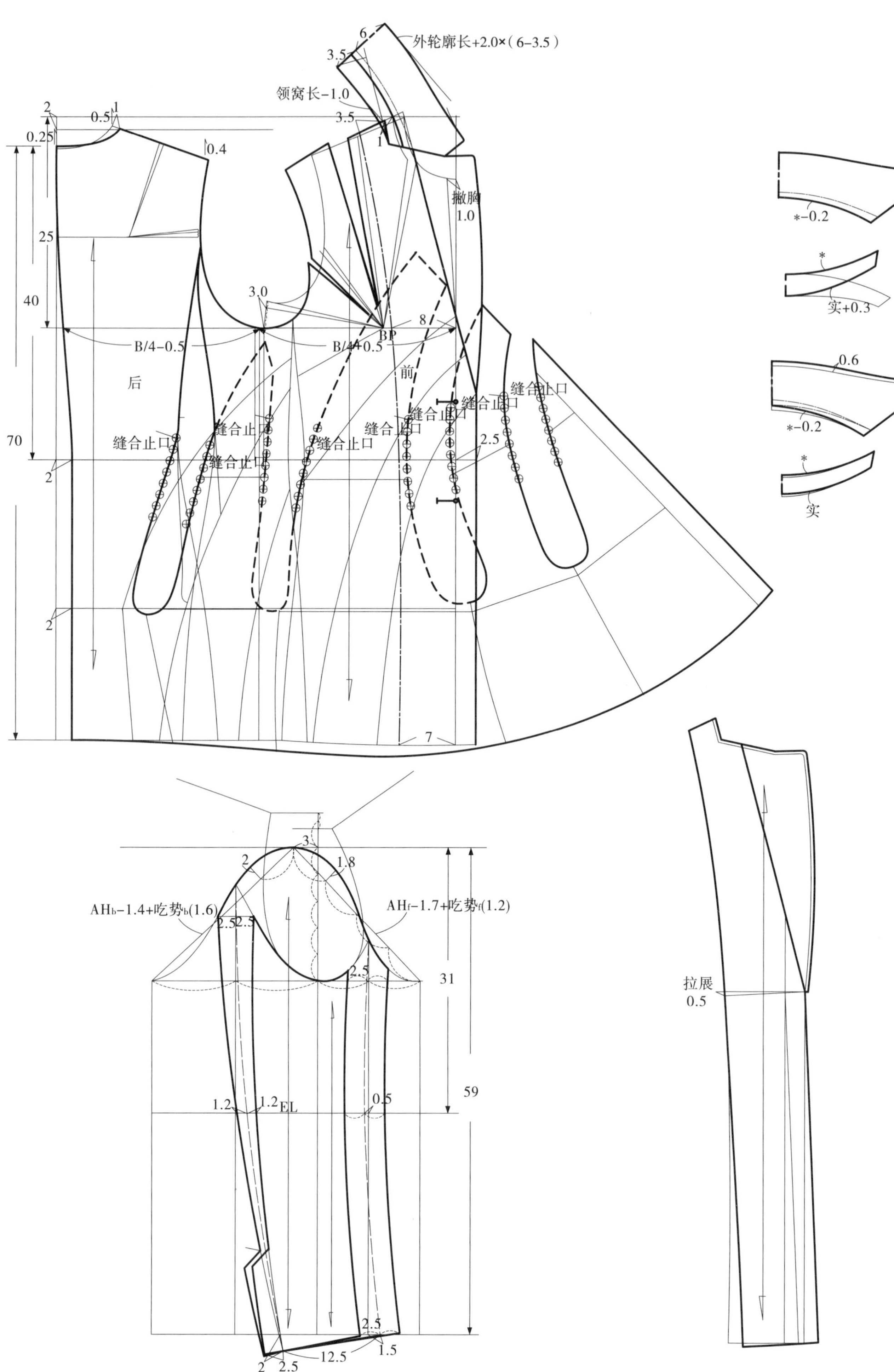

外轮廓长+2.0×(6-3.5)
领窝长-1.0
撇胸
1.0
B/4-0.5
B/4+0.5
BP
后
前
缝合止口
拉展
0.5
AHb-1.4+吃势b(1.6)
AHf-1.7+吃势f(1.2)
EL
实+0.3
实

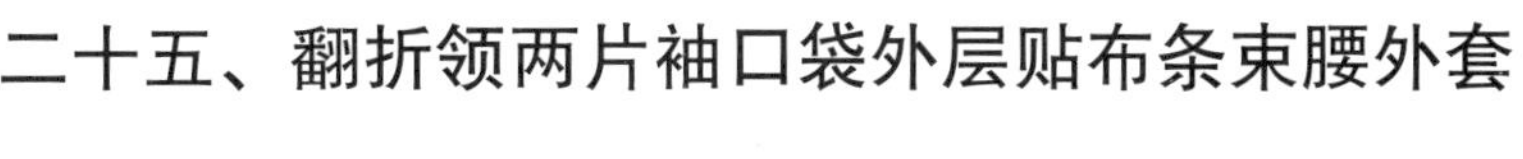

二十五、翻折领两片袖口袋外层贴布条束腰外套

后衣长	60
B	92
H	96
S	39
W	76
袖肥	16.5
袖口	12
垫肩	1.0
SL	60

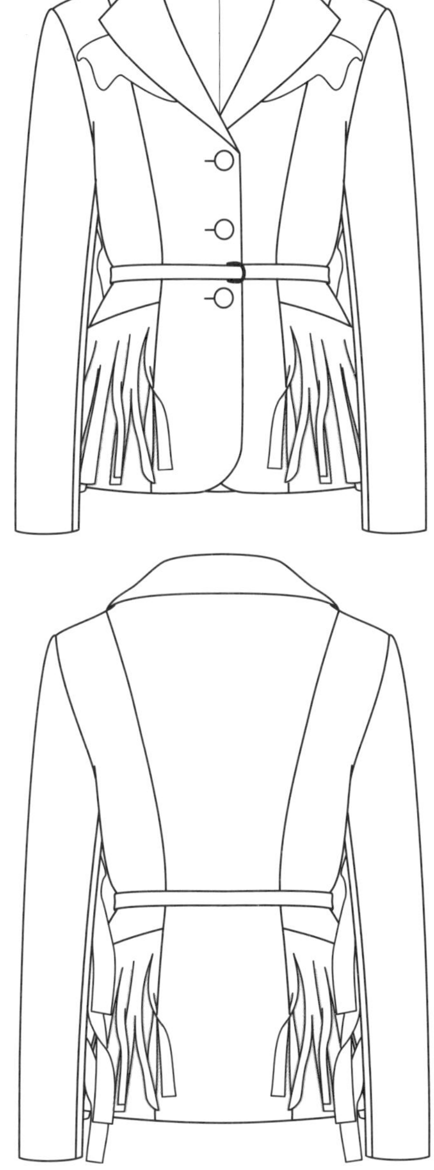

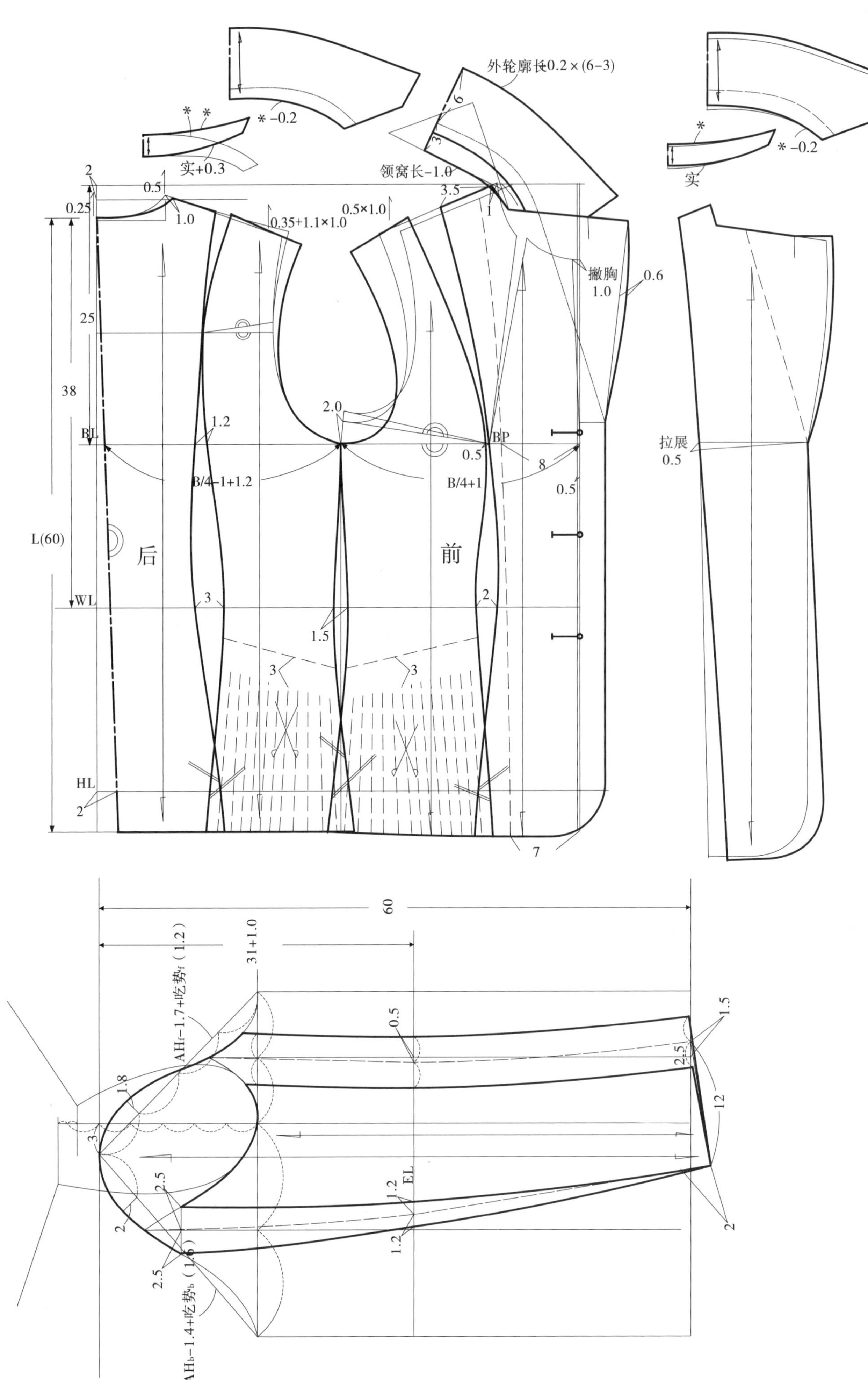

外轮廓长+0.2×(6-3)
＊ ＊
＊-0.2
实+0.3
领窝长-1.0
0.5
0.25
1.0
0.35+1.1×1.0
0.5×1.0
3.5
撇胸
1.0
0.6
＊
＊-0.2
实
25
38
BL
1.2
2.0
BP
0.5
8
B/4-1+1.2
B/4+1
0.5
拉展
0.5
L(60)
后
前
WL
3
2
1.5
HL
2
7
60
31+1.0
AH_f-1.7+吃势_f（1.2）
0.5
1.5
2.5
12
1.8
3
EL
1.2
2.5
2
2.5
AH_b-1.4+吃势_b（1.6）

二十六、翻折领两片袖前门襟腰部挂钩外套

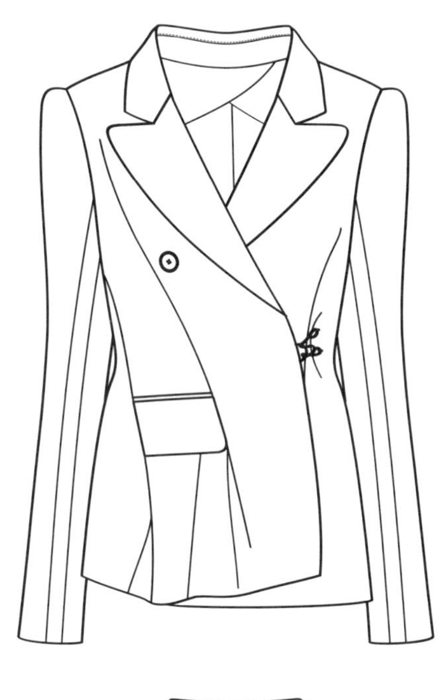

后衣长	62
B	95
N	39
S	39
W	86
下摆	104
袖肥	17
袖口	12.5
垫肩	1.0
SL	60

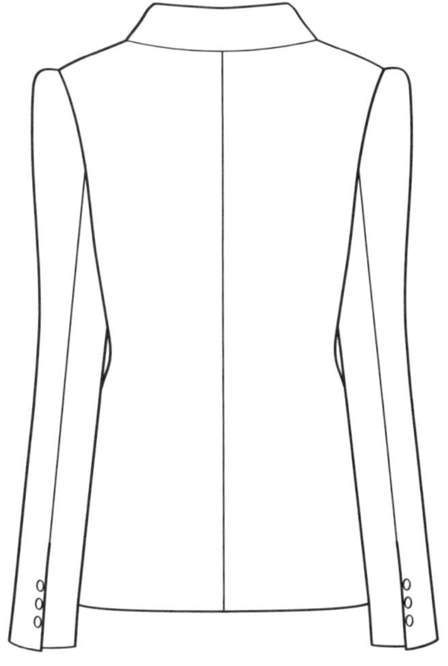

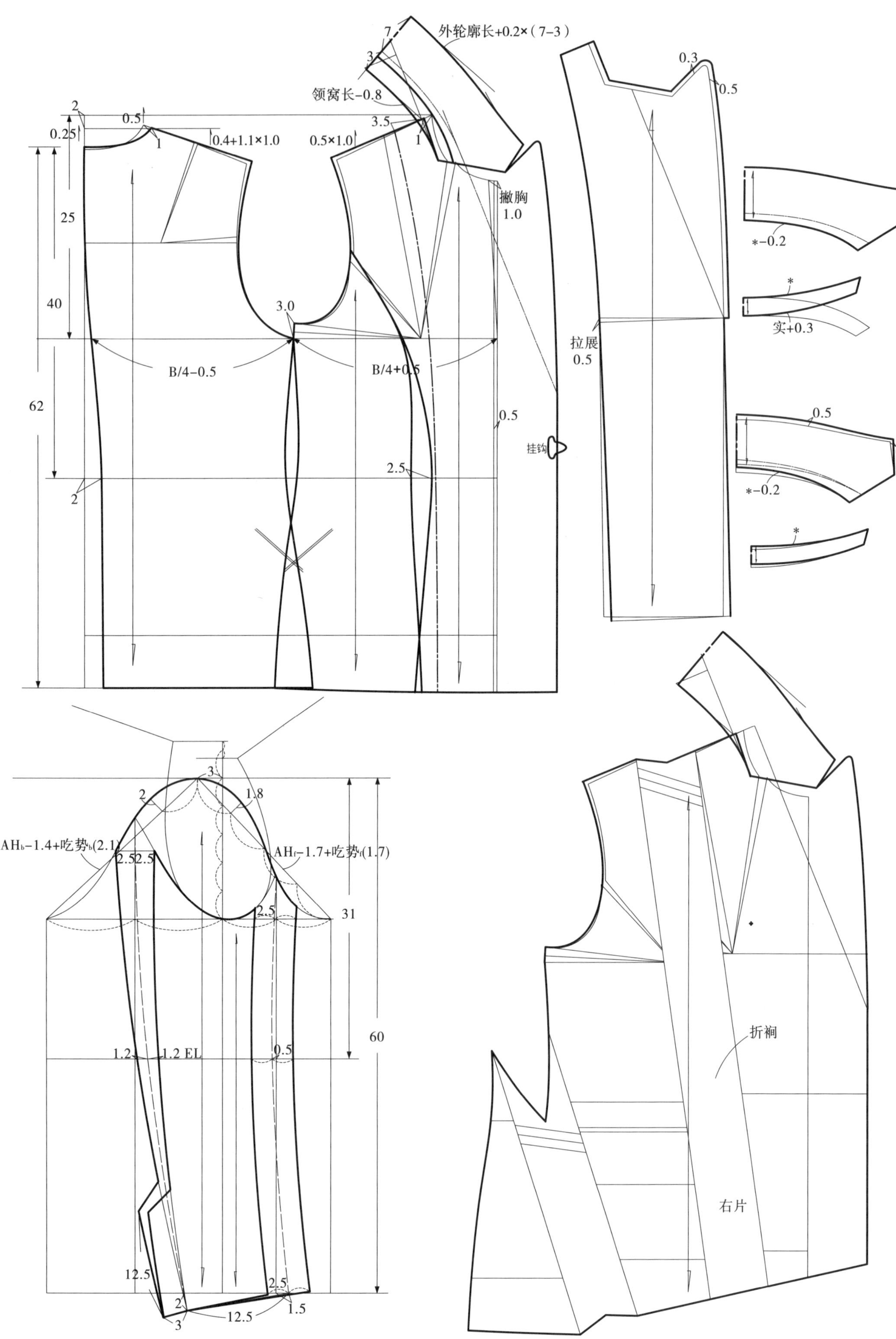

外轮廓长+0.2×（7-3）
领窝长-0.8
撇胸
1.0
B/4-0.5
B/4+0.5
挂钩
拉展
0.5
*-0.2
实+0.3
AHb-1.4+吃势b(2.1)
AHf-1.7+吃势f(1.7)
EL
折裥
右片

二十七、翻折领两片袖束腰较合体外套

后衣长	68
B	96
W	80
S	39
N	40
袖肥	17.5
袖口	13
垫肩	1.0
SL	58

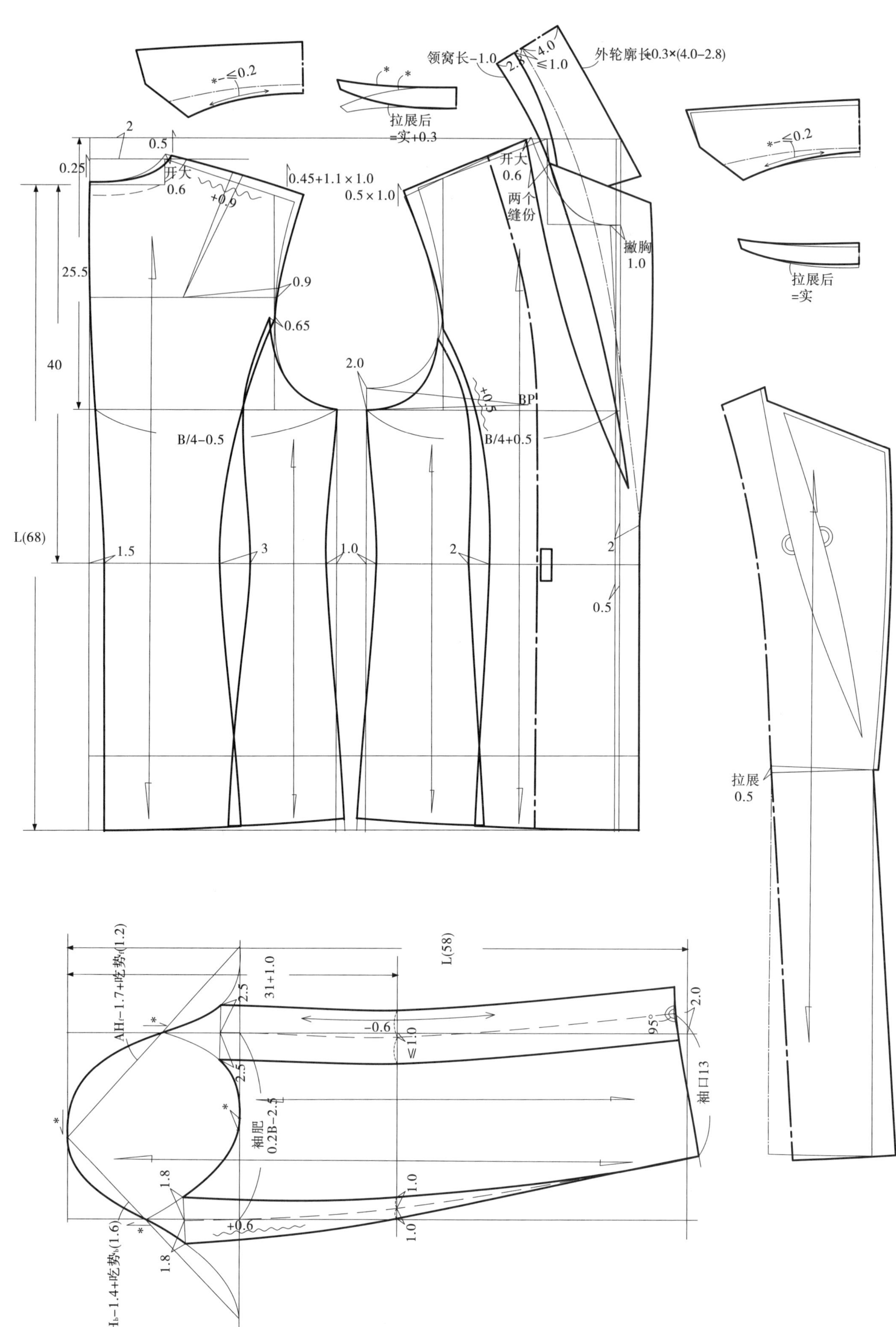

*-≤0.2
拉展后
=实+0.3
领窝长-1.0
2.8
4.0
≤1.0
外轮廓长+0.3×(4.0-2.8)
*-≤0.2
2
0.5
0.25
开大
0.6
+0.9
0.45+1.1×1.0
0.5×1.0
开大
0.6
两个
缝份
撇胸
1.0
拉展后
=实
25.5
0.9
0.65
40
2.0
BP
+0.5
B/4-0.5
B/4+0.5
L(68)
1.5
3
1.0
2
2
0.5
拉展
0.5
AH$_f$-1.7+吃势$_f$(1.2)
L(58)
31+1.0
2.5
-0.6
≤1.0
95°
2.0
2.5
袖口13
袖肥
0.2B-2.5
1.8
1.0
+0.6
1.0
1.8
AH$_b$-1.4+吃势$_b$(1.6)

二十八、翻折领两片袖双排扣较宽松外套

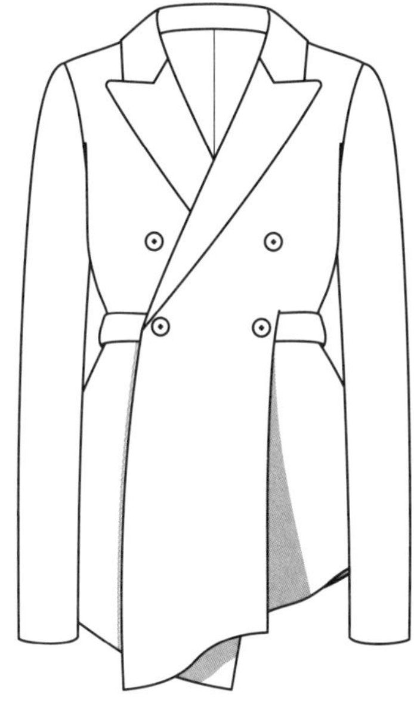

后衣长	60
B	100
W	84
S	40.5
N	40
袖肥	17.5
袖口	13
SL	60

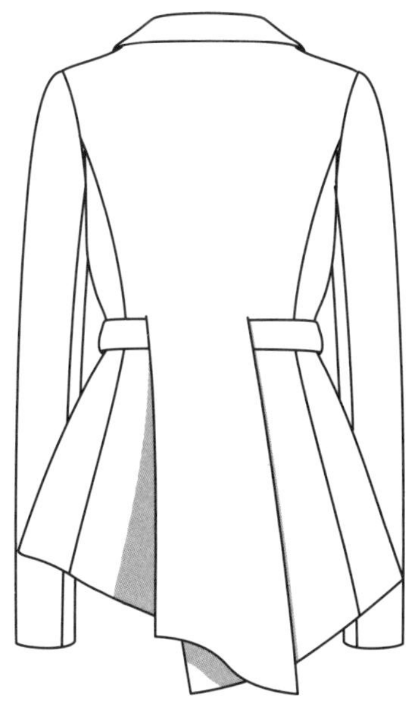

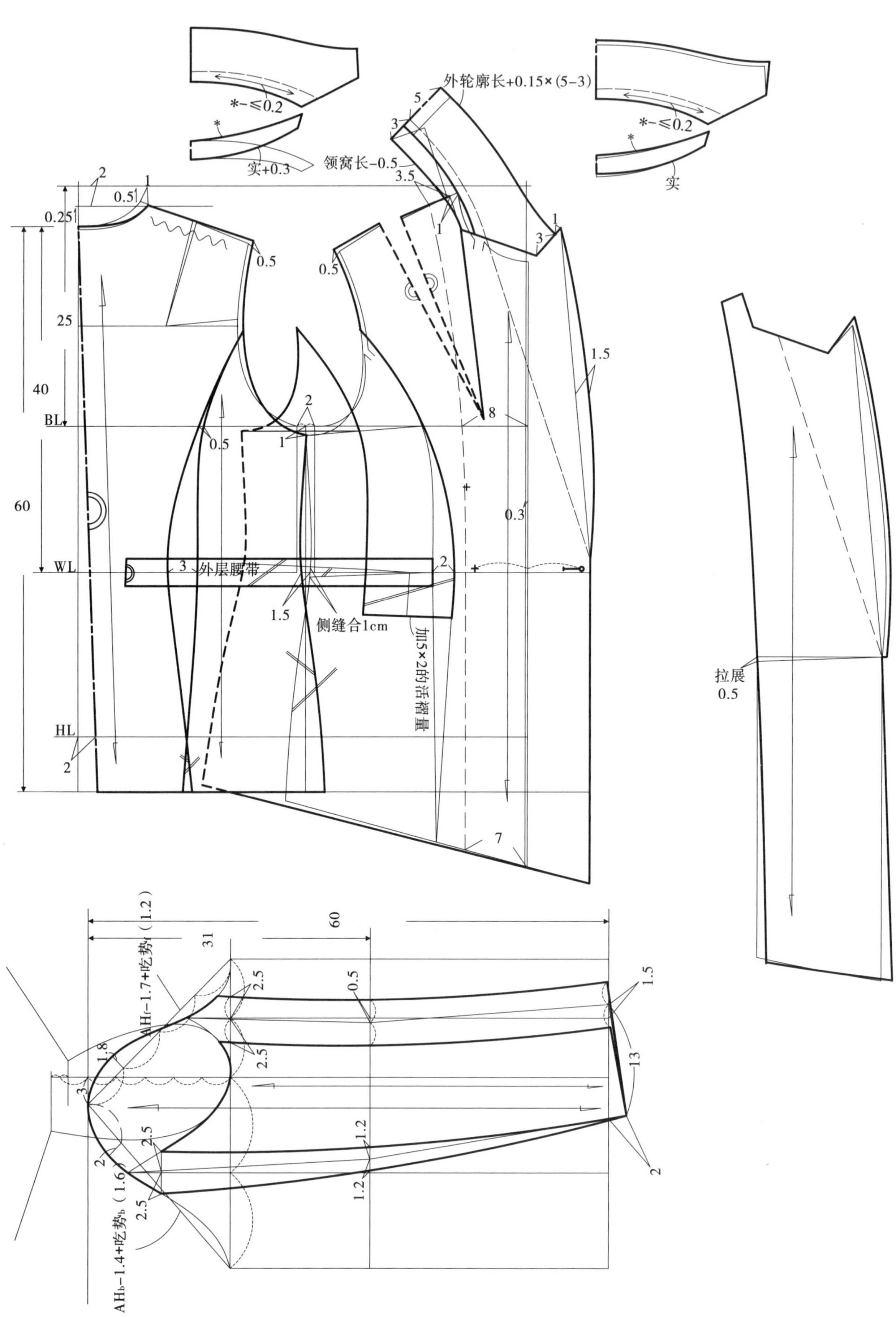

*-≤0.2
*
实+0.3
领窝长-0.5
外轮廓长+0.15×(5-3)
*-≤0.2
*
实
2
1
0.5
0.25
0.5
25
40
BL
0.5
60
WL
3 外层腰带
1.5
侧缝合1cm
加5×2的活褶量
HL
2
0.5
2
1
1.5
0.3
8
7
3.5
拉展
0.5
60
31
AHf-1.7+吃势f（1.2）
AHb-1.4+吃势b（1.6）
2.5
0.5
2.5
1.2
1.2
1.5
13
2
1.8
3
2
2.5
2.5

二十九、翻折领两片袖贴袋较合体外套

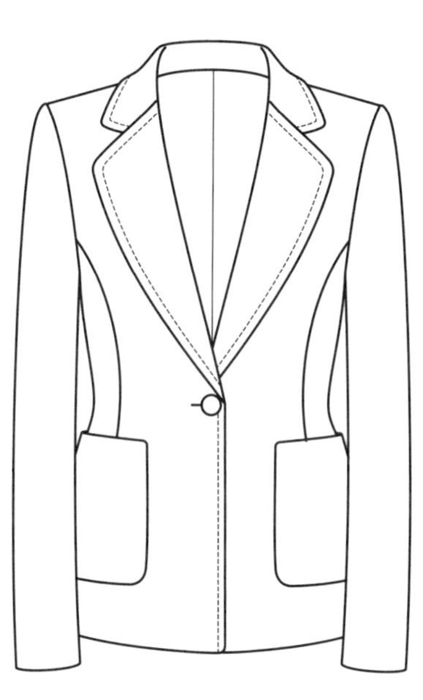

后衣长	67
B	94
W	78
S	39
N	40
袖肥	17
袖口	13
垫肩	1.5
SL	60

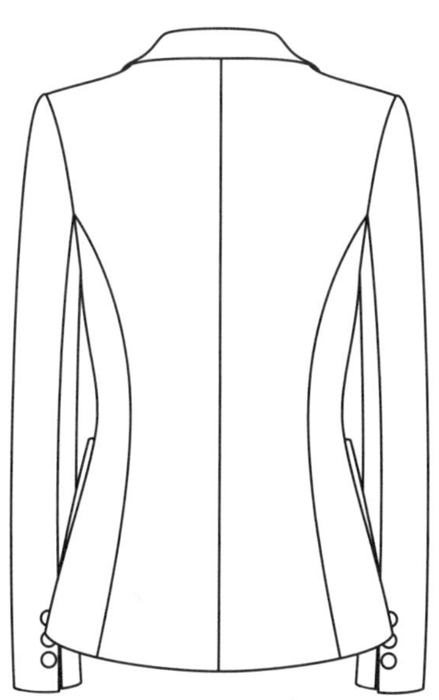

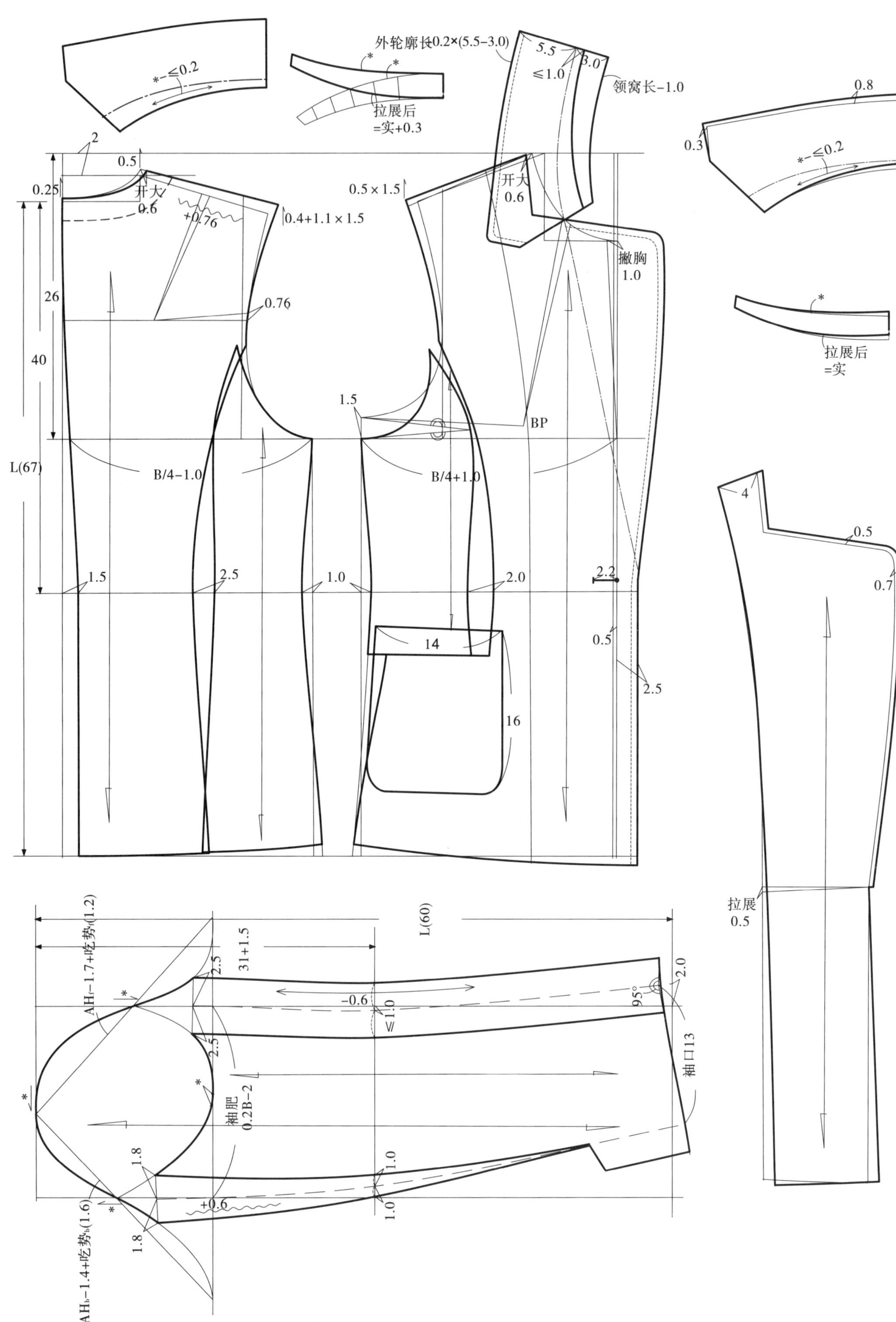

*-≤0.2
外轮廓长+0.2×(5.5-3.0)
拉展后
=实+0.3
5.5
3.0
≤1.0
领窝长-1.0
0.8
0.3
*-≤0.2
2
0.5
0.25
开大
0.6
+0.76
0.4+1.1×1.5
0.5×1.5
开大
0.6
撇胸
1.0
26
0.76
40
拉展后
=实
1.5
BP
L(67)
B/4-1.0
B/4+1.0
4
0.5
0.7
1.5
2.5
1.0
2.0
2.2
14
0.5
2.5
16
拉展
0.5
AH$_f$-1.7+吃势$_f$(1.2)
L(60)
31+1.5
2.5
-0.6
≤1.0
95°
2.0
2.5
袖口13
袖肥
0.2B-2
1.8
1.0
+0.6
1.0
1.8
AH$_b$-1.4+吃势$_b$(1.6)

三十、翻折领两片袖袖口抽缩拼接外套

后衣长	70
B	95
N	39
S	39
W	80.5
袖肥	17
袖口	22.5
SL	60

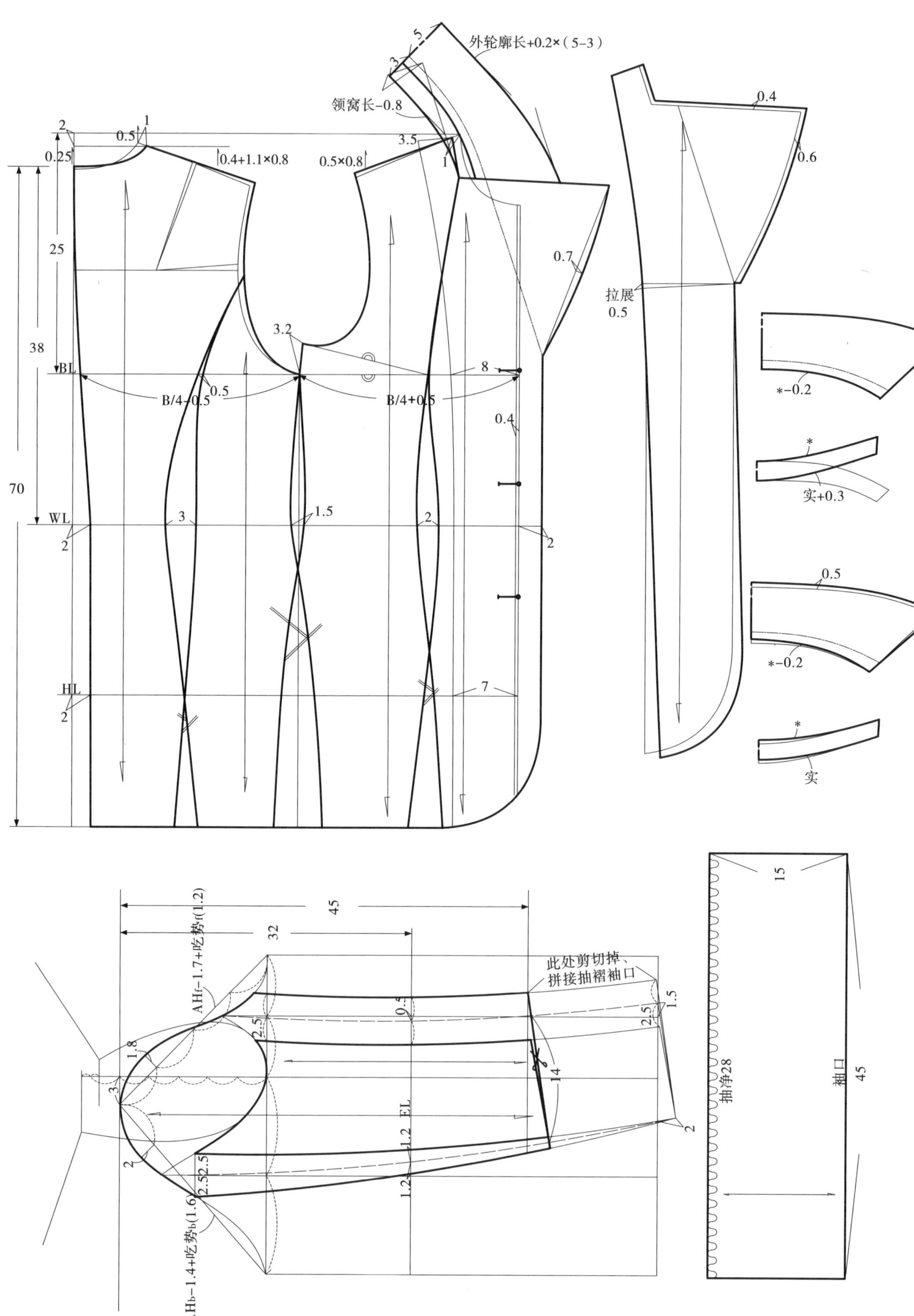

外轮廓长+0.2×（5-3）
领窝长-0.8
B/4-0.5
B/4+0.5
拉展
0.5
*-0.2
实+0.3
实
此处剪切掉、
拼接抽褶袖口
AHf-1.7+吃势f(1.2)
AHb-1.4+吃势b(1.6)
抽净28
袖口

三十一、翻折领两片袖袖口拼接腰部系带外套

后衣长	65
B	94
N	39
S	39
W	82
下摆	102
袖肥	17
袖口	12.5
垫肩	1.0
SL	59

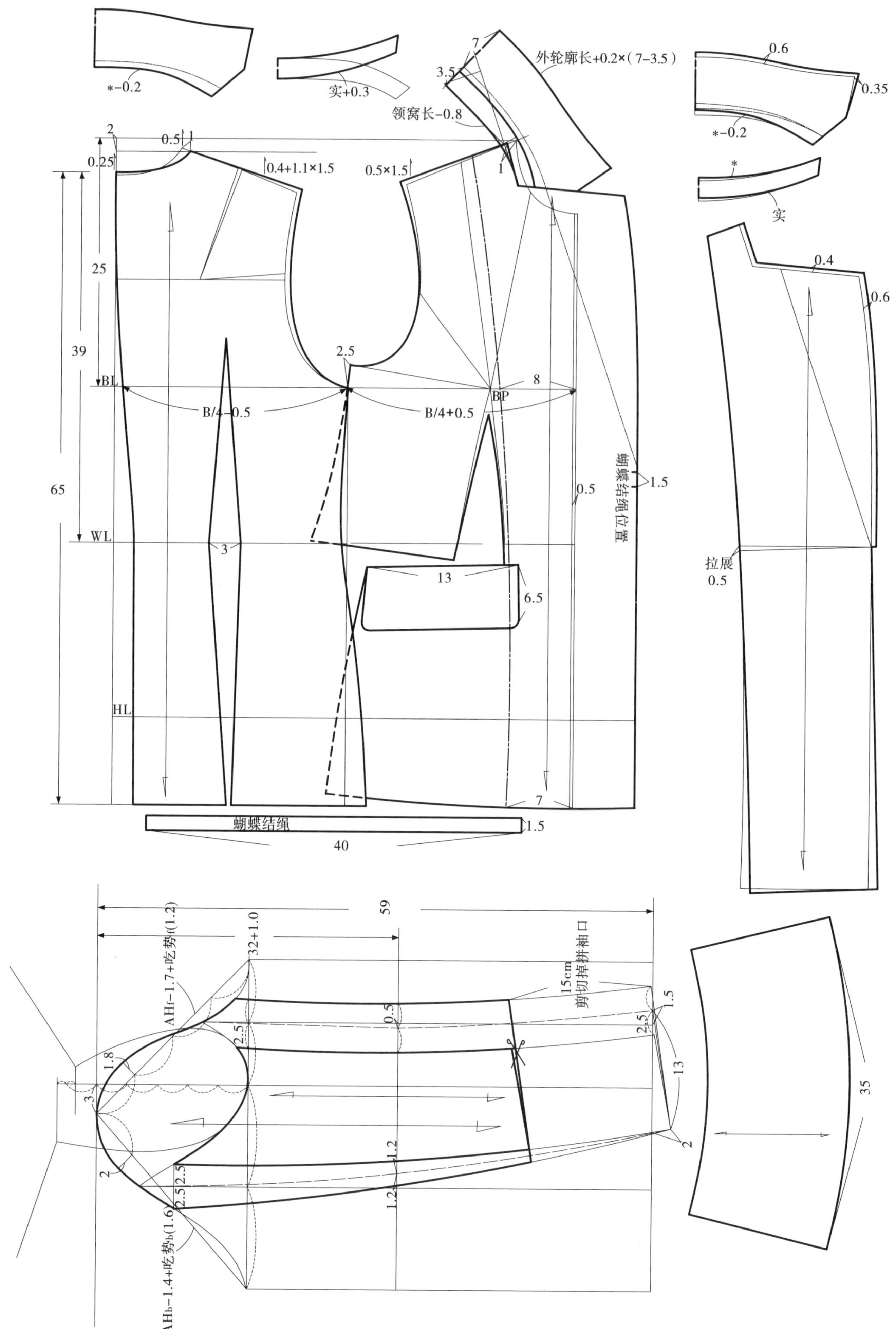

*−0.2
实+0.3
7
3.5
外轮廓长+0.2×（7−3.5）
领窝长−0.8
0.6
0.35
*−0.2
*
实
2
0.5
1
0.25
0.4+1.1×1.5
0.5×1.5
1
25
39
65
2.5
BL
B/4−0.5
B/4+0.5
BP
8
0.4
0.6
蝴蝶结绳位置
1.5
0.5
WL
3
13
6.5
拉展
0.5
HL
7
蝴蝶结绳
1.5
40
59
32+1.0
AHf−1.7+吃势f(1.2)
15cm
剪切掉拼袖口
1.5
0.5
2.5
2.5
1.8
3
13
35
2
1.2
2.5
2.5
1.2
AHb−1.4+吃势b(1.6)

三十二、翻折领落肩袖较合体长外套

后衣长	90
B	98
N	39
S	38
W	86
下摆	132
袖肥	17
袖口	12.5
SL	59
垫肩	1.0

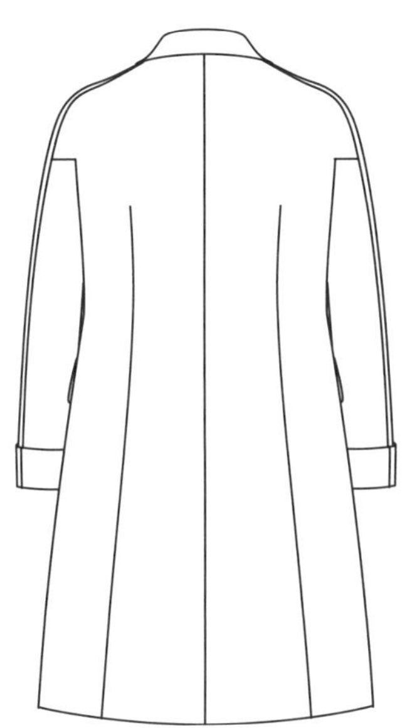

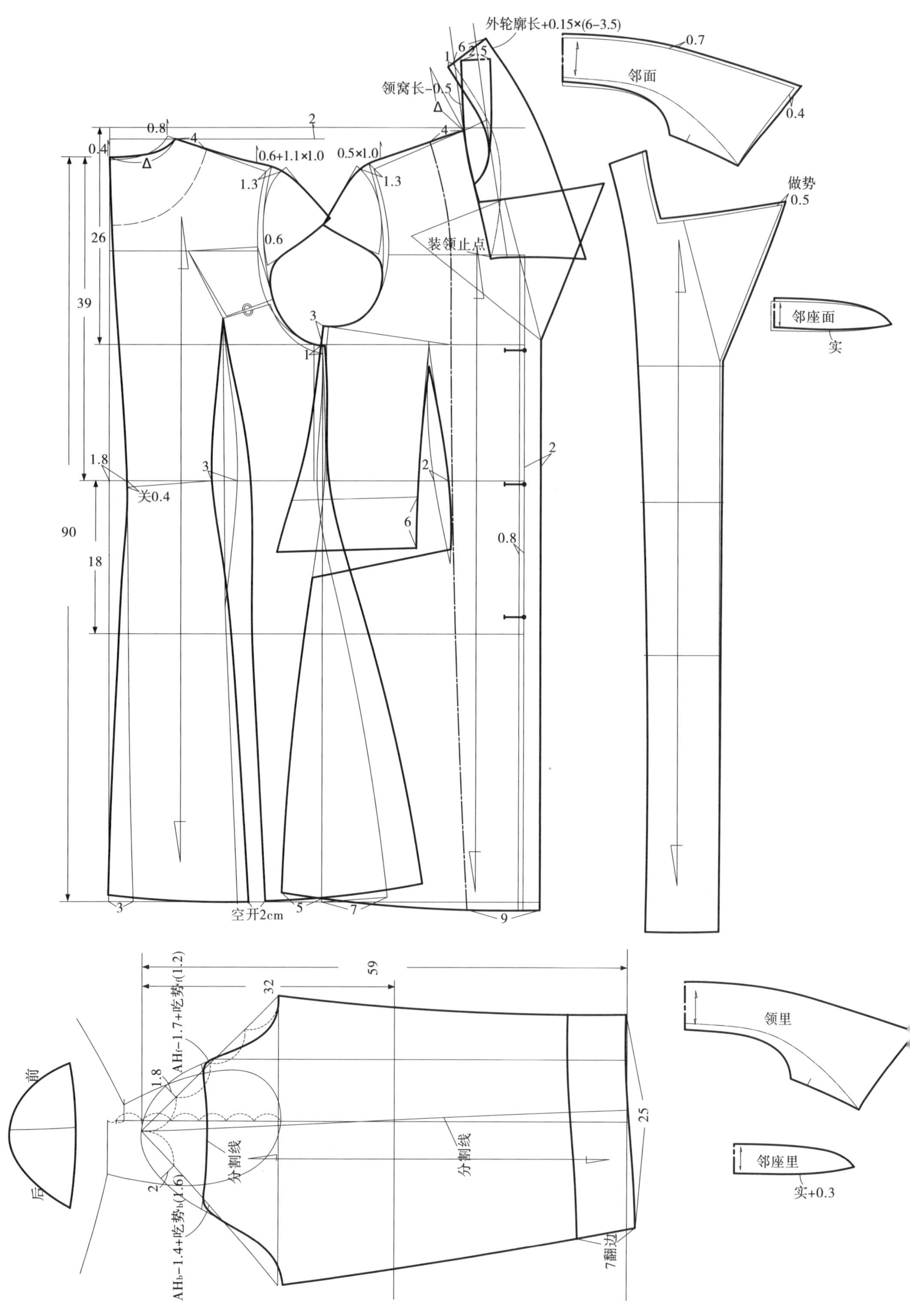
外轮廓长+0.15×(6−3.5)
领窝长−0.5
装领止点
0.6+1.1×1.0
0.5×1.0
关0.4
空开2cm
邻面
做势
邻座面
实
领里
邻座里
实+0.3
分割线
7翻边
前
后

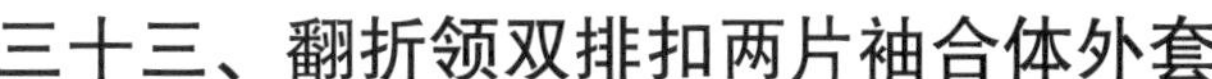

三十三、翻折领双排扣两片袖合体外套

后衣长	60
B	98
W	80
S	40
N	39
下摆	106
袖肥	17.5
袖口	13.5
垫肩	1.2
SL	60

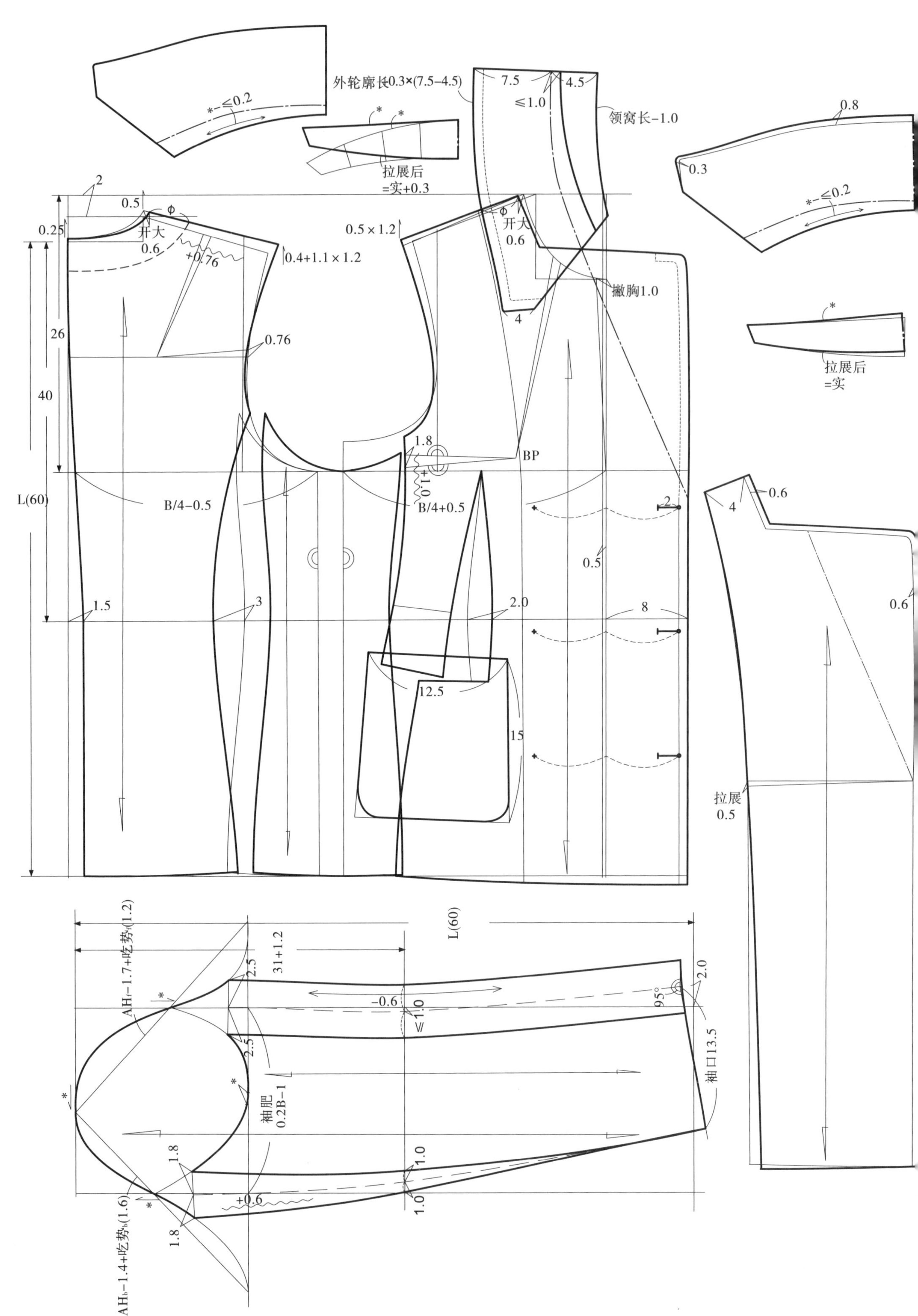
外轮廓长0.3×(7.5−4.5)
7.5
4.5
≤1.0
领窝长−1.0
拉展后
=实+0.3
0.8
0.3
*−≤0.2
0.5
0.25
开大
0.6
+0.76
0.4+1.1×1.2
0.5×1.2
撇胸1.0
26
40
0.76
L(60)
B/4−0.5
B/4+0.5
1.8
BP
1.5
3
2.0
8
0.5
12.5
15
拉展后
=实
0.6
拉展
0.5
AHf−1.7+吃势f(1.2)
31+1.2
L(60)
2.5
−0.6
≤1.0
95°
2.0
袖口13.5
袖肥
0.2B−1
1.8
1.0
+0.6
AHb−1.4+吃势b(1.6)

三十四、翻折领双排扣两片袖较合体外套

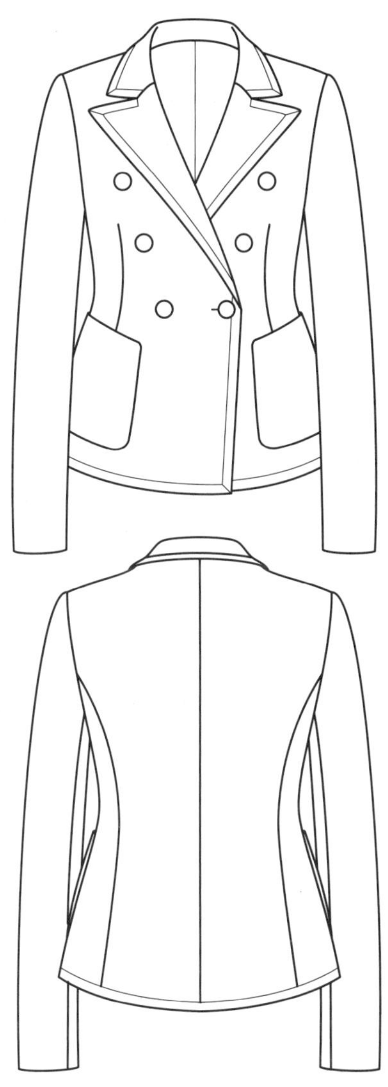

后衣长	60
B	98
W	78
S	39
N	40
袖肥	17.8
袖口	13
垫肩	1.2
SL	60

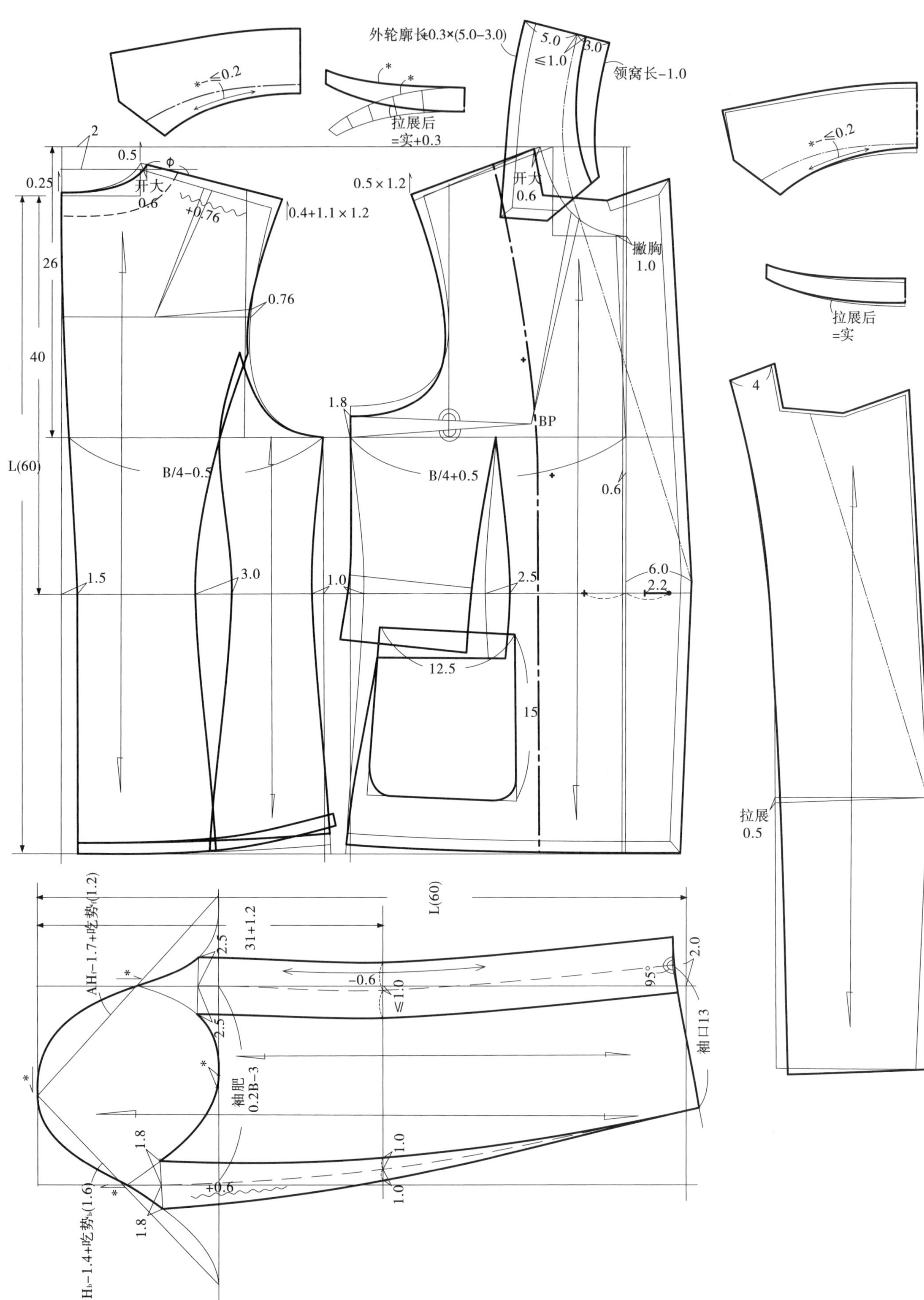

外轮廓长+0.3×(5.0−3.0)
5.0
3.0
≤1.0
领窝长−1.0
*−≤0.2
拉展后
=实+0.3
2
0.5
0.25
开大
0.6
+0.76
0.4+1.1×1.2
0.5×1.2
开大
0.6
撇胸
1.0
拉展后
=实
4
26
40
0.76
L(60)
1.8
BP
B/4−0.5
B/4+0.5
0.6
1.5
3.0
1.0
2.5
6.0
2.2
12.5
15
拉展
0.5
AH$_f$−1.7+吃势$_f$(1.2)
31+1.2
L(60)
2.5
−0.6
≤1.0
95°
2.0
袖口13
袖肥
0.2B−3
1.8
1.0
+0.6
1.0
AH$_b$−1.4+吃势$_b$(1.6)

三十五、翻折领双排扣两片袖较宽松外套

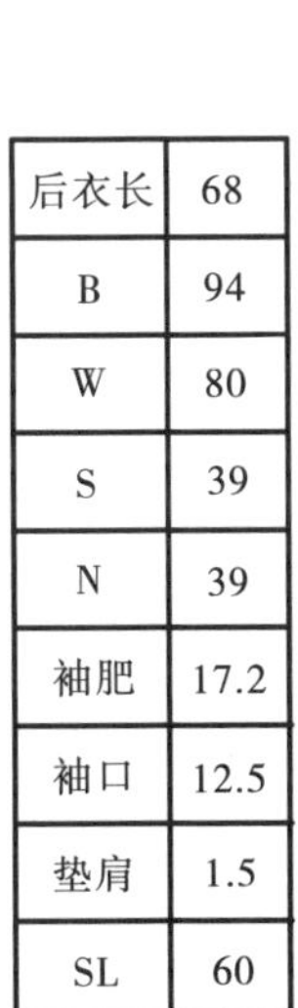

后衣长	68
B	94
W	80
S	39
N	39
袖肥	17.2
袖口	12.5
垫肩	1.5
SL	60

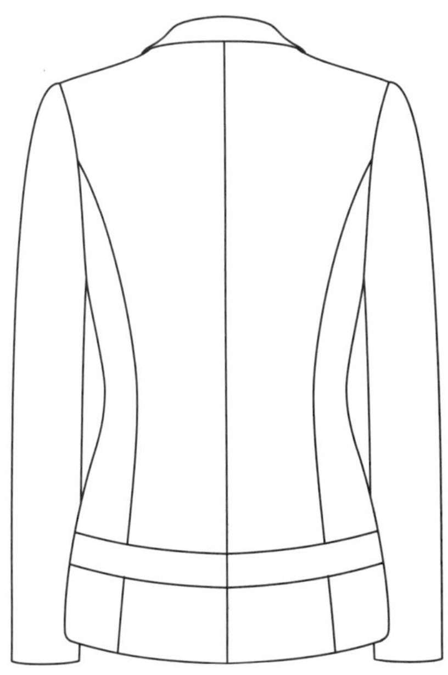

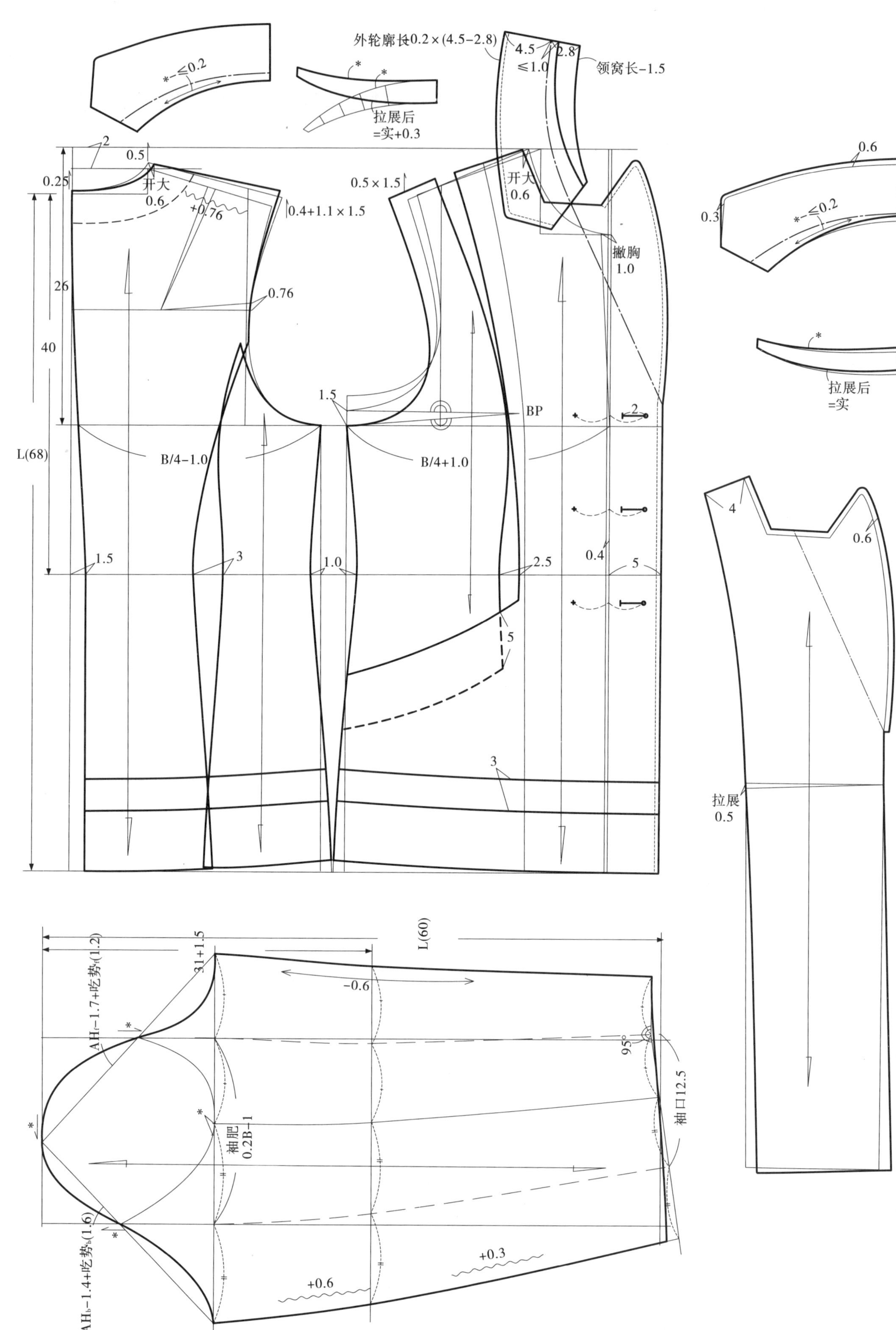

*≤0.2
*
拉展后
=实+0.3
外轮廓长+0.2×(4.5−2.8)
4.5
≤1.0
2.8
领窝长−1.5
2
0.5
0.25
开大
0.6
+0.76
0.4+1.1×1.5
0.5×1.5
开大
0.6
撇胸
1.0
0.6
0.3
*≤0.2
26
40
0.76
拉展后
=实
1.5
BP
2
L(68)
B/4−1.0
B/4+1.0
4
0.6
1.5
3
1.0
2.5
0.4
5
5
3
拉展
0.5
L(60)
31+1.5
AH$_f$−1.7+吃势$_f$(1.2)
−0.6
95°
袖口12.5
袖肥
0.2B−1
AH$_b$−1.4+吃势$_b$(1.6)
+0.3
+0.6

三十六、翻折领双排扣两片袖卡腰外套

后衣长	60
B	96
W	80
S	39
N	40
下摆	100
袖肥	17.5
袖口	13
垫肩	1.5
SL	60

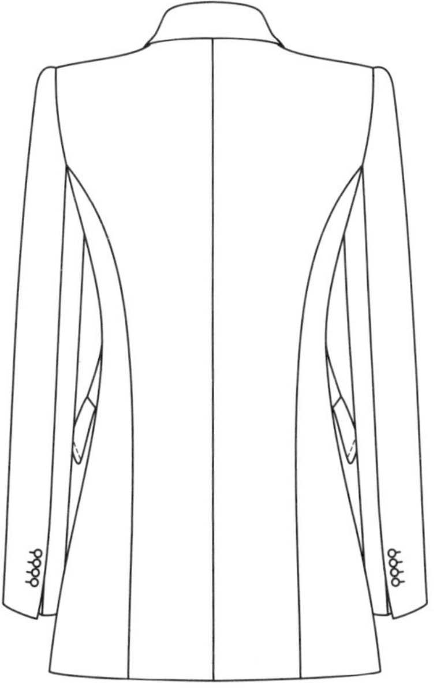

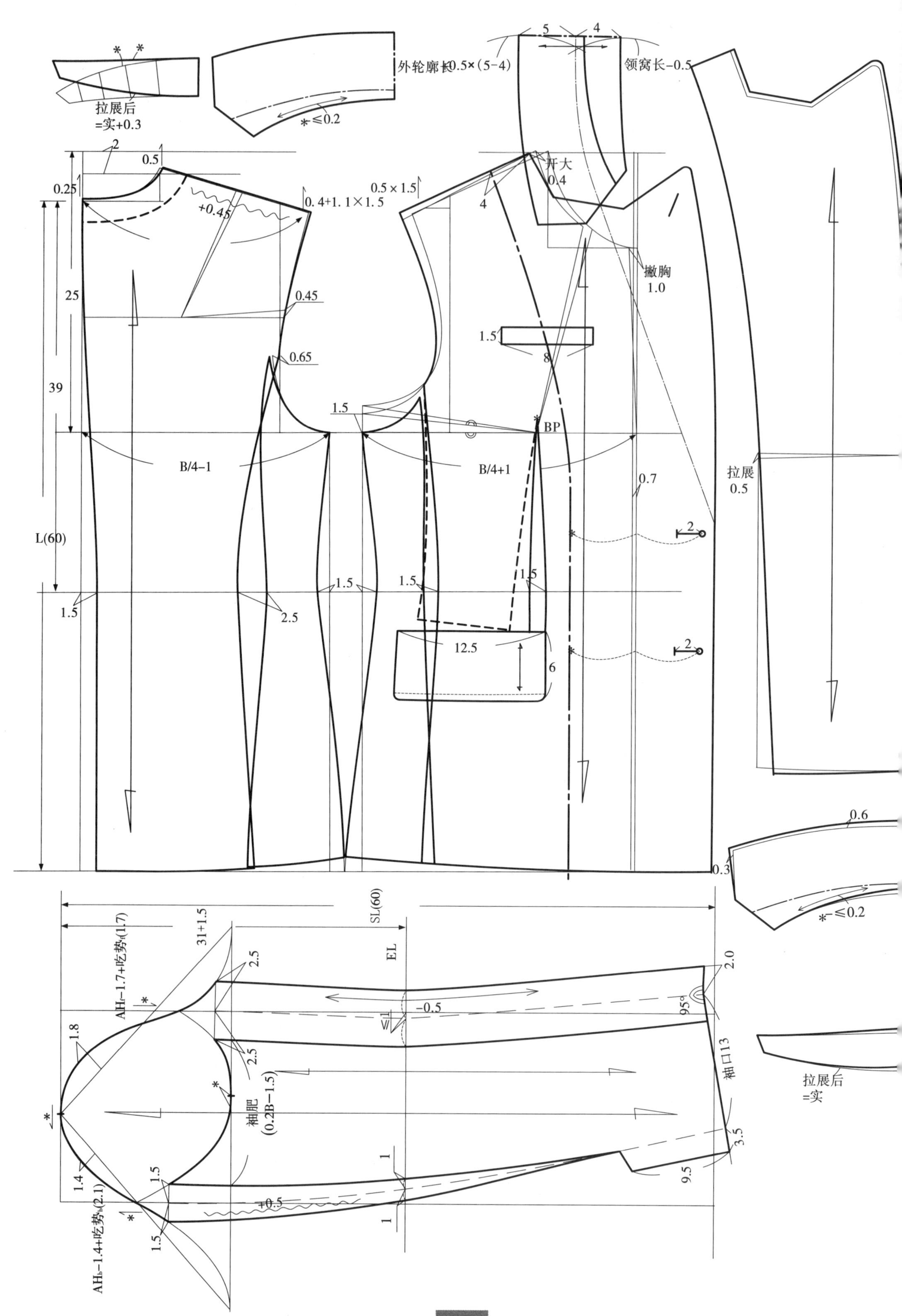

拉展后
=实+0.3
外轮廓长-0.5×(5-4)
*≤0.2
5
4
领窝长-0.5
2
0.5
0.25
+0.45
0.4+1.1×1.5
0.5×1.5
开大
0.4
4
撇胸
1.0
25
0.45
1.5
8
39
0.65
1.5
BP
B/4-1
B/4+1
0.7
拉展
0.5
L(60)
2
1.5
1.5
1.5
1.5
2.5
12.5
6
2
0.6
0.3
*≤0.2
SL(60)
AHf-1.7+吃势f(1.7)
31+1.5
EL
2.5
2.0
-0.5
95°
≤1
1.8
2.5
袖口13
袖肥
(0.2B-1.5)
拉展后
=实
3.5
1
9.5
1.4
1.5
+0.5
1
AHb-1.4+吃势b(2.1)
1.5

三十七、翻折领双排扣两片袖宽松外套

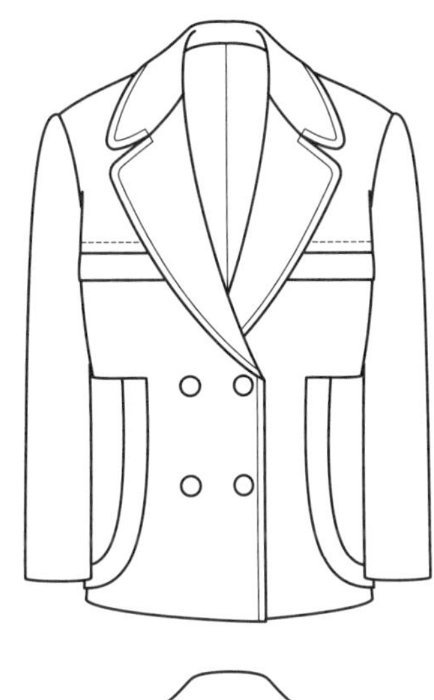

后衣长	68
B	98
W	85
S	40
N	39
袖肥	18.2
袖口	14
垫肩	1.0
SL	59

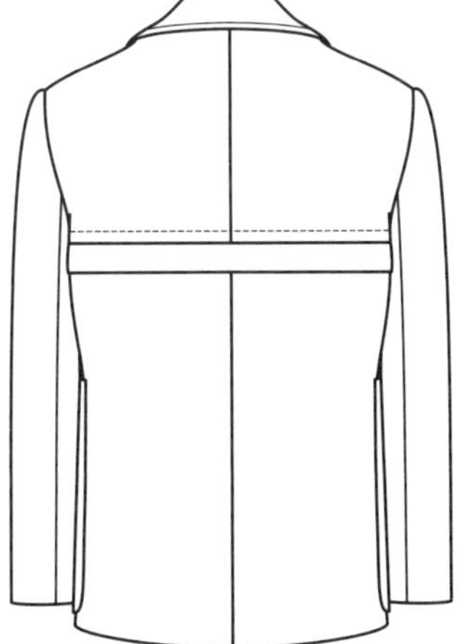

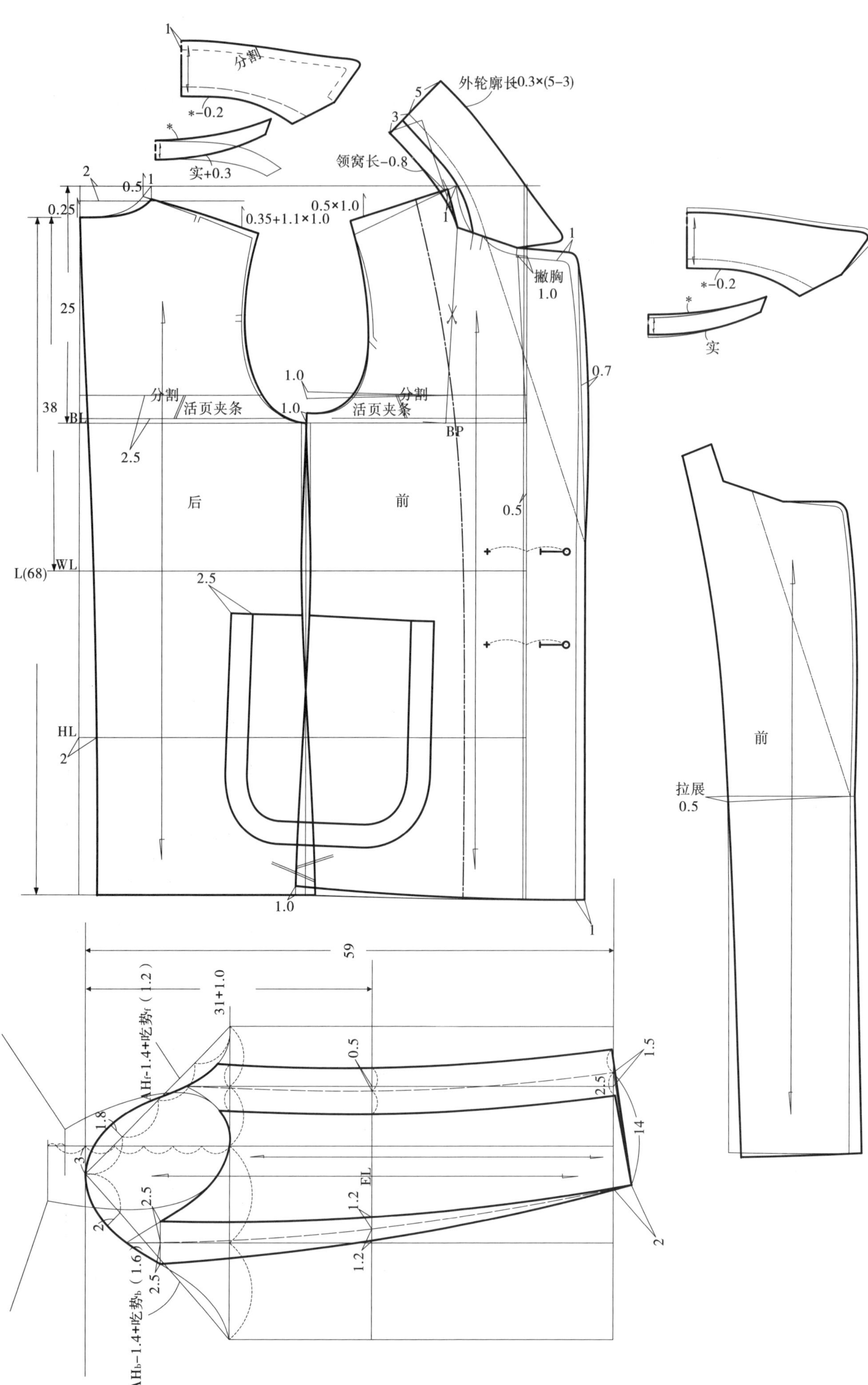
分割
*-0.2
*
实+0.3
外轮廓长+0.3×(5-3)
5
3
领窝长-0.8
2
0.5
1
0.25
0.35+1.1×1.0
0.5×1.0
1
撇胸
1.0
*-0.2
*
实
25
38
BL
分割
活页夹条
1.0
1.0
分割
活页夹条
BP
2.5
0.7
后
前
0.5
L(68)
WL
2.5
HL
2
拉展
0.5
前
1.0
1
59
AHf-1.4+吃势f（1.2）
31+1.0
0.5
1.5
2.5
1.8
3
14
EL
1.2
2.5
2
1.2
2
AHb-1.4+吃势b（1.6）
2.5

三十八、翻折领双排扣两片袖外套

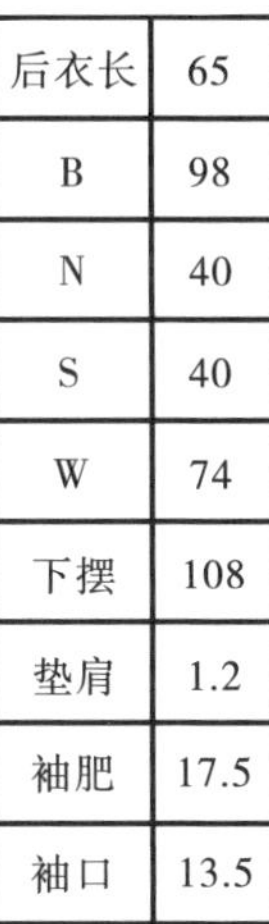

后衣长	65
B	98
N	40
S	40
W	74
下摆	108
垫肩	1.2
袖肥	17.5
袖口	13.5

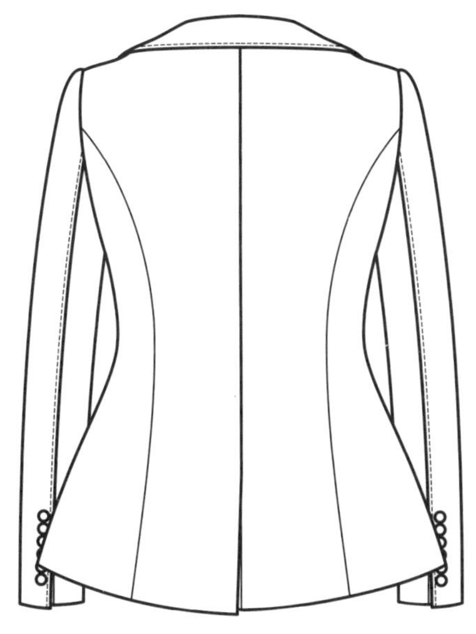

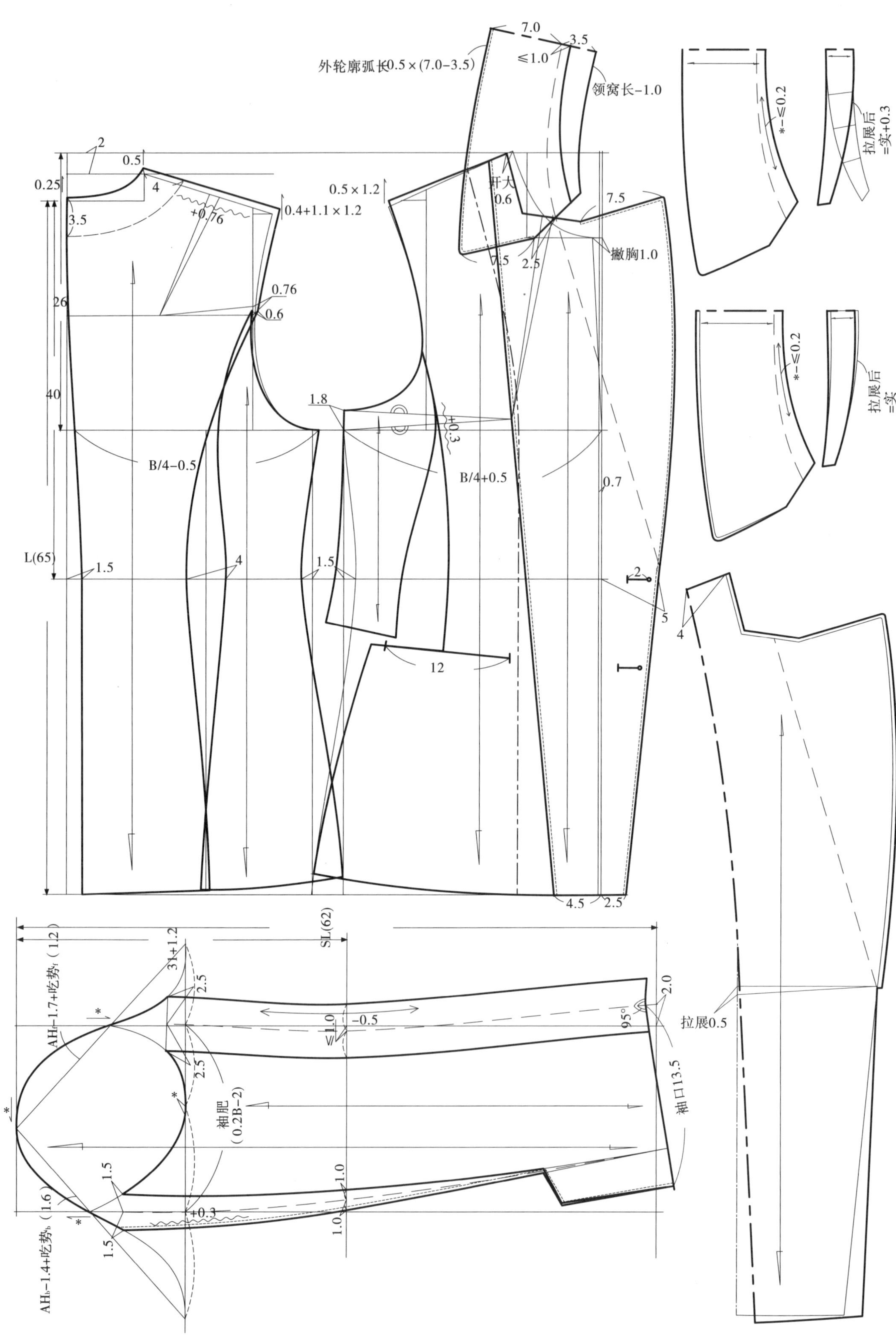
7.0
3.5
≤1.0
外轮廓弧长0.5×(7.0−3.5)
领窝长−1.0
*−≤0.2
拉展后
=实+0.3
2
0.5
0.25
4
0.4+1.1×1.2
+0.76
3.5
0.5×1.2
开大
0.6
7.5
撇胸1.0
7.5
2.5
0.76
0.6
26
40
1.8
+0.3
B/4−0.5
B/4+0.5
0.7
*−≤0.2
拉展后
=实
L(65)
1.5
4
1.5
2
5
4
12
4.5
2.5
SL(62)
31+1.2
(1.2)
AH_f−1.7+吃势_f
2.5
−0.5
≤1.0
2.0
95°
拉展0.5
2.5
袖肥
(0.2B−2)
袖口13.5
1.5
1.0
(1.6)
+0.3
1.0
1.5
AH_b−1.4+吃势_b

三十九、翻折领双排扣两片袖中长款外套

后衣长	75
B	100
N	40
S	40
袖肥	17
袖口	13
SL	59

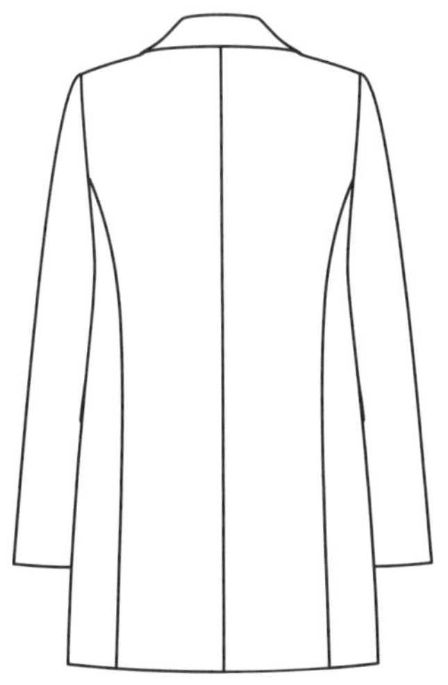

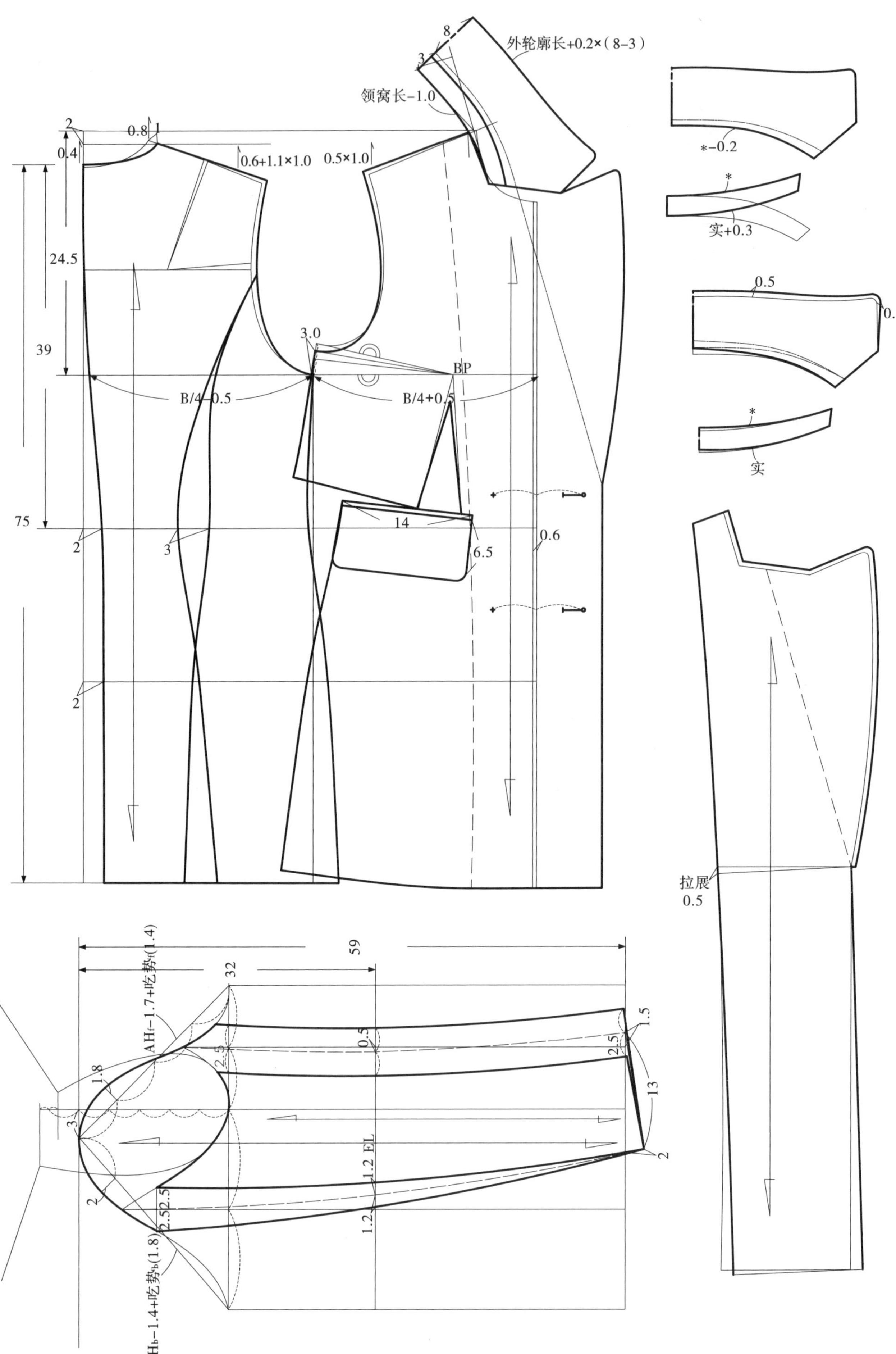

外轮廓长+0.2×（8−3）
8
3
领窝长−1.0
2
0.8
1
0.4
0.6+1.1×1.0
0.5×1.0
24.5
39
75
3.0
BP
B/4−0.5
B/4+0.5
14
6.5
0.6
2
3
2
*−0.2
*
实+0.3
0.5
0.3
*
实
拉展
0.5
59
AHf−1.7+吃势f(1.4)
32
1.8
2.5
0.5
2.5
1.5
13
3
1.2 EL
2
2
2.5
2.5
1.2
AHb−1.4+吃势b(1.8)

四十、翻折领双排扣落肩袖束腰较宽松外套

后衣长	60
B	95
W	80
S	39
N	39
落肩	6
袖肥	18
袖口	13
垫肩	1.0(圆形)
SL	60

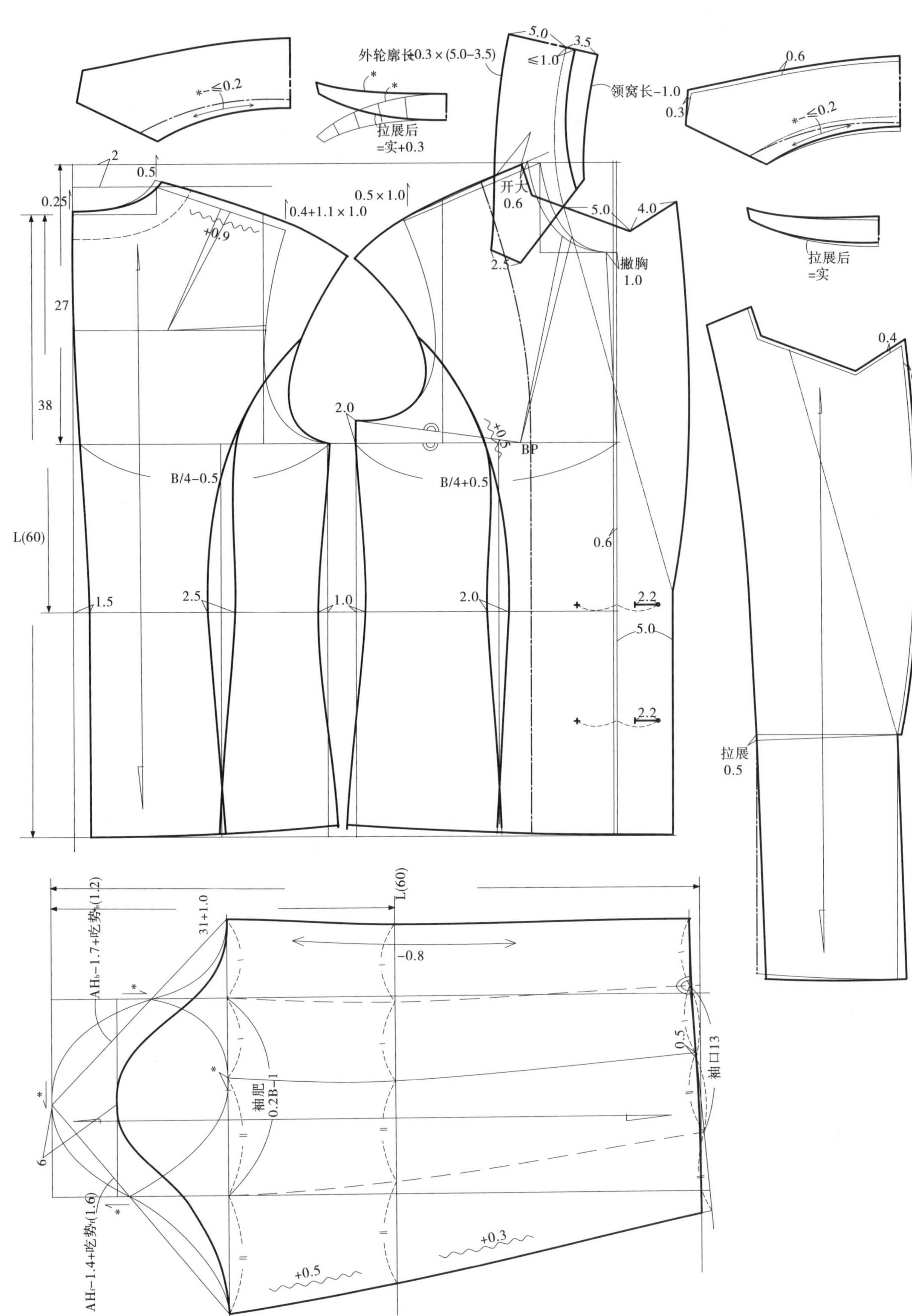

外轮廓长+0.3×(5.0−3.5)
5.0
3.5
≤1.0
领窝长−1.0
拉展后
=实+0.3
0.6
0.3
≤0.2
2
0.5
0.25
0.5×1.0
0.4+1.1×1.0
+0.9
开大
0.6
5.0
4.0
撇胸
1.0
2.5
拉展后
=实
0.4
27
38
2.0
+0.5
BP
B/4−0.5
B/4+0.5
L(60)
0.6
1.5
2.5
1.0
2.0
2.2
5.0
2.2
拉展
0.5
AH_b−1.7+吃势_b(1.2)
31+1.0
L(60)
−0.8
袖肥
0.2B−1
6
AH_f−1.4+吃势_f(1.6)
0.5
袖口13
+0.3
+0.5

四十一、翻折领双排扣落肩袖系腰宽松外套

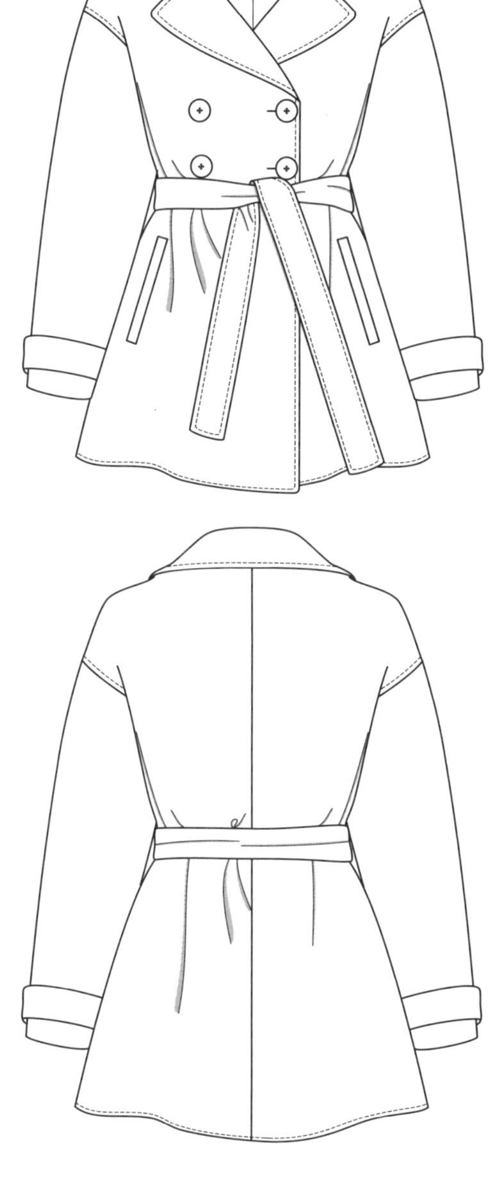

后衣长	90
B	102
W	80
S	40.5
N	40
袖肥	19
袖口	13.5
SL	61

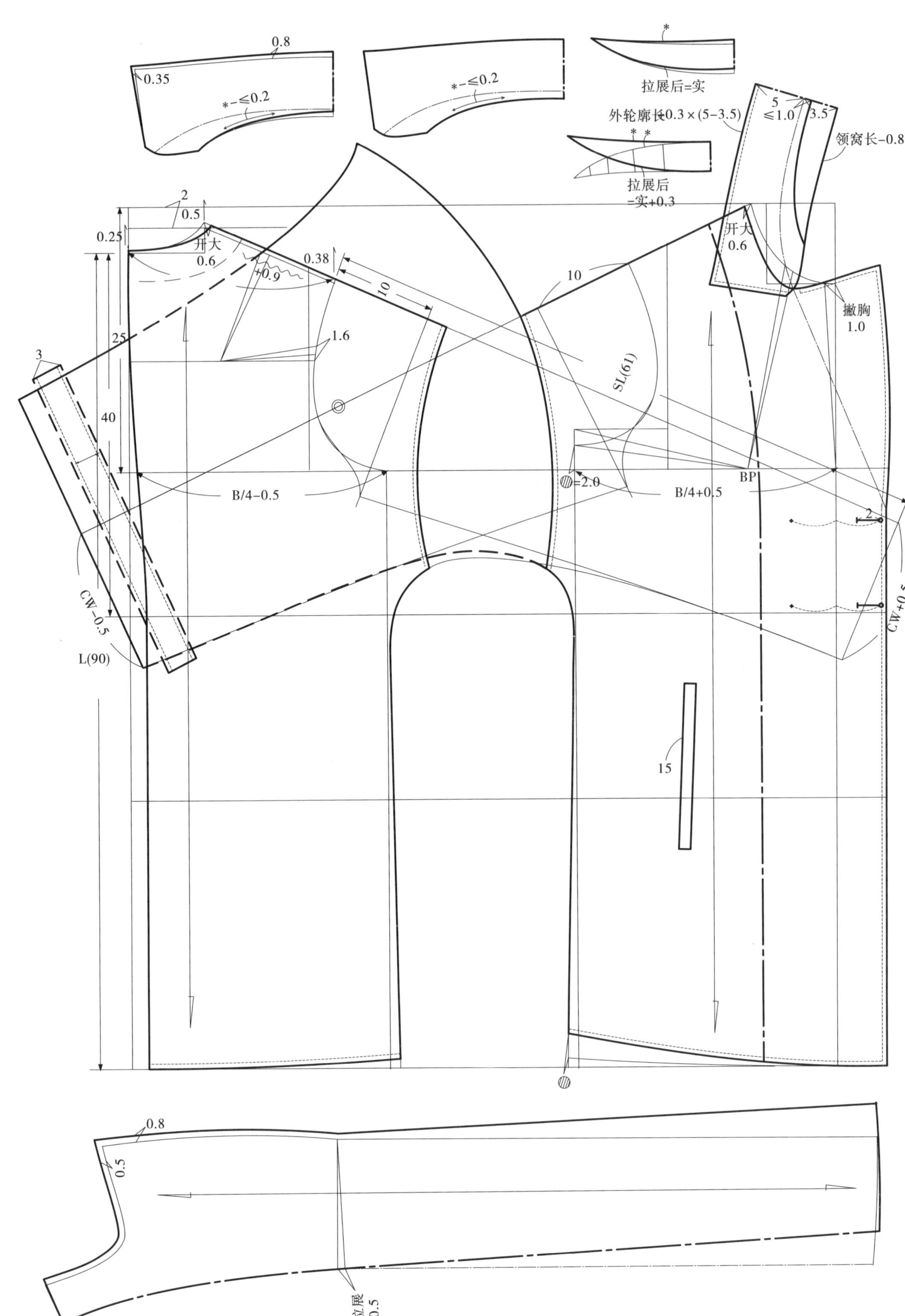

0.8
0.35
*-≤0.2
*-≤0.2
*
拉展后=实
外轮廓长+0.3×(5-3.5)
5
≤1.0
3.5
领窝长-0.8
* *
拉展后
=实+0.3
2
0.5
0.25
开大
0.6
+0.9
0.38
10
开大
0.6
撇胸
1.0
10
1.6
25
3
40
SL(61)
B/4-0.5
=2.0
B/4+0.5
BP
2
CW-0.5
CW+0.5
L(90)
15
0.8
0.5
拉展
0.5

四十二、翻折领双排扣束腰长外套

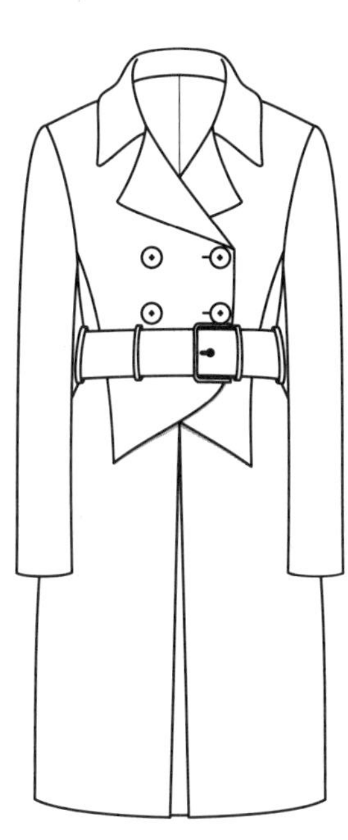

后衣长	100
B	104
W	86
S	41
N	40
袖肥	19.2
袖口	14
垫肩	1.0
SL	60

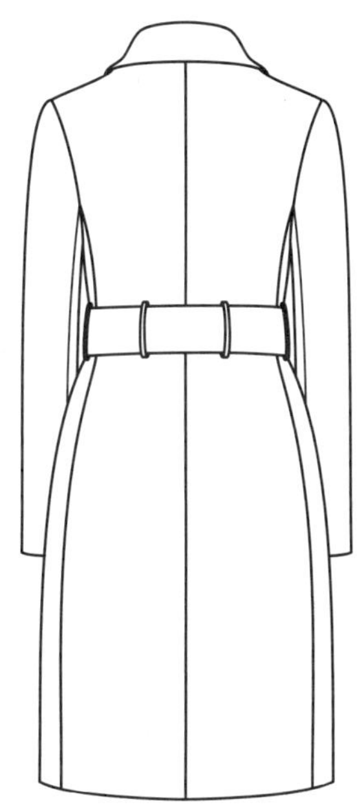

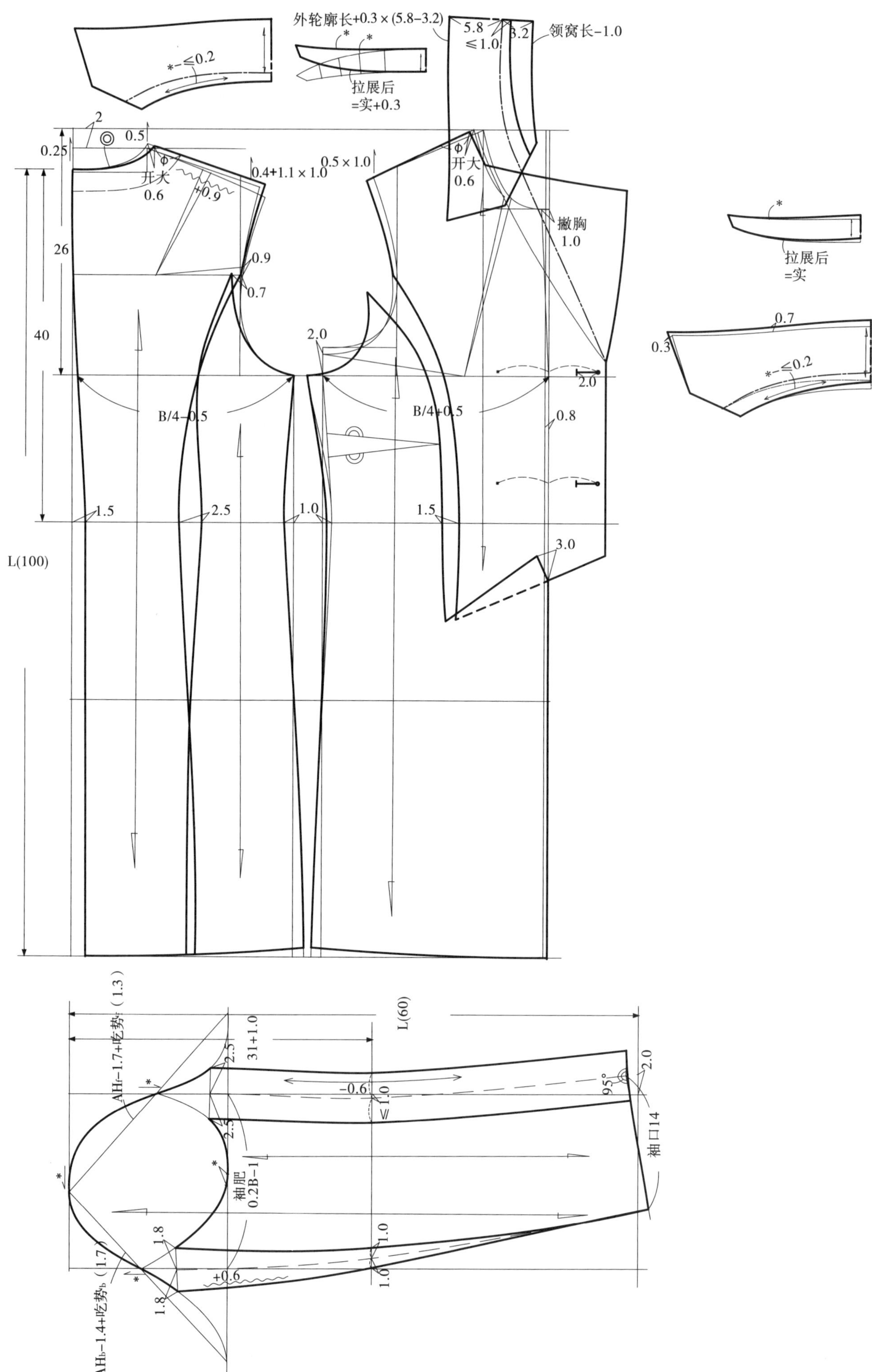

外轮廓长+0.3×(5.8-3.2)
5.8
≤1.0
3.2
领窝长-1.0
*-≤0.2
拉展后
=实+0.3
2
0.5
0.25
开大
0.6
+0.9
0.4+1.1×1.0
0.5×1.0
开大
0.6
撇胸
1.0
26
40
0.9
0.7
2.0
B/4-0.5
B/4+0.5
2.0
0.8
1.5
2.5
1.0
1.5
3.0
L(100)
拉展后
=实
0.7
0.3
*-≤0.2
AHf-1.7+吃势f(1.3)
31+1.0
L(60)
2.5
-0.6
≤1.0
95°
2.0
袖口14
2.5
袖肥
0.2B-1
1.8
1.0
+0.6
1.0
1.8
AHb-1.4+吃势b(1.7)

四十三、翻折领双排扣一片袖较合体外套

后衣长	72
B	100
W	85
S	40
N	39
袖肥	18.2
袖口	13.5
垫肩	1.0
SL	60

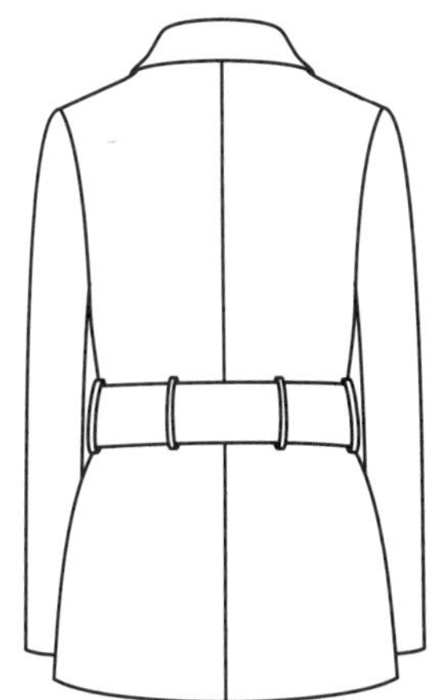

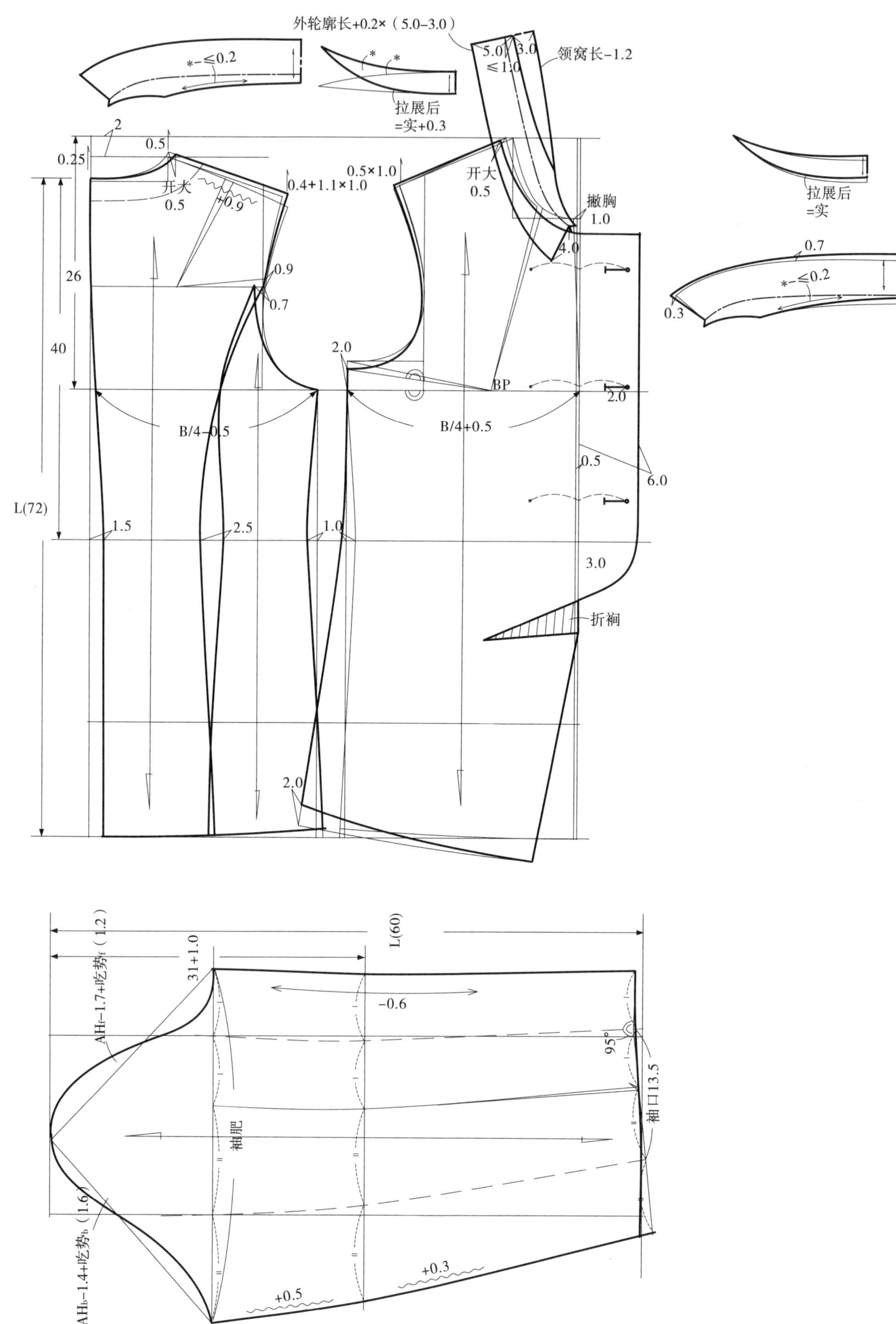

外轮廓长+0.2×（5.0–3.0）
*–≤0.2
5.0
3.0
≤1.0
领窝长–1.2
拉展后
=实+0.3
0.25
0.5
开大
0.5
+0.9
0.4+1.1×1.0
0.5×1.0
开大
0.5
撇胸
1.0
拉展后
=实
4.0
0.7
*–≤0.2
0.3
26
0.9
0.7
40
2.0
BP
2.0
B/4–0.5
B/4+0.5
0.5
6.0
L(72)
1.5
2.5
1.0
3.0
折裥
2.0
L(60)
AHf–1.7+吃势f（1.2）
31+1.0
–0.6
95°
袖口13.5
袖肥
AHb–1.4+吃势b（1.6）
+0.3
+0.5

四十四、关门领暗门襟外套

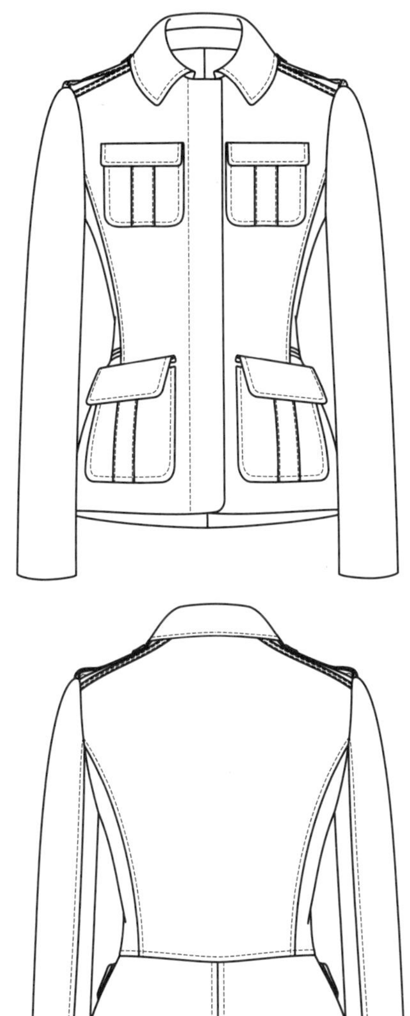

后衣长	63
B	94
W	78
S	39.5
N	39
袖肥	17
袖口	13
垫肩	1.5
SL	60

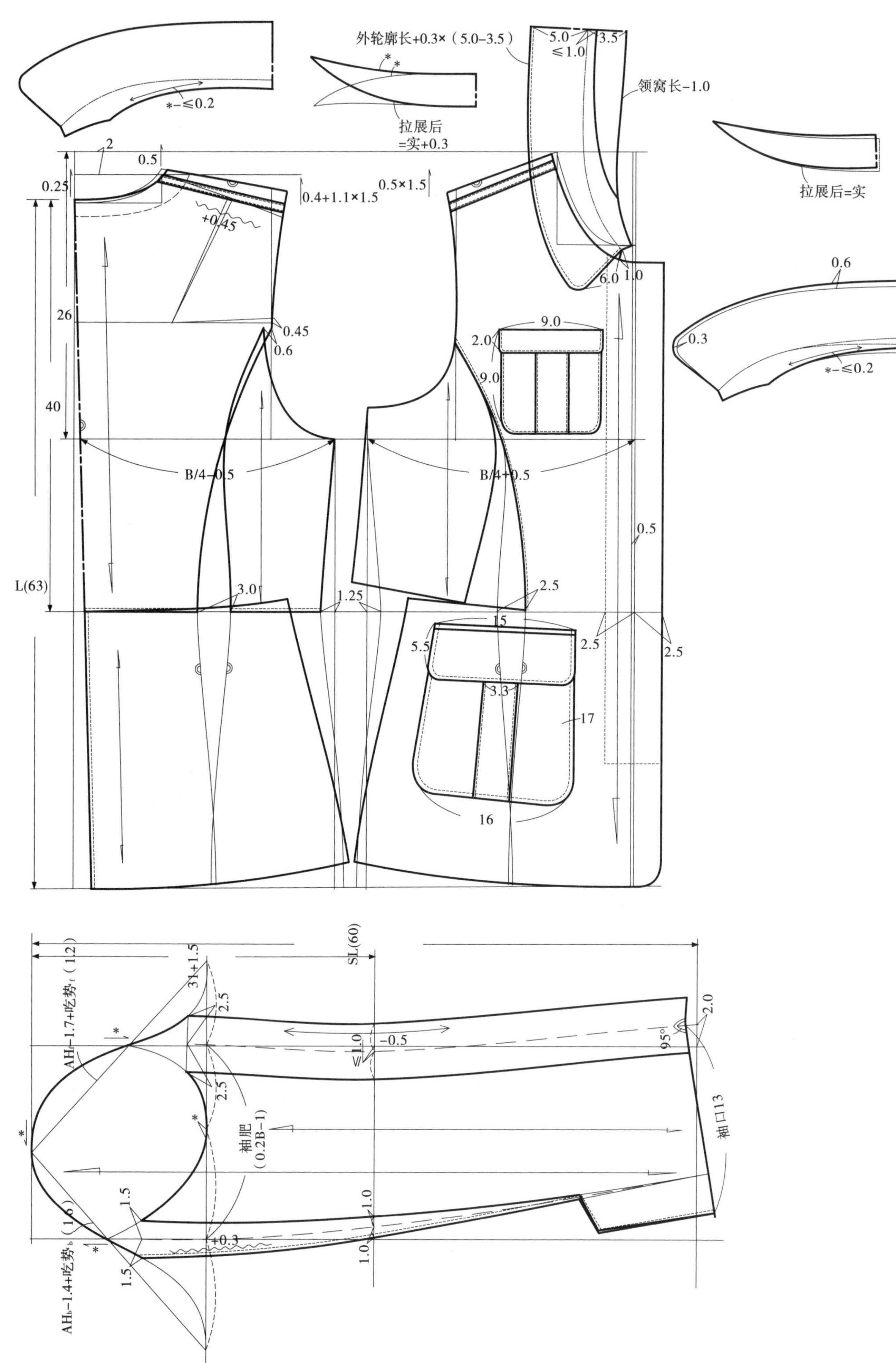

外轮廓长+0.3×（5.0−3.5）
*−≤0.2
拉展后
=实+0.3
5.0
≤1.0
3.5
领窝长−1.0
拉展后=实
0.5
0.25
0.4+1.1×1.5
0.5×1.5
+0.45
26
0.45
0.6
6.0
1.0
0.6
0.3
9.0
2.0
9.0
40
B/4−0.5
B/4+0.5
0.5
L(63)
3.0
1.25
2.5
15
5.5
2.5
2.5
3.3
17
16
SL(60)
AH$_f$−1.7+吃势$_f$（1.2）
31+1.5
2.5
−0.5
≤1.0
95°
2.0
2.5
袖肥
（0.2B−1）
袖口13
1.5
（1.6）
AH$_b$−1.4+吃势$_b$
+0.3
1.0
1.0
1.5

四十五、较合体西裤

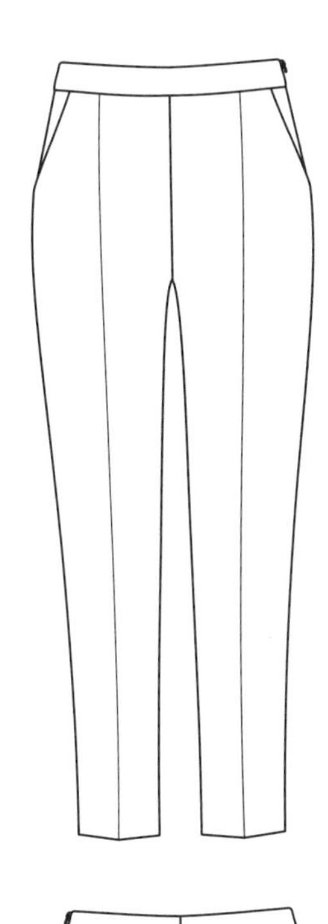

TL	92
W	72
H	94
直裆	25.5
中裆	54
脚口	32

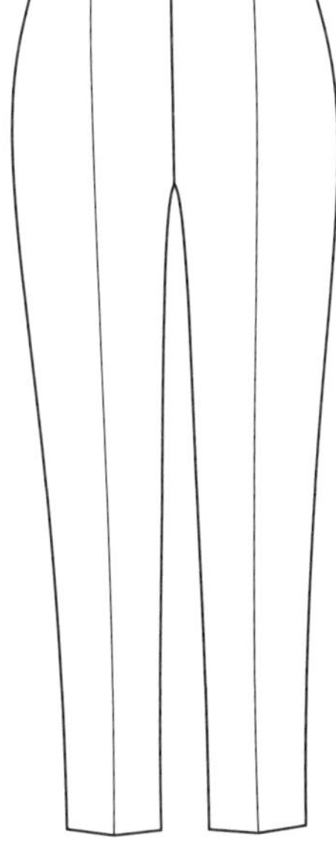

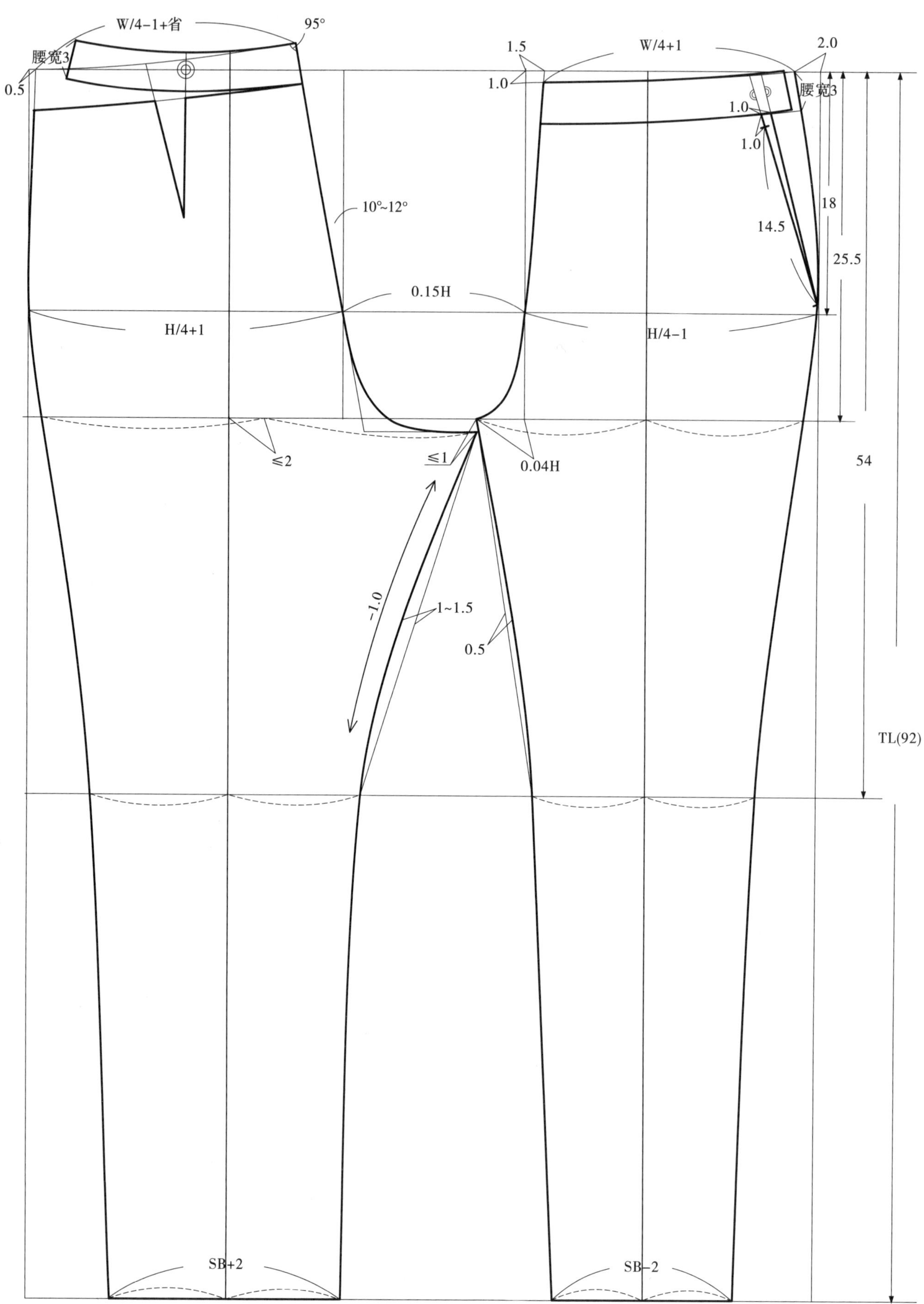

W/4−1+省
95°
腰宽3
0.5
1.5
W/4+1
2.0
1.0
腰宽3
1.0
1.0
18
14.5
25.5
10°~12°
0.15H
H/4+1
H/4−1
≤2
≤1
0.04H
54
−1.0
1~1.5
0.5
TL(92)
SB+2
SB−2

四十六、裤口侧部开衩紧身裤

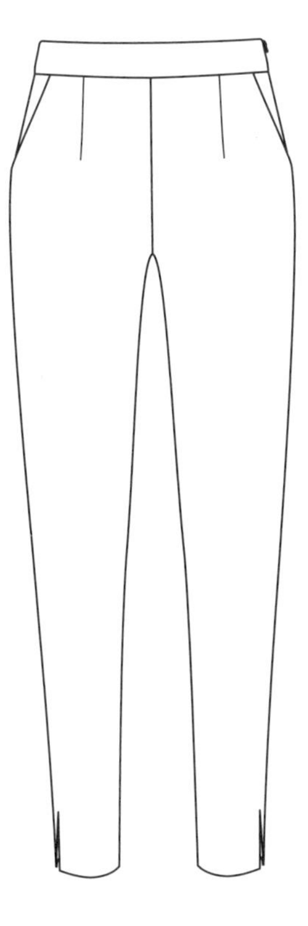

TL	92
W	74
H	92
直裆	24
中裆	35
脚口	30

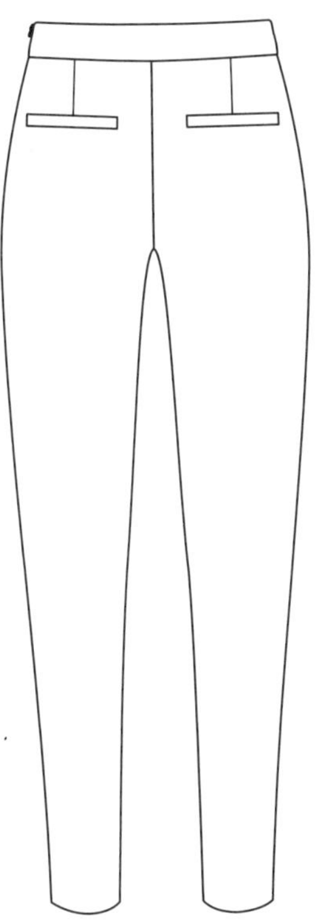

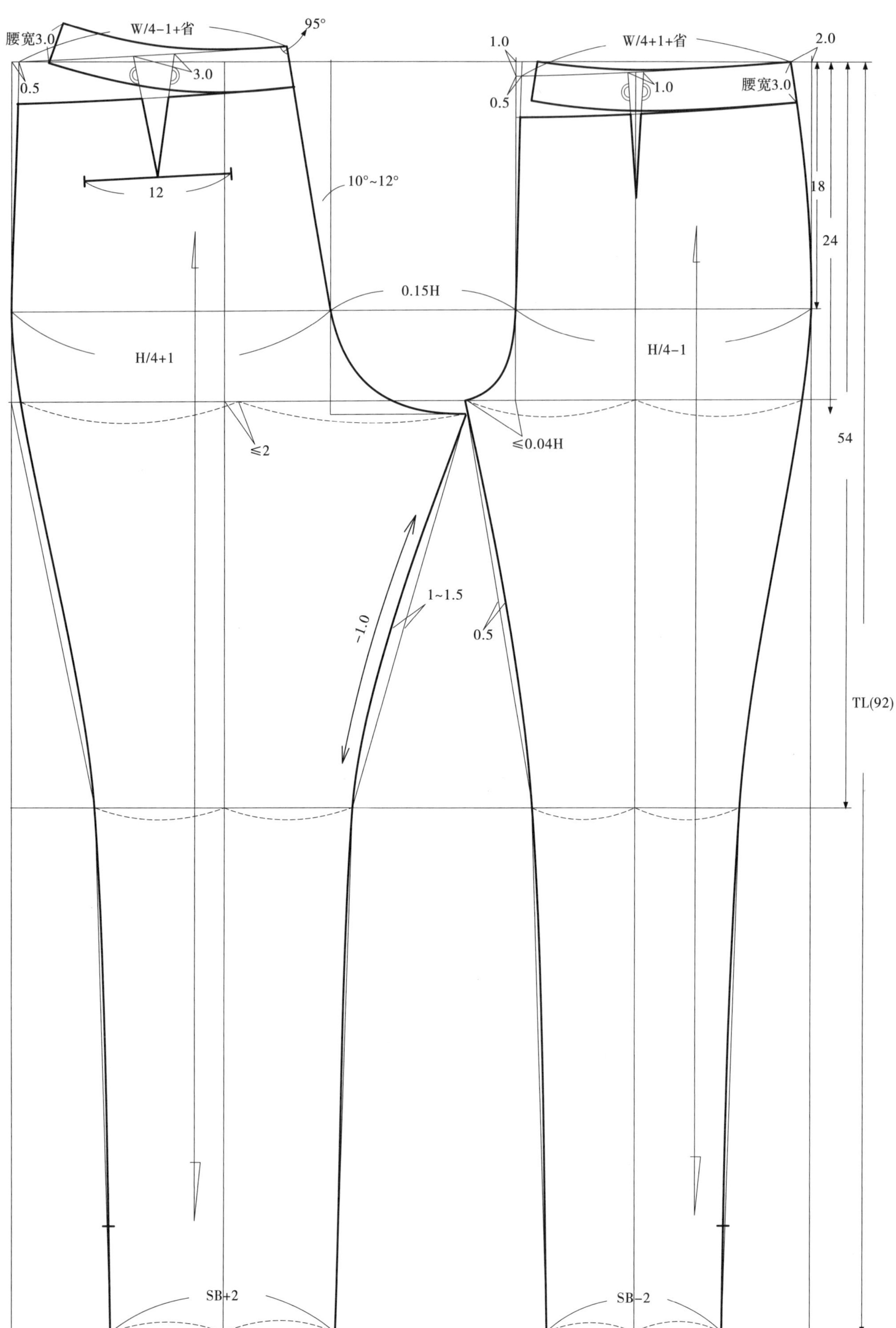

腰宽3.0
W/4−1+省
95°
0.5
3.0
12
10°~12°
1.0
W/4+1+省
2.0
0.5
1.0
腰宽3.0
18
24
0.15H
H/4+1
H/4−1
≤2
≤0.04H
54
1~1.5
−1.0
0.5
TL(92)
SB+2
SB−2

四十七、喇叭裤

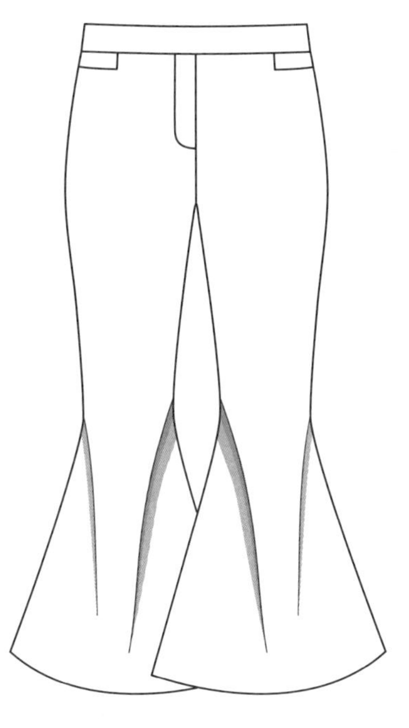

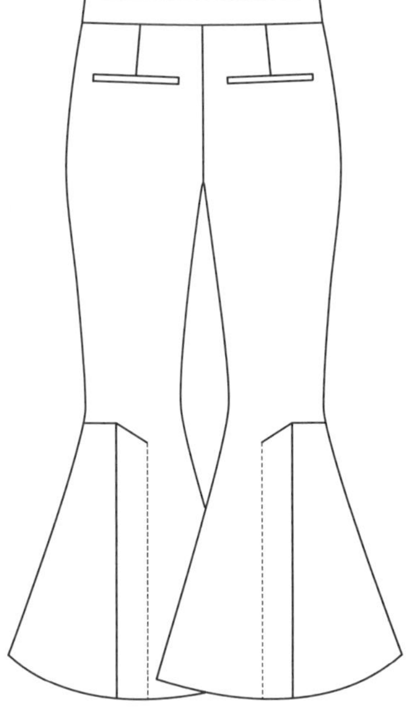

TL	89.5
W	74
H	93
直裆	29.5
中裆	58
脚口	65

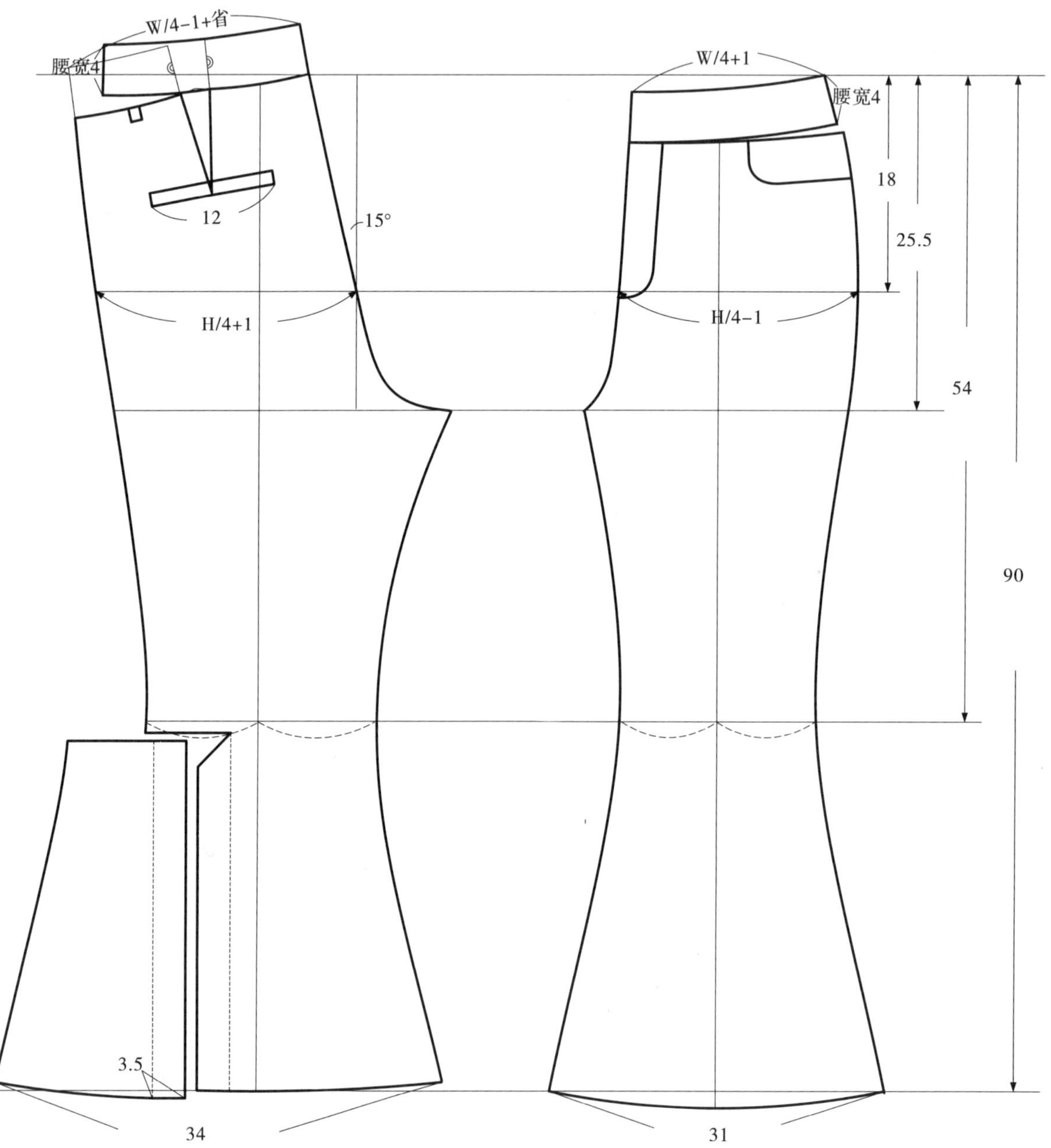
W/4-1+省
腰宽4
12
15°
H/4+1
3.5
34
W/4+1
腰宽4
18
25.5
H/4-1
54
90
31

四十八、立领肩部分割袖合体外套

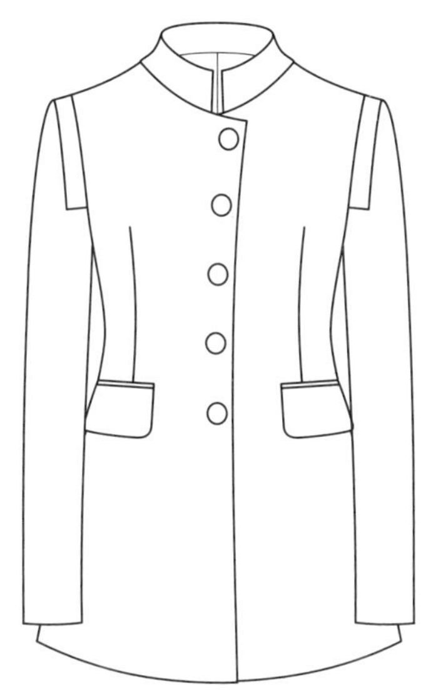

后衣长	62
B	95
N	39
S	40
W	79
下摆	104
袖肥	16.5
袖口	12.5
垫肩	2.0
SL	59

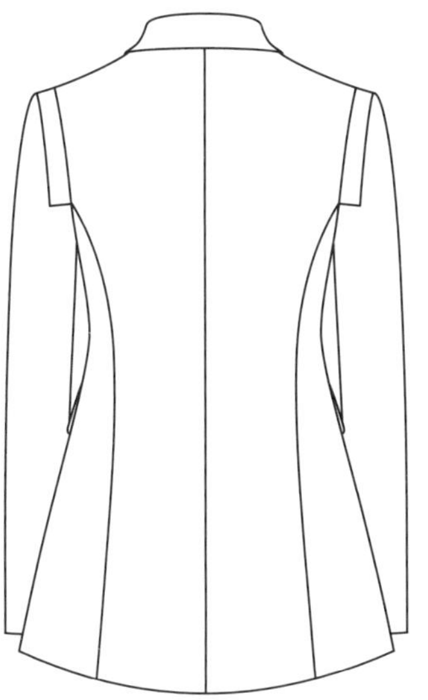

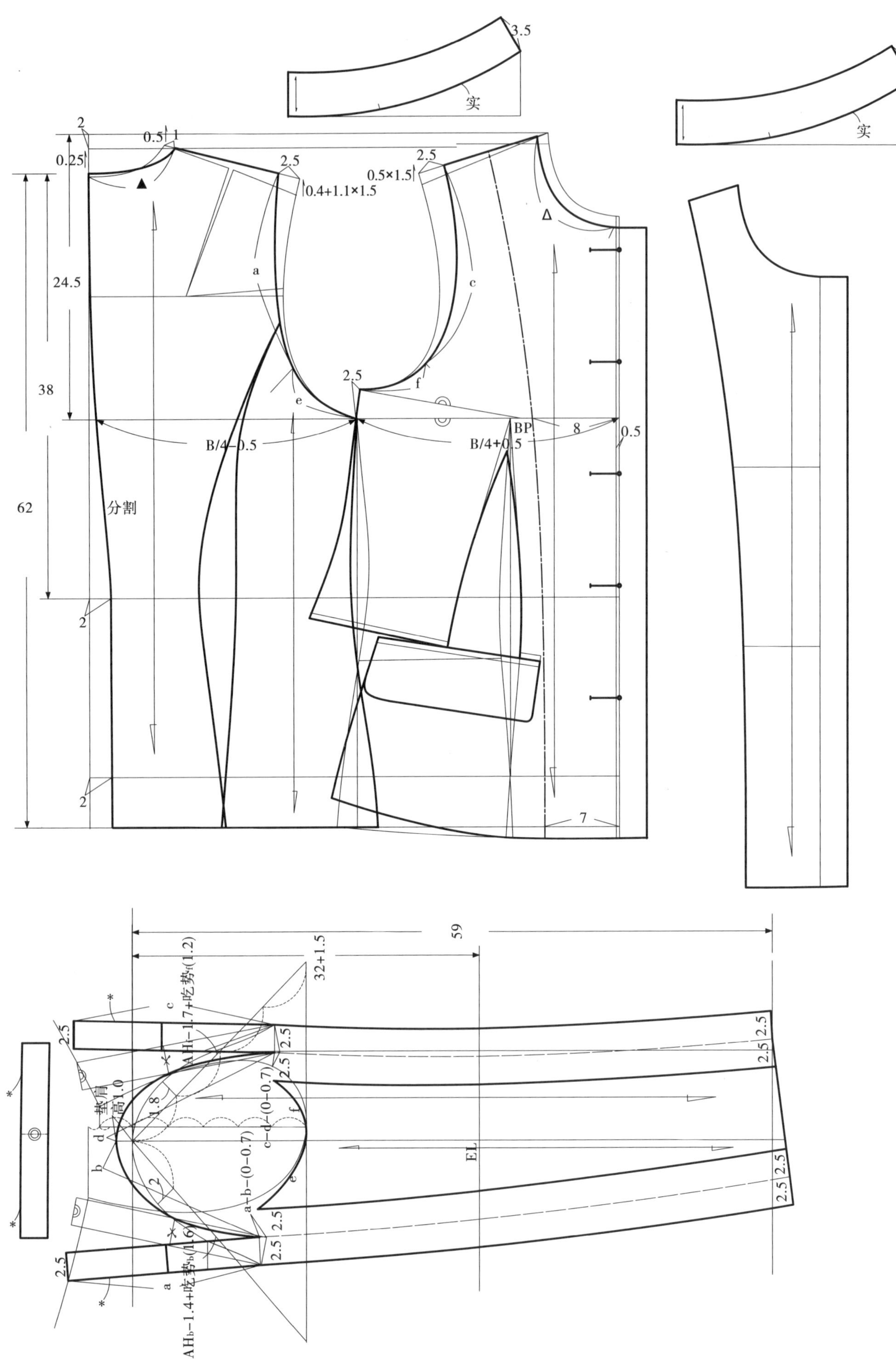
3.5
实
3.5
实
2
0.5
1
0.25
2.5
0.4+1.1×1.5
2.5
0.5×1.5
24.5
a
c
38
2.5
f
e
B/4−0.5
B/4+0.5
BP
8
0.5
62
分割
2
2
7
59
32+1.5
AHf−1.7+吃势f(1.2)
c
*
2.5
2.5
2.5
2.5
2.5
垫肩高1.0
1.8
c−d−(0~0.7)
d−(0~0.7)
f
d
b
EL
e
2
a−b−(0~0.7)
2.5
2.5
2.5
2.5
1.6
AHb−1.4+吃势b(1.2)
a
*
*
*
2.5

四十九、立领两片袖合体外套

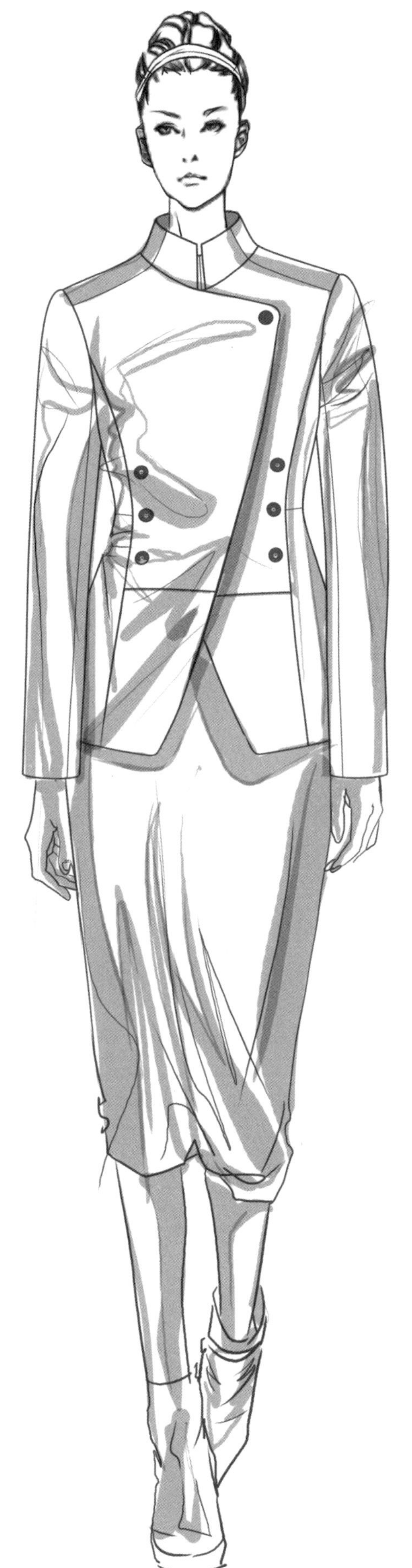

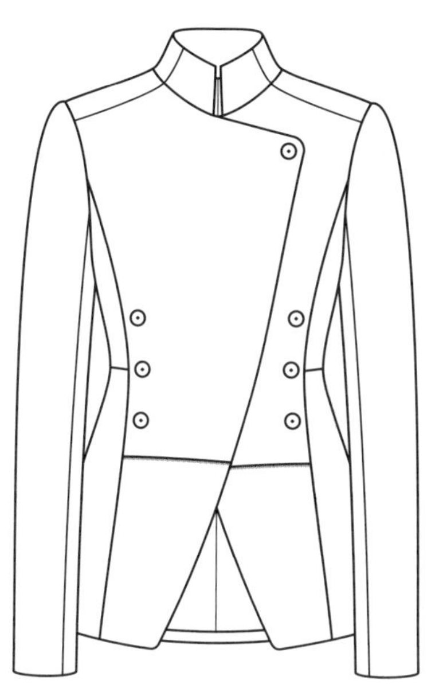

后衣长	60
B	94
W	74
S	40
N	39
袖肥	17
袖口	12.5
SL	60
垫肩	0.5

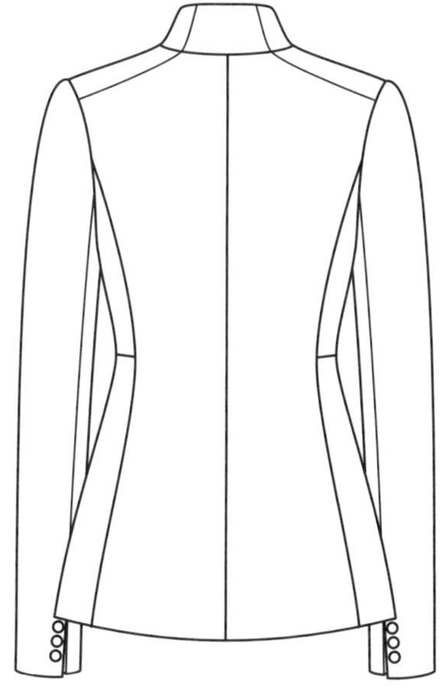

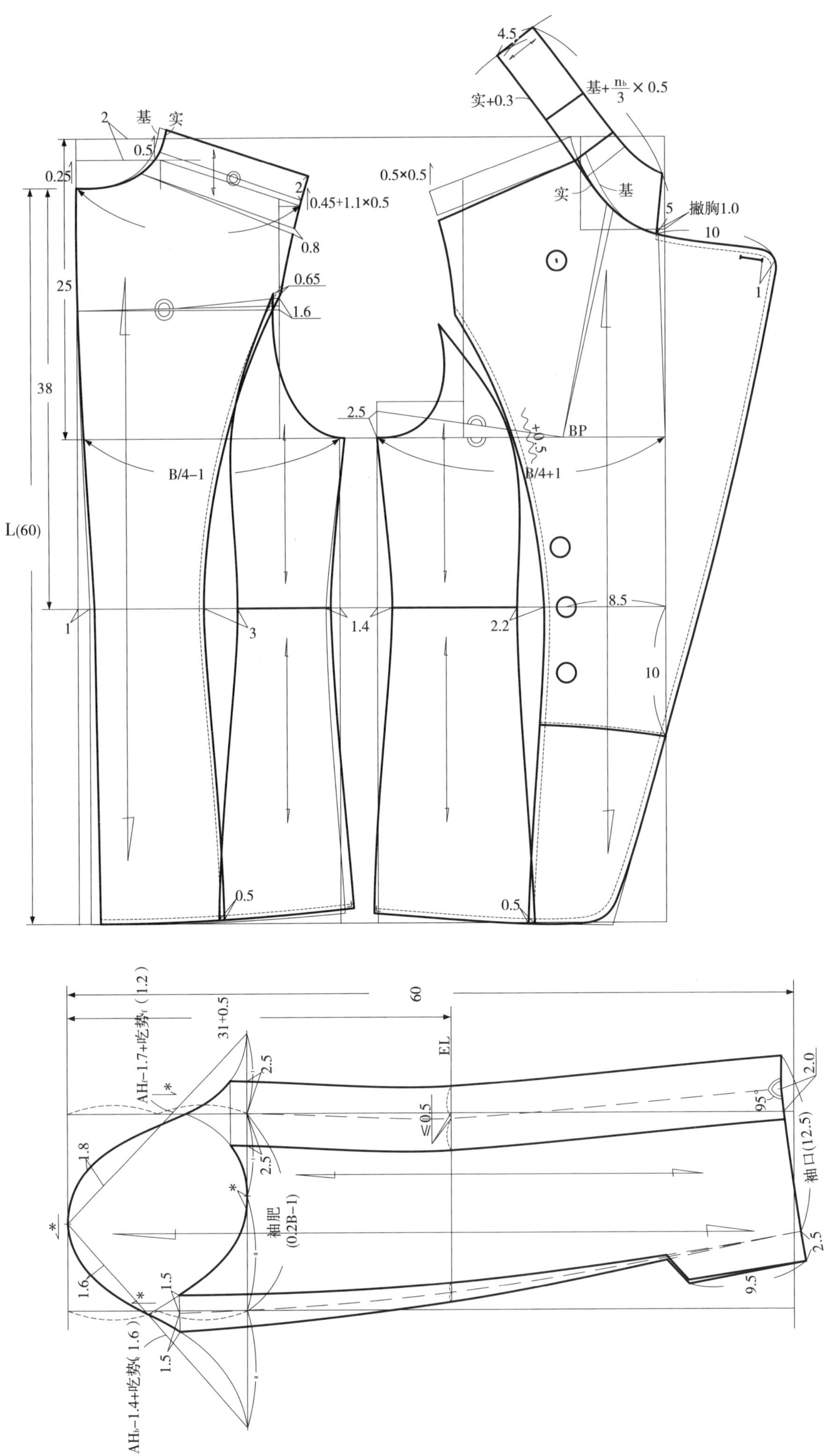

4.5
基+$\frac{n_b}{3}$×0.5
实+0.3
2
基
实
0.5
0.25
2
0.45+1.1×0.5
0.8
0.65
1.6
0.5×0.5
实
基
5
撇胸1.0
10
1
25
38
L(60)
2.5
+0.5
BP
B/4−1
B/4+1
8.5
1
3
1.4
2.2
10
0.5
0.5
60
AH$_f$−1.7+吃势$_f$（1.2）
31+0.5
EL
2.5
2.0
95°
≤0.5
1.8
2.5
袖口(12.5)
袖肥
(0.2B−1)
2.5
9.5
1.6
1.5
AH$_b$−1.4+吃势$_b$（1.6）
1.5

五十、立领两片袖束腰短外套

后衣长	58.5
B	98
N	39
S	39
W	86
袖肥	17
袖口	12.5
SL	59

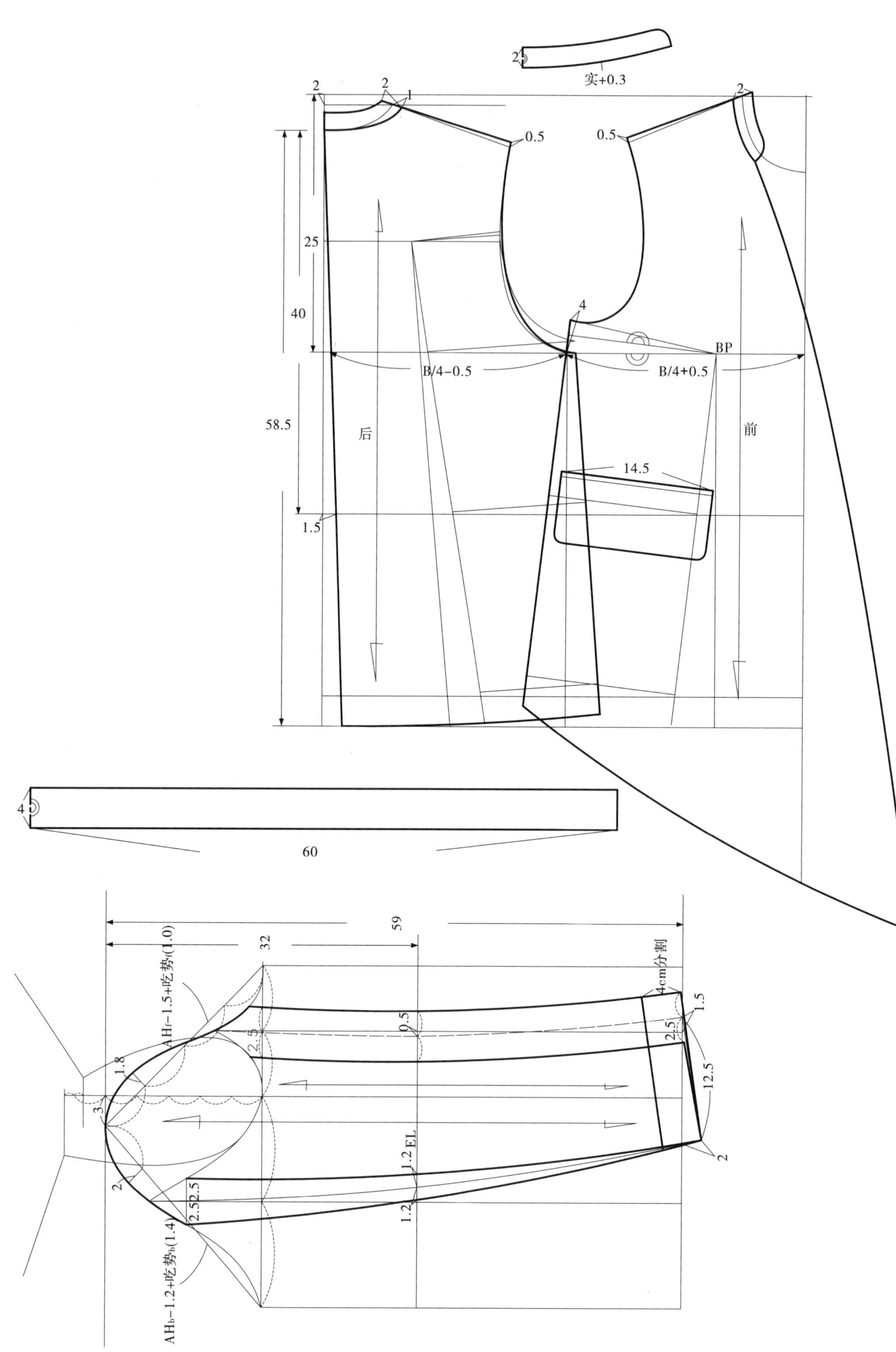

实+0.3
2
1
0.5
0.5
25
40
4
BP
B/4−0.5
B/4+0.5
58.5
后
前
14.5
1.5
4
60
59
32
AHf−1.5+吃势f(1.0)
4cm分割
1.5
0.5
2.5
2.5
12.5
1.8
3
1.2 EL
1.2
2
2.5
2.5
AHb−1.2+吃势b(1.4)

五十一、立领两片袖束腰较合体外套

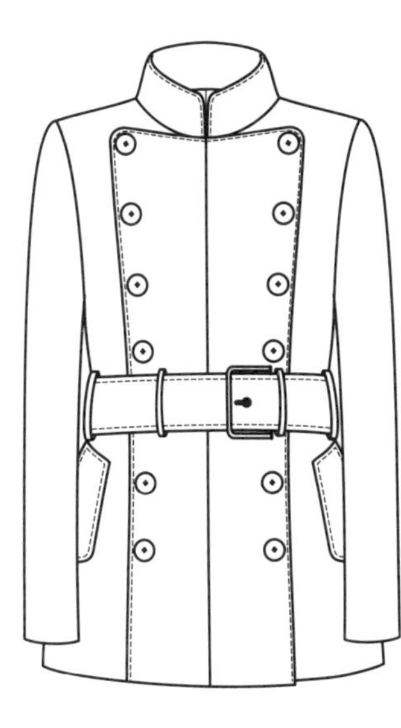

后衣长	70
B	98
W	82
S	40
N	39
袖肥	18
袖口	13
垫肩	1.5
SL	60

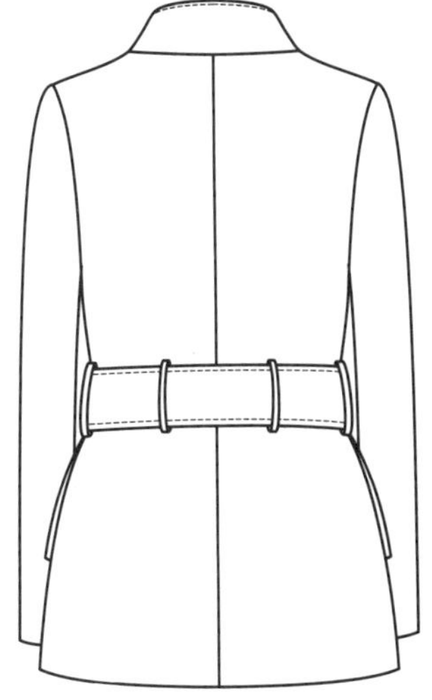

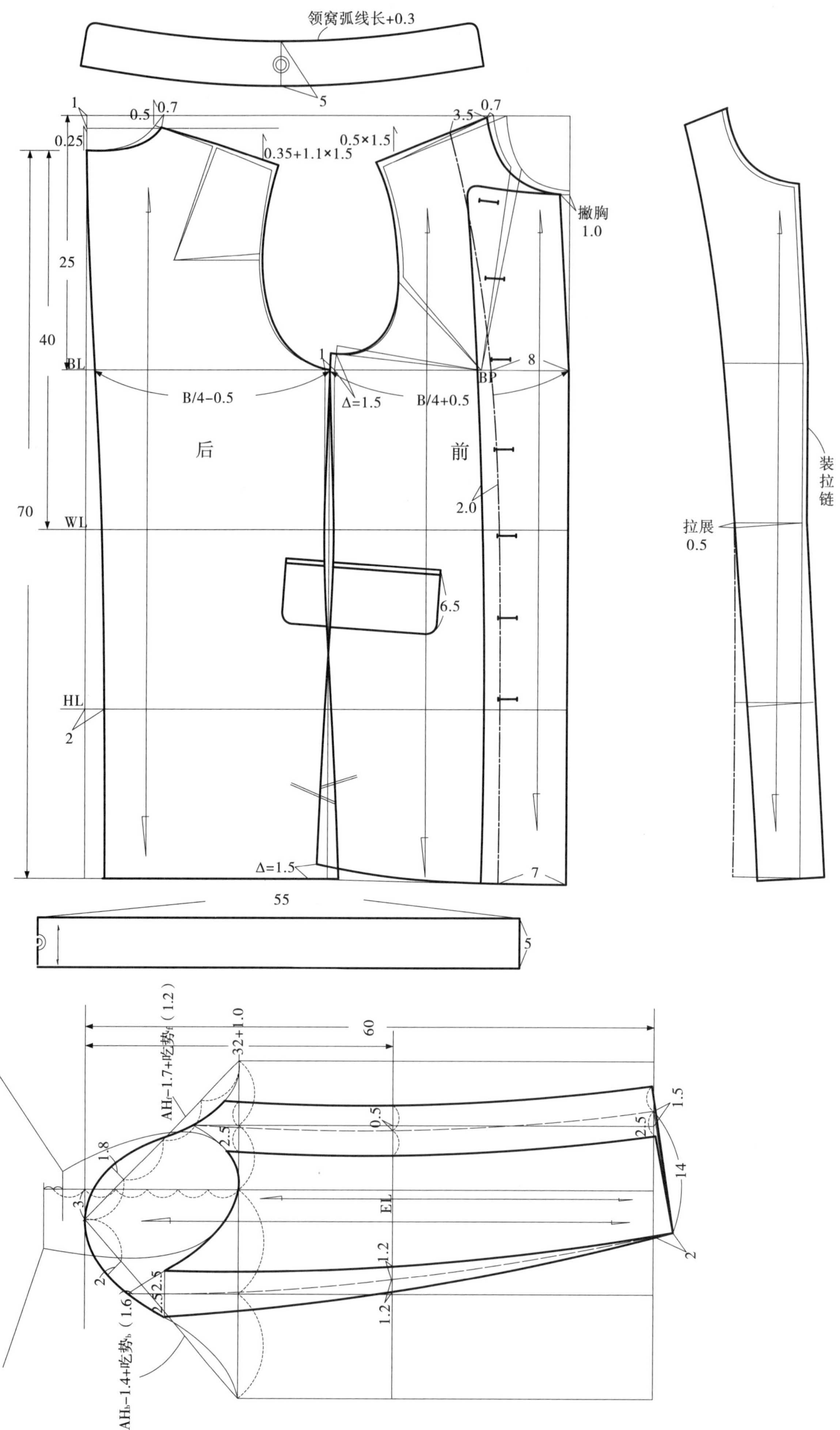

领窝弧线长+0.3
5
1
0.5
0.7
0.25
0.35+1.1×1.5
0.5×1.5
3.5
0.7
撇胸
1.0
25
40
70
BL
WL
HL
2
1
B/4-0.5
Δ=1.5
B/4+0.5
BP
8
后
前
2.0
6.5
装
拉
链
拉展
0.5
Δ=1.5
7
55
5
60
32+1.0
AH_f-1.7+吃势_f（1.2）
0.5
2.5
1.5
2.5
1.8
3
EL
14
2
1.2
1.2
2
2.5
2.5
1.6
AH_b-1.4+吃势_b（1.6）

五十二、立领两片袖束腰下摆波浪合体外套

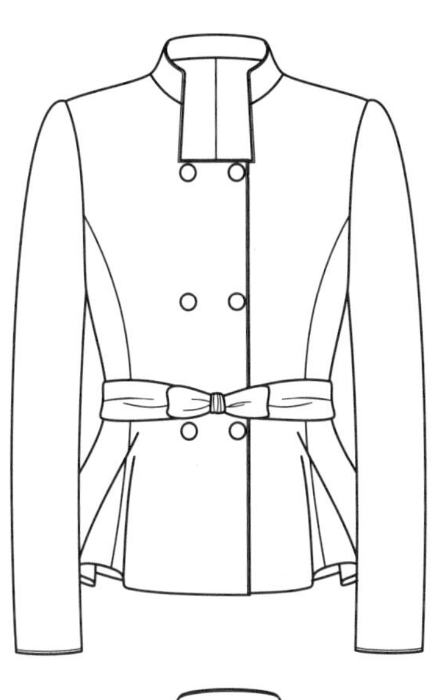

后衣长	60
B	93
W	76
S	39
N	38
袖肥	17
袖口	12.5
垫肩	1.0
SL	60

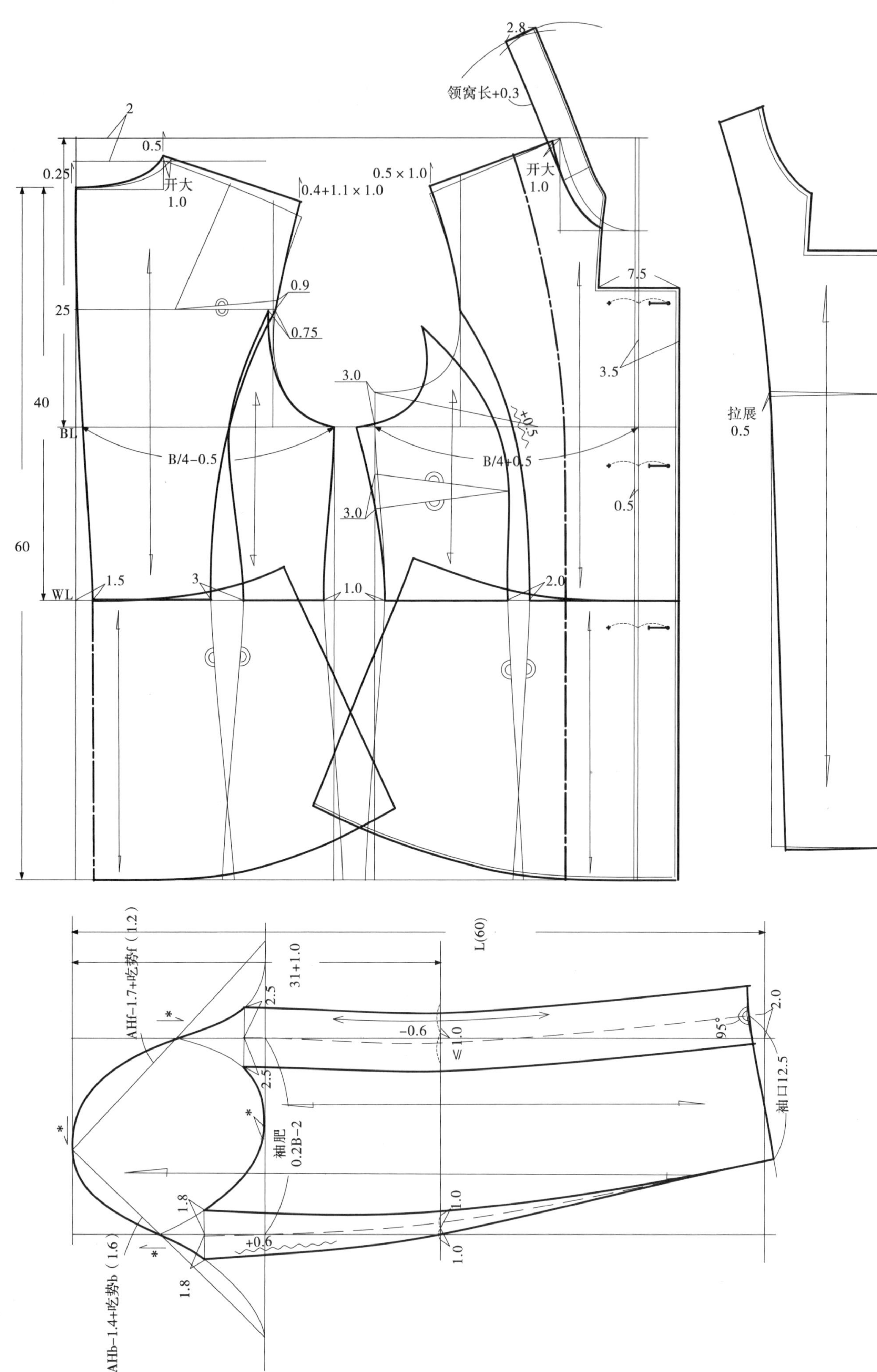

2.8
领窝长+0.3
2
0.5
0.25
开大
1.0
0.4+1.1 × 1.0
0.5 × 1.0
开大
1.0
7.5
0.9
25
0.75
3.5
3.0
40
+0.5
拉展
0.5
BL
B/4−0.5
B/4+0.5
0.5
3.0
60
1.5
3
1.0
2.0
WL
L(60)
AHf−1.7+吃势f（1.2）
31+1.0
2.5
*
−0.6
1.0
≤
95°
2.0
2.5
袖口12.5
*
*
袖肥
0.2B−2
1.8
1.0
+0.6
*
1.0
1.8
AHb−1.4+吃势b（1.6）

五十三、立领两片袖腰部系带处活褶短外套

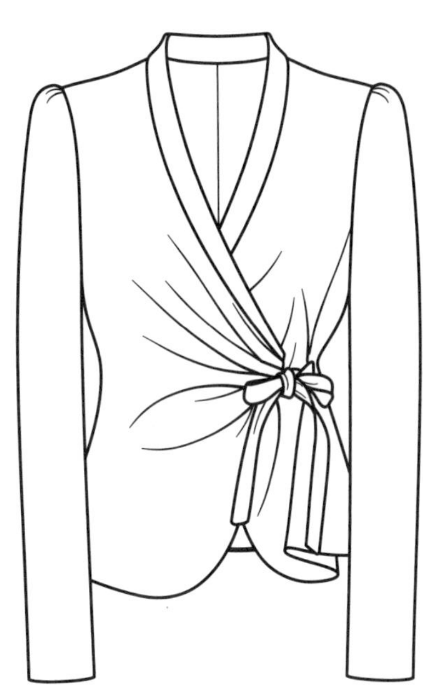

后衣长	58
B	94
N	39
S	39.5
W	72
下摆	100
袖肥	17
袖口	13
垫肩	1.5
SL	60

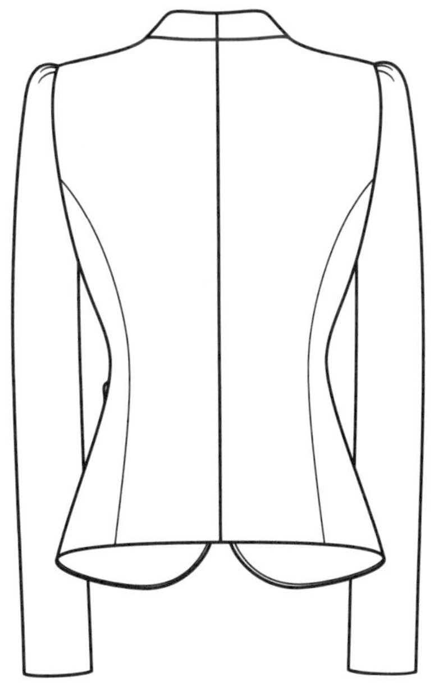

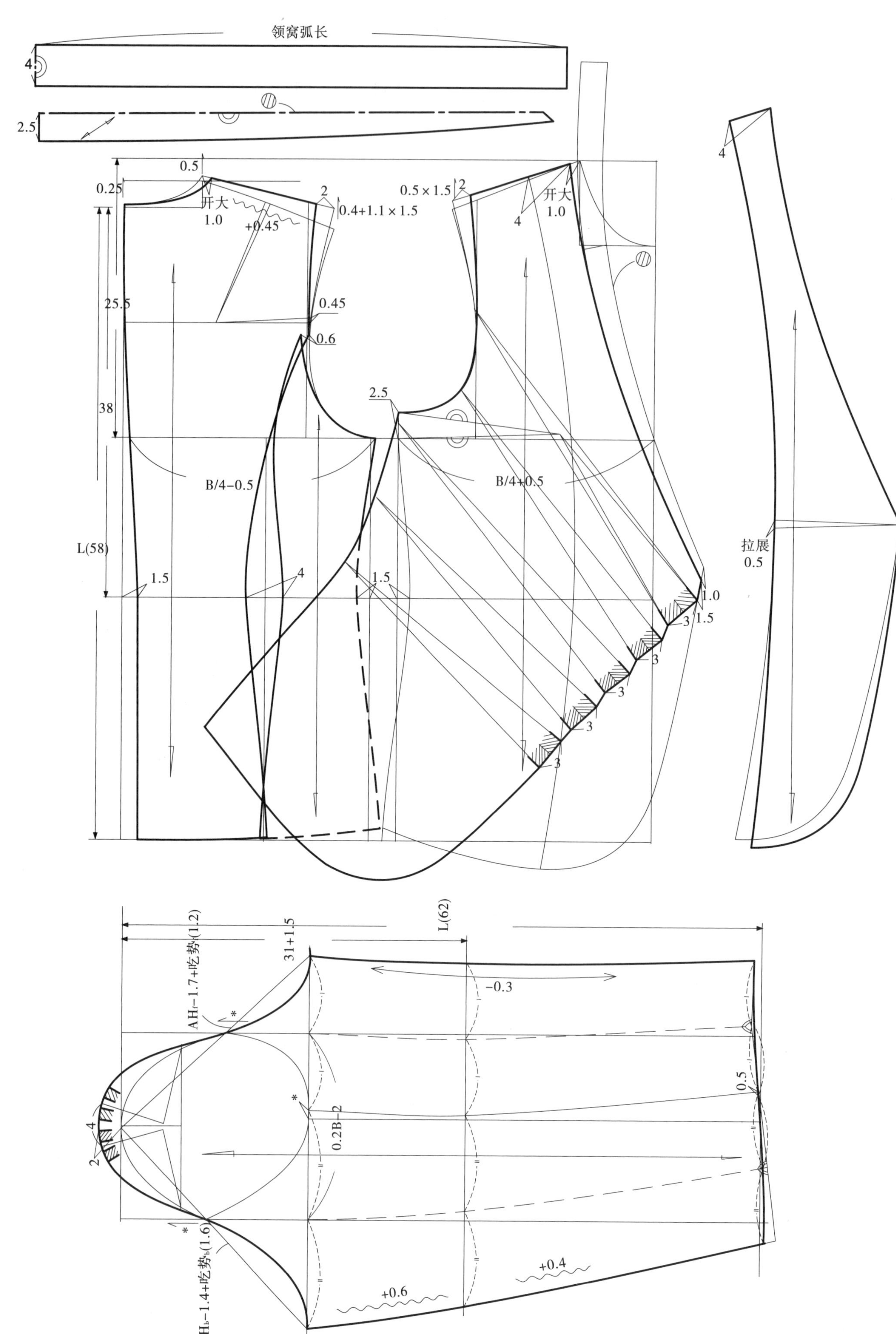

领窝弧长
4
2.5
0.5
0.25
开大
1.0
+0.45
2
0.4+1.1×1.5
0.5×1.5
2
开大
1.0
4
4
25.5
0.45
0.6
38
2.5
B/4−0.5
B/4+0.5
L(58)
1.5
4
1.5
1.0
1.5
3
3
3
3
3
拉展
0.5
L(62)
31+1.5
AHf−1.7+吃势f(1.2)
−0.3
0.5
0.2B−2
4
2
AHb−1.4+吃势b(1.6)
+0.4
+0.6

五十四、连身立领两片袖短外套

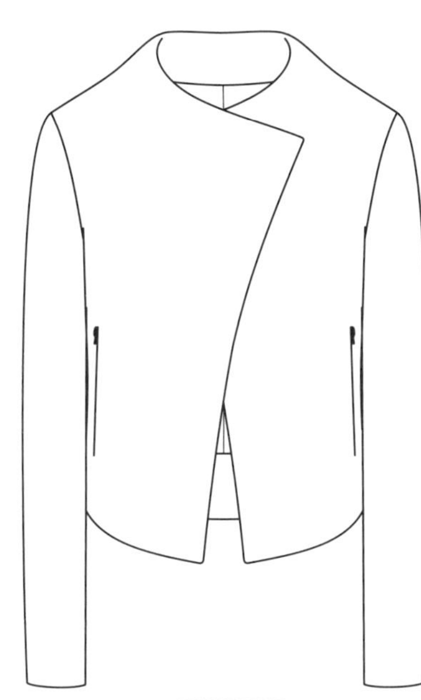

后衣长	52
B	96
N	38
S	39
W	90
下摆	92
袖肥	17
袖口	12
垫肩	0
SL	58

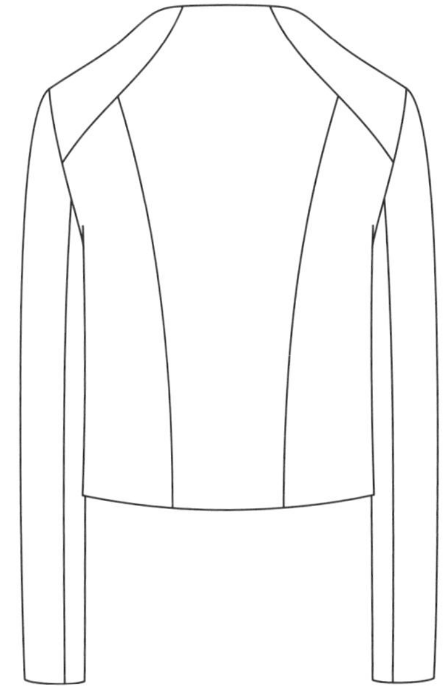

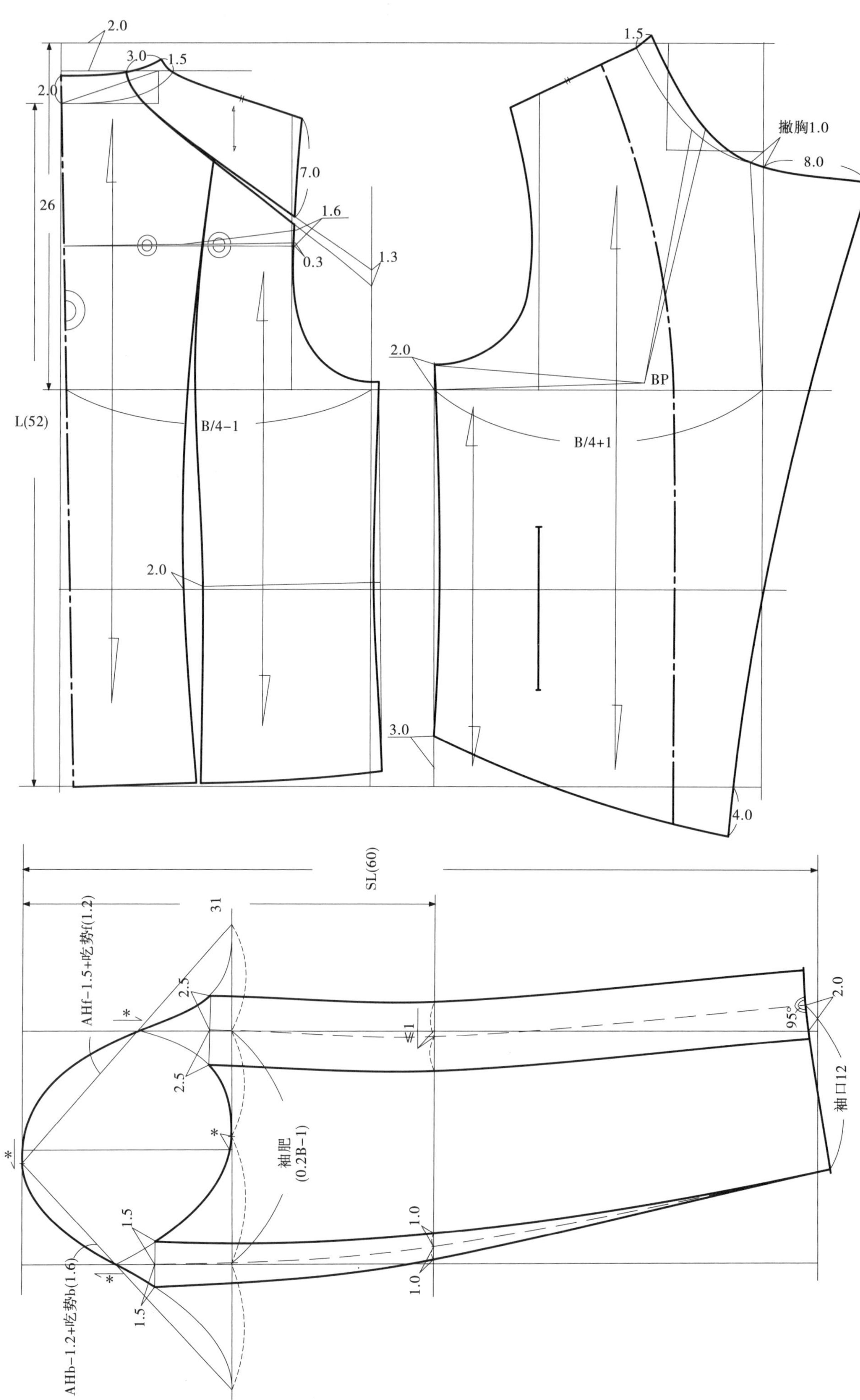

2.0
3.0
1.5
2.0
26
7.0
1.6
0.3
1.3
L(52)
B/4−1
2.0
1.5
撇胸1.0
8.0
2.0
BP
B/4+1
3.0
4.0
SL(60)
31
AHf−1.5+吃势f(1.2)
2.5
2.5
袖肥
(0.2B−1)
2.0
95°
袖口12
1.5
1.5
1.0
1.0
AHb−1.2+吃势b(1.6)

五十五、连身立领两片袖前片下摆内层搭片短外套

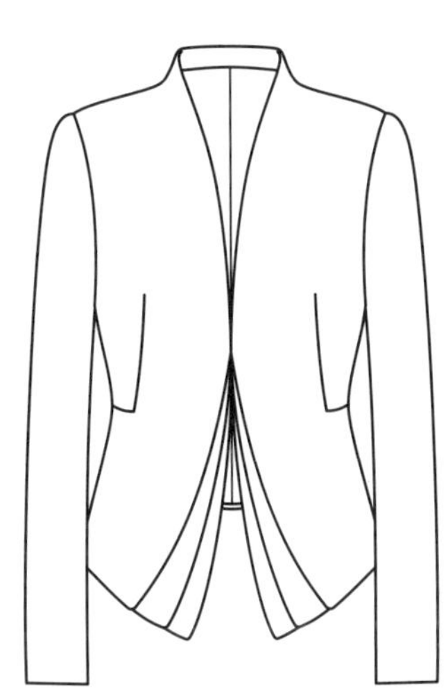

后衣长	58
B	94
W	74
S	39.5
N	39
袖肥	17
袖口	13
垫肩	1.2
SL	62

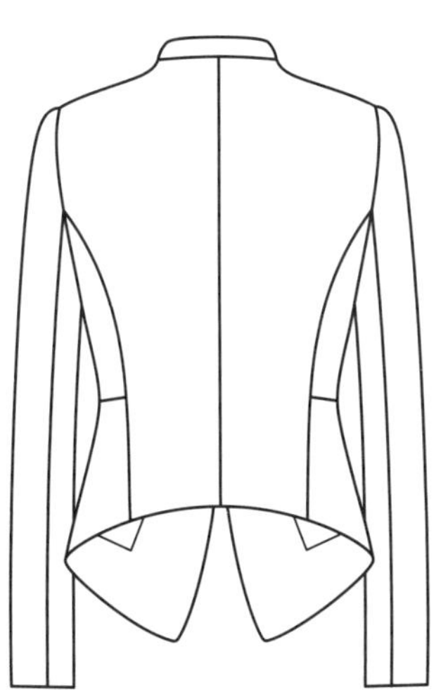

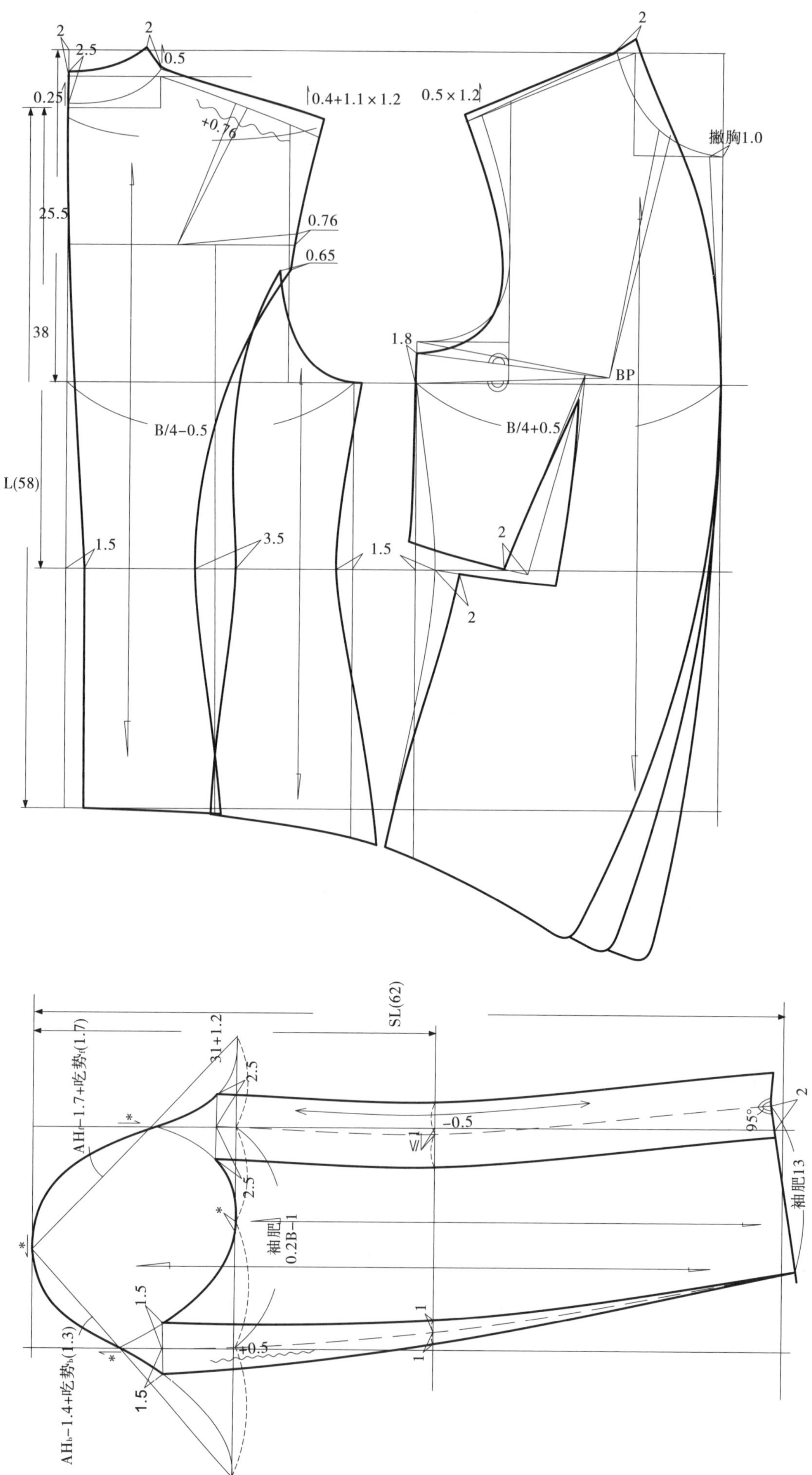

2
2.5
2
0.5
0.25
0.4+1.1×1.2
0.5×1.2
2
撇胸1.0
25.5
0.76
0.65
38
1.8
BP
B/4−0.5
B/4+0.5
L(58)
1.5
3.5
1.5
2
2
SL(62)
AH$_f$−1.7+吃势$_f$(1.7)
31+1.2
2.5
−0.5
≤1
95°
2
袖肥13
2.5
袖肥
0.2B−1
1.5
1
+0.5
1
1.5
AH$_b$−1.4+吃势$_b$(1.3)

五十六、连身立领系带腰部抽缩一片袖衬衫

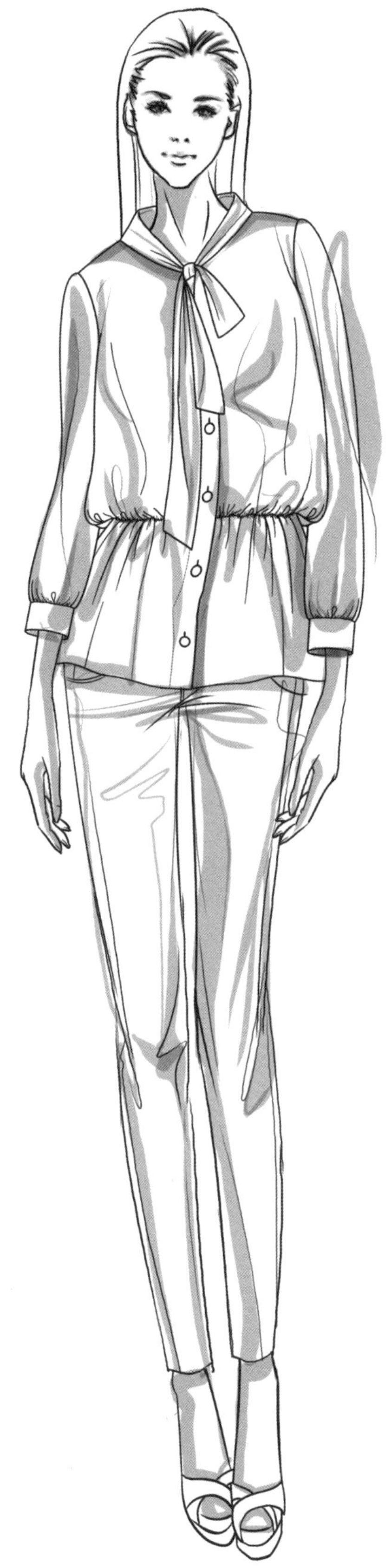

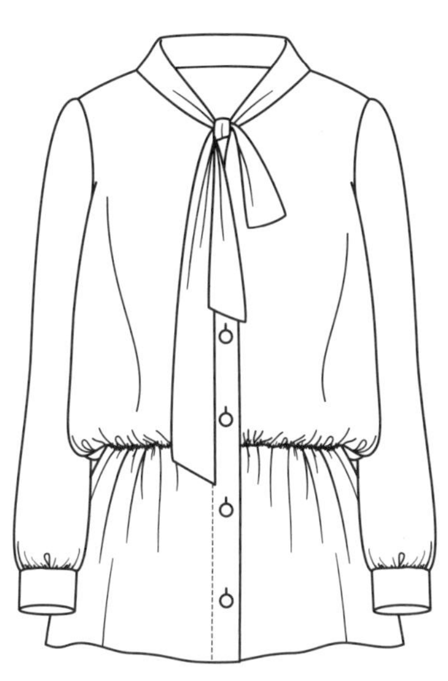

后衣长	75
B	100
S	38
N	38
袖肥	17
袖口	10.5
SL	58
克夫宽	5

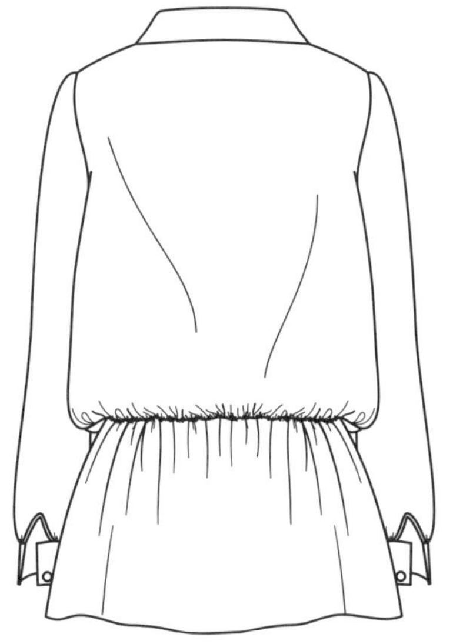

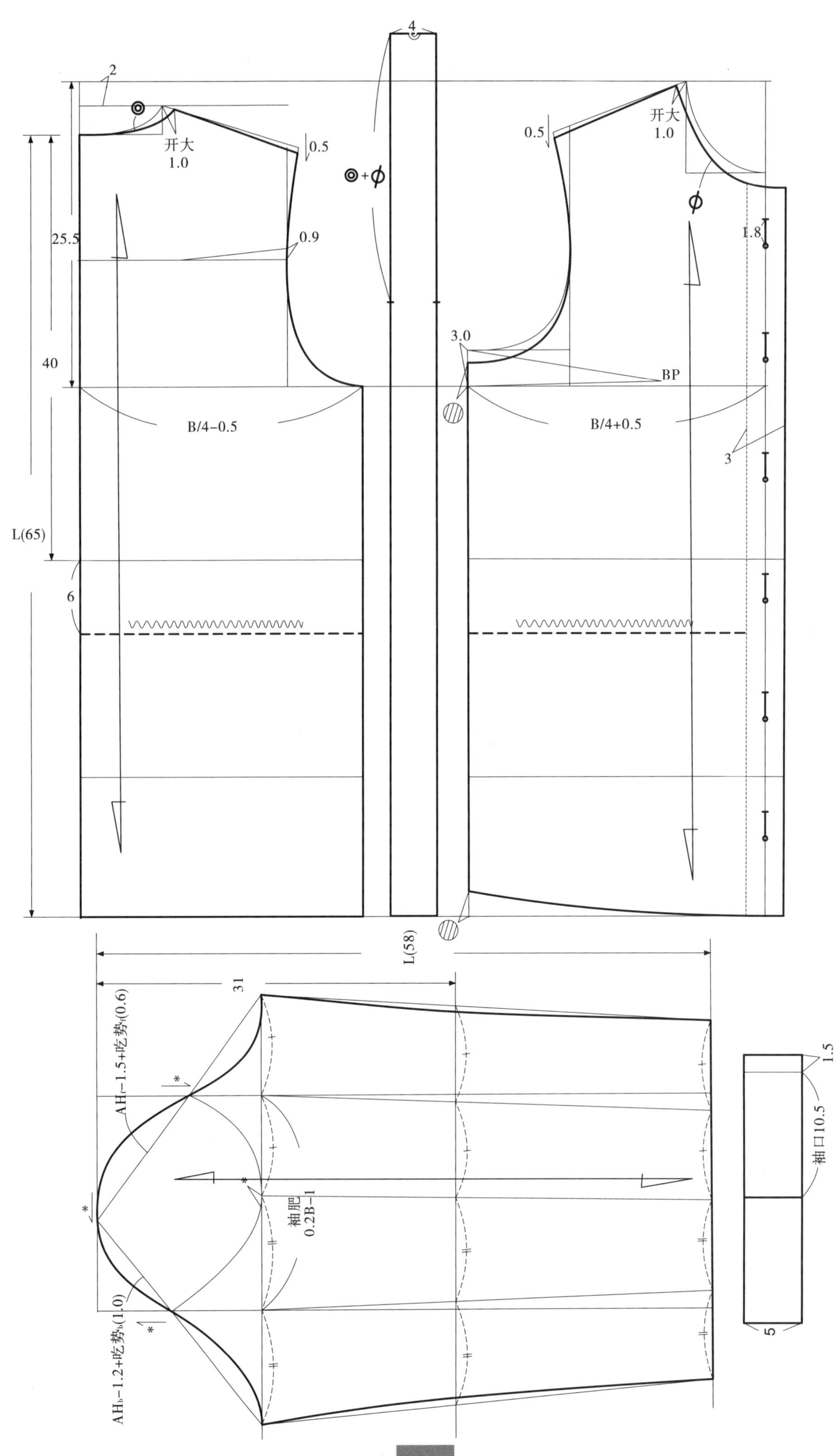
2
4
开大
1.0
0.5
◎+φ
φ
1.8
25.5
0.9
40
3.0
BP
B/4−0.5
B/4+0.5
3
L(65)
6
L(58)
31
AHf−1.5+吃势f(0.6)
袖肥
0.2B−1
AHb−1.2+吃势b(1.0)
1.5
袖口10.5
5

五十七、连身立领一片袖合体长款外套

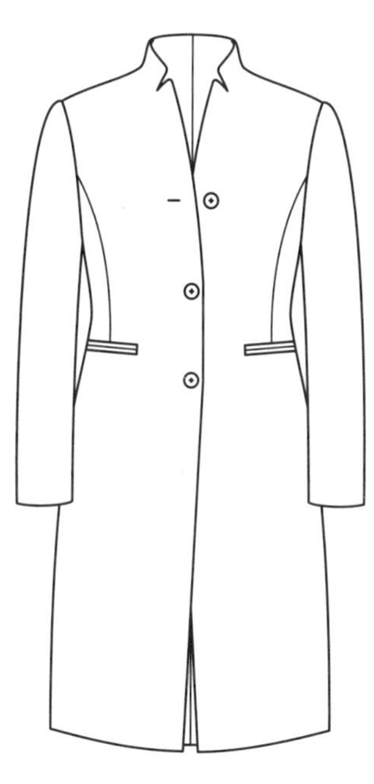

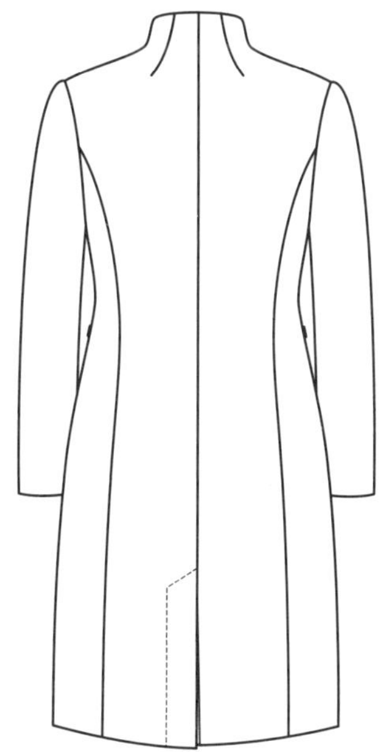

后衣长	120
B	102
W	86
S	41
N	40
下摆	108
袖肥	19
袖口	12.5
垫肩	1.2
SL	61

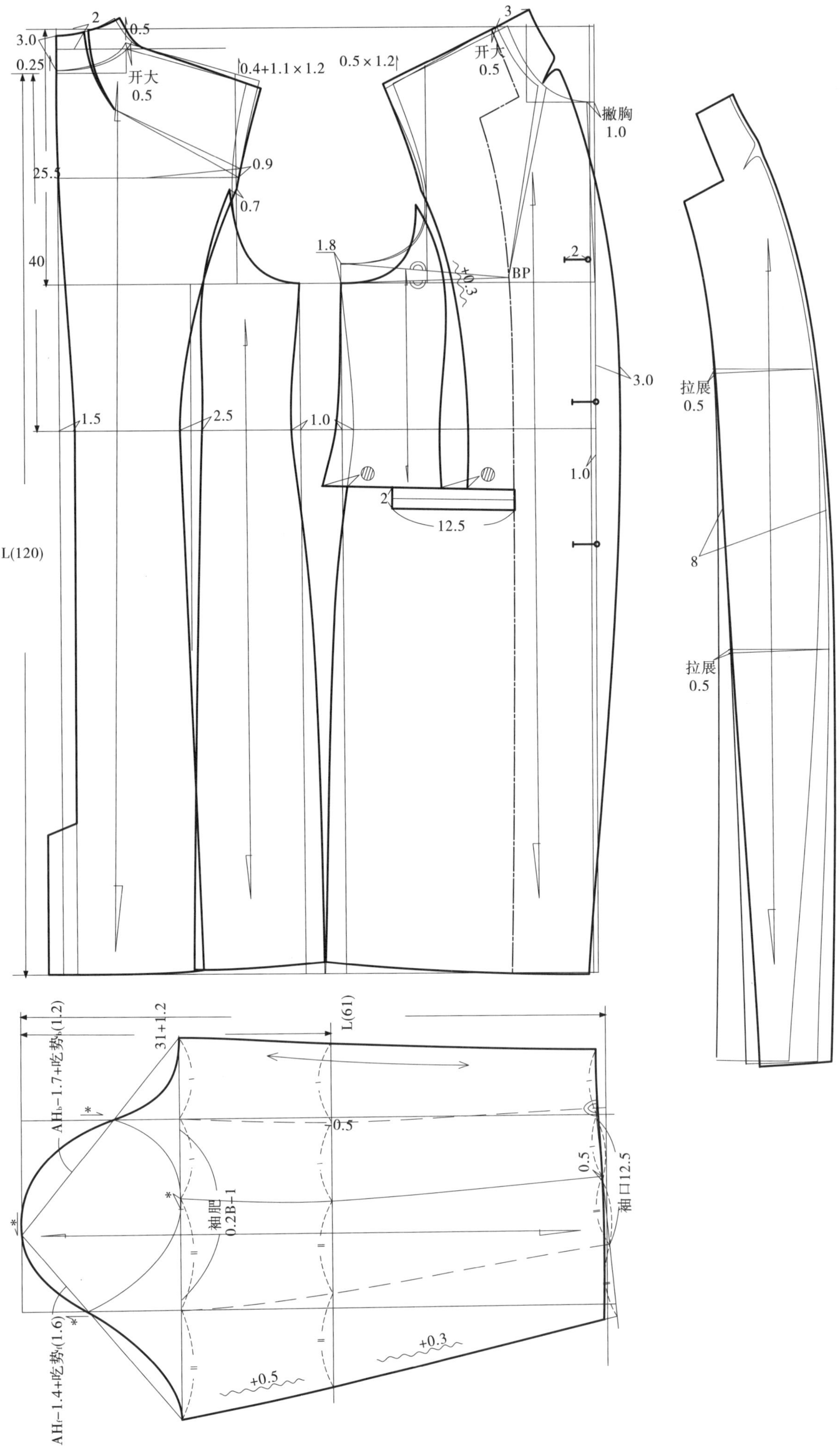

2
3.0
0.25
0.5
开大
0.5
0.4+1.1×1.2
0.5×1.2
3
开大
0.5
撇胸
1.0
25.5
0.9
0.7
40
1.8
BP
+0.3
2
3.0
1.5
2.5
1.0
拉展
0.5
1.0
2
12.5
L(120)
8
拉展
0.5
AH_b-1.7+吃势$_b$(1.2)
31+1.2
L(61)
0.5
*
*
袖肥
0.2B-1
0.5
袖口12.5
*
*
AH_f-1.4+吃势$_f$(1.6)
+0.5
+0.3

五十八、前后片纽襻相接直身裙

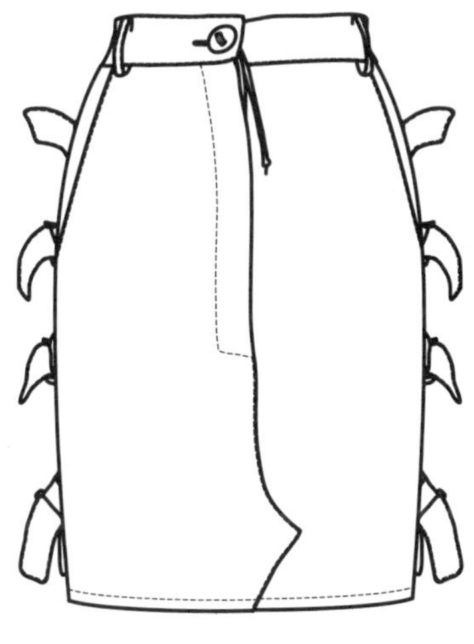

裙长	50
W	70
H	90
下摆	96

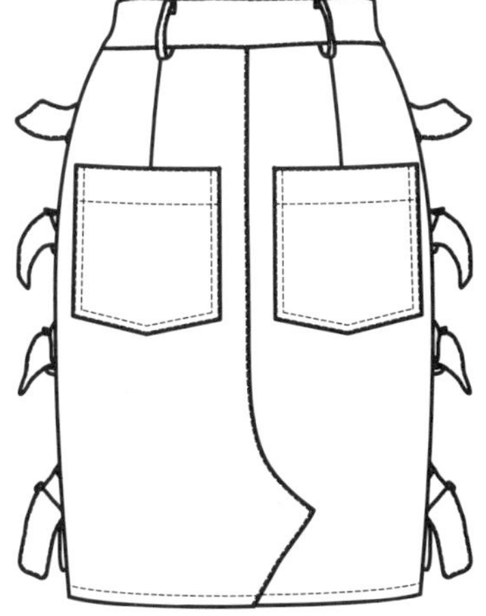

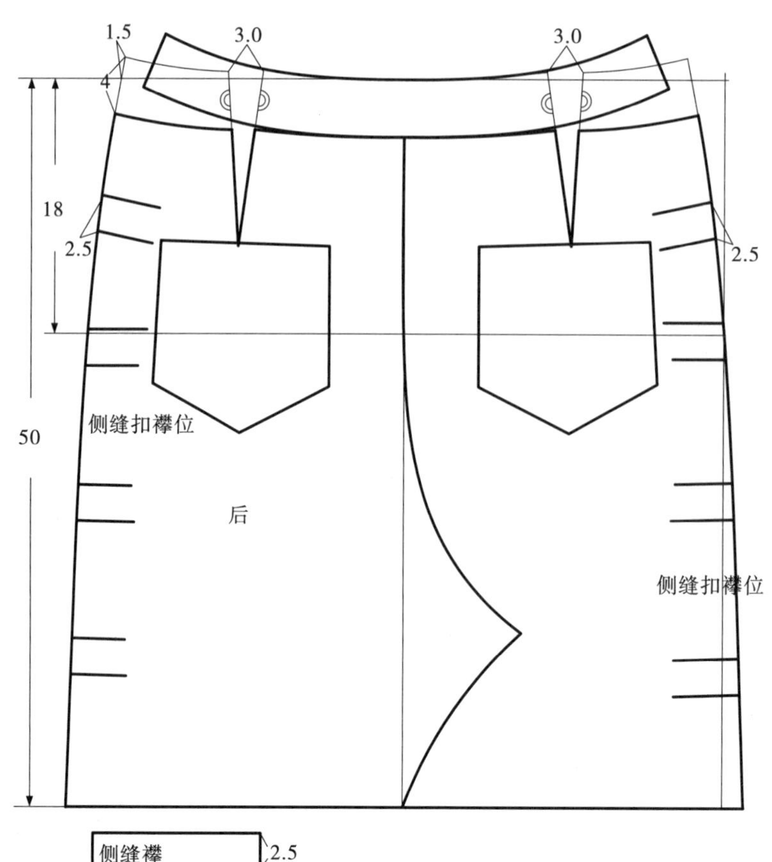
1.5
3.0
3.0
4
18
2.5
2.5
50
侧缝扣襻位
后
侧缝扣襻位
侧缝襻
2.5
12

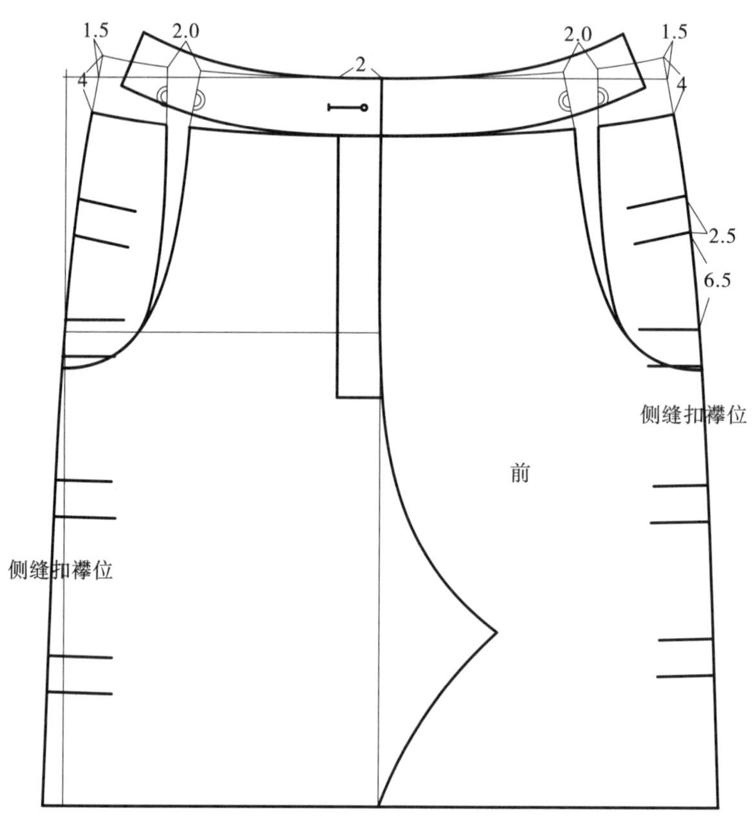
1.5
2.0
2
2.0
1.5
4
4
2.5
6.5
侧缝扣襻位
前
侧缝扣襻位

五十九、前裤口开衩微喇叭裤

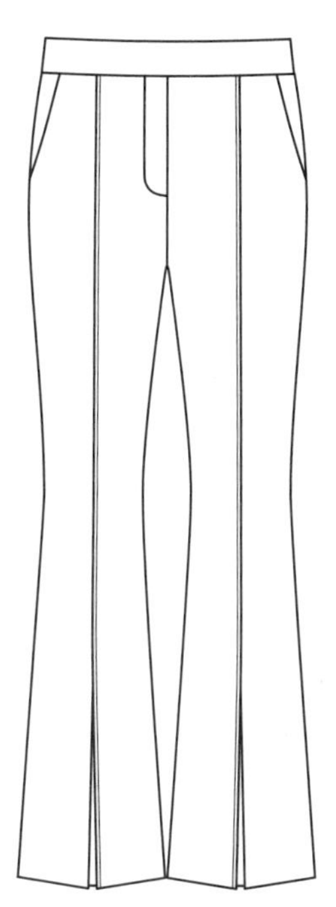

TL	100
W	74
H	92.5
直裆	24
中裆	42
脚口	52

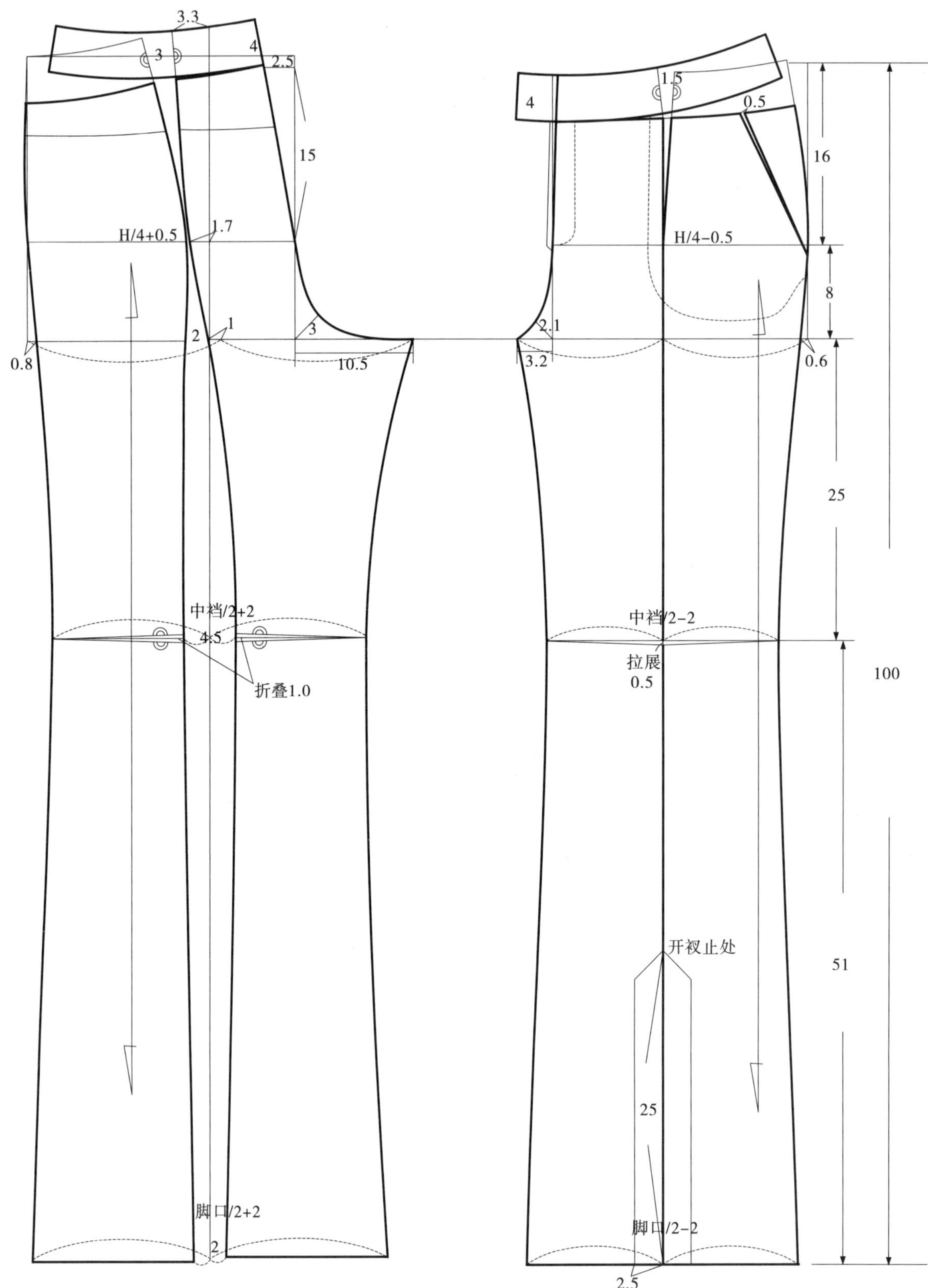
3.3
3
4
2.5
15
H/4+0.5
1.7
2
1
3
0.8
10.5
中裆/2+2
4.5
折叠1.0
脚口/2+2
2
4
1.5
0.5
16
H/4−0.5
8
2.1
3.2
0.6
25
100
中裆/2−2
拉展
0.5
开衩止处
51
25
脚口/2−2
2.5

六十、前裤片折裥阔腿裤

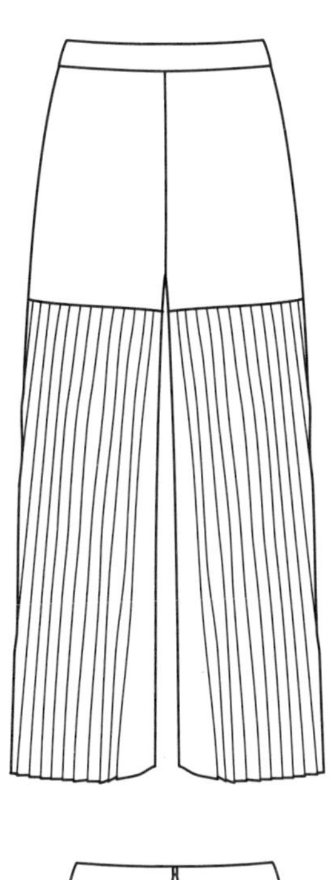

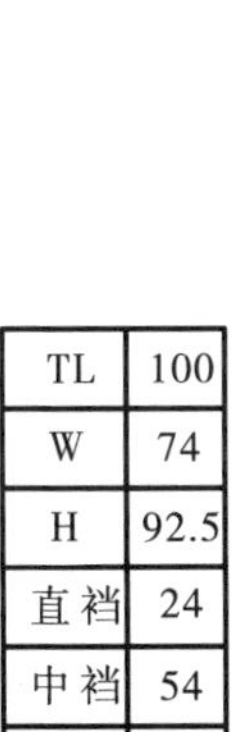

TL	100
W	74
H	92.5
直裆	24
中裆	54
脚口	58

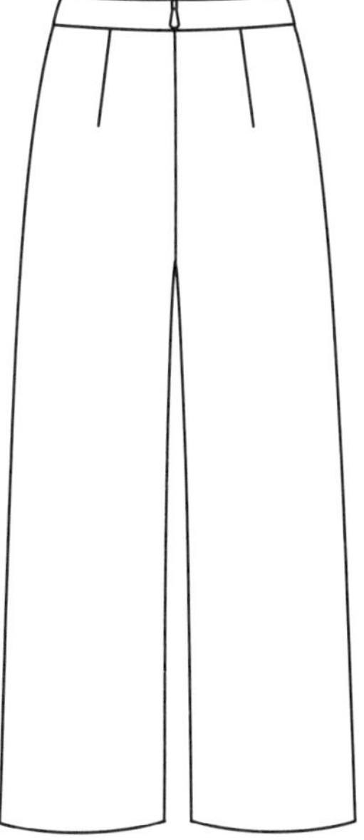

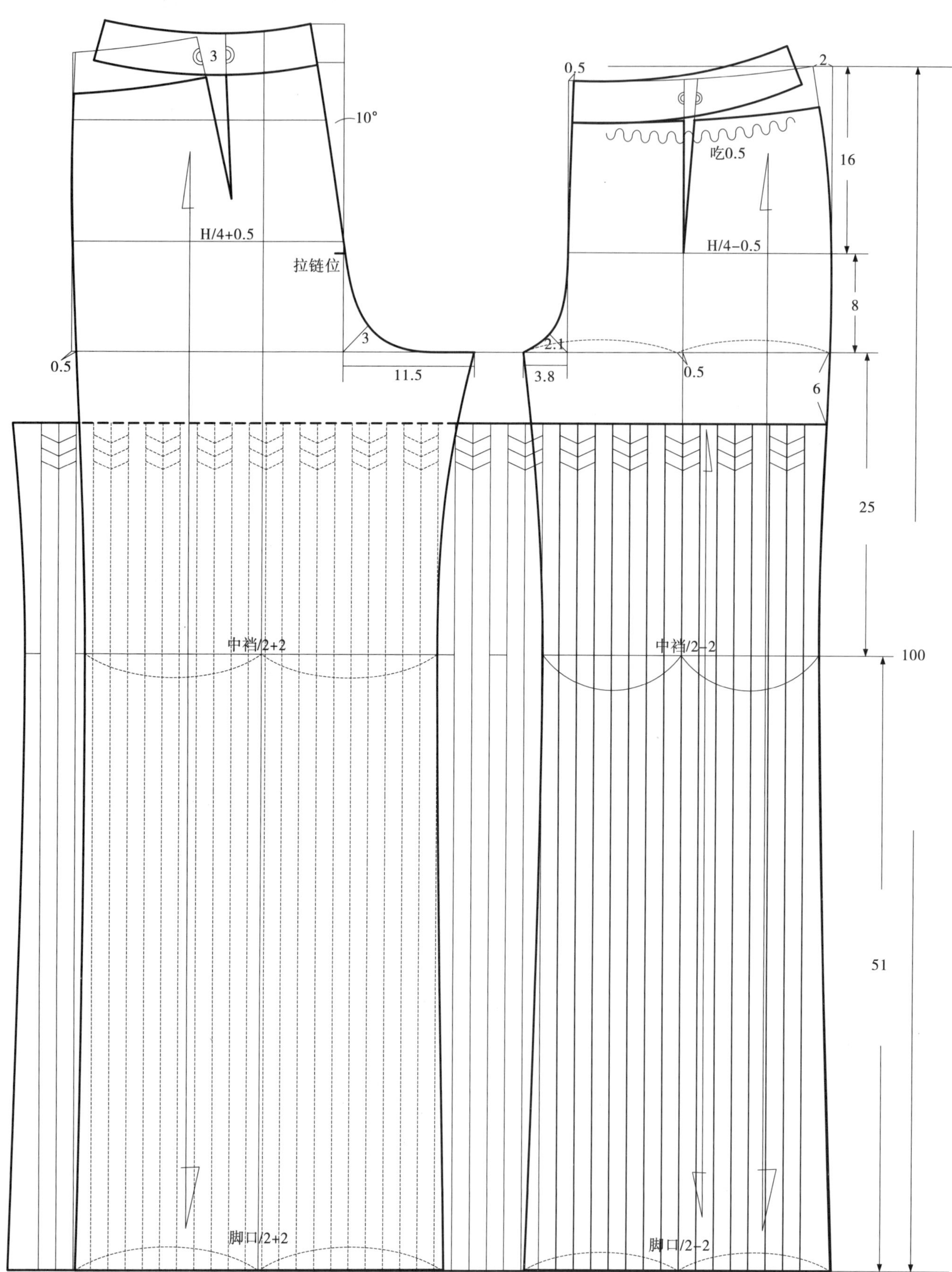

3
10°
H/4+0.5
拉链位
3
0.5
11.5
中裆/2+2
脚口/2+2
0.5
2
吃0.5
16
H/4−0.5
8
2.1
3.8
0.5
6
25
中裆/2−2
100
51
脚口/2−2

六十一、前片活褶后片分割紧身裙

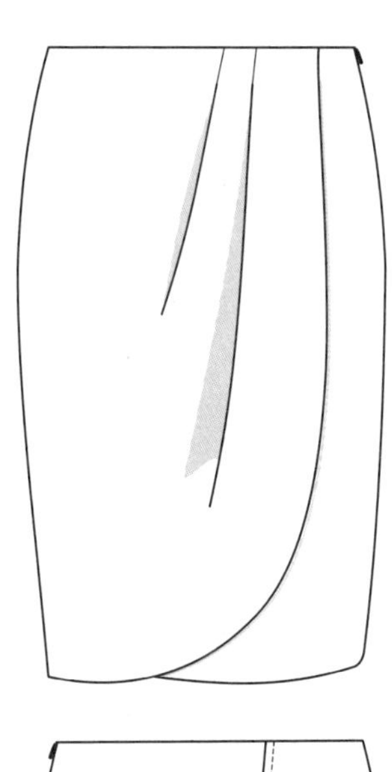

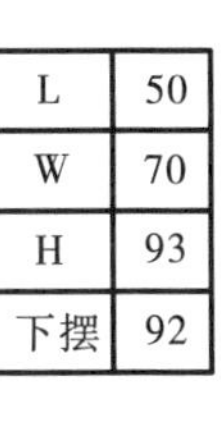

L	50
W	70
H	93
下摆	92

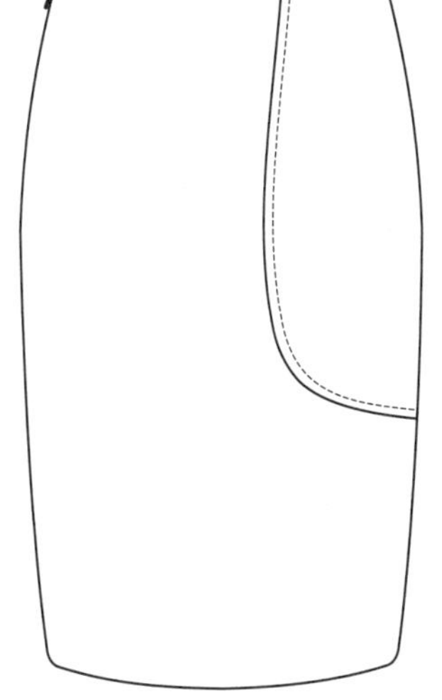

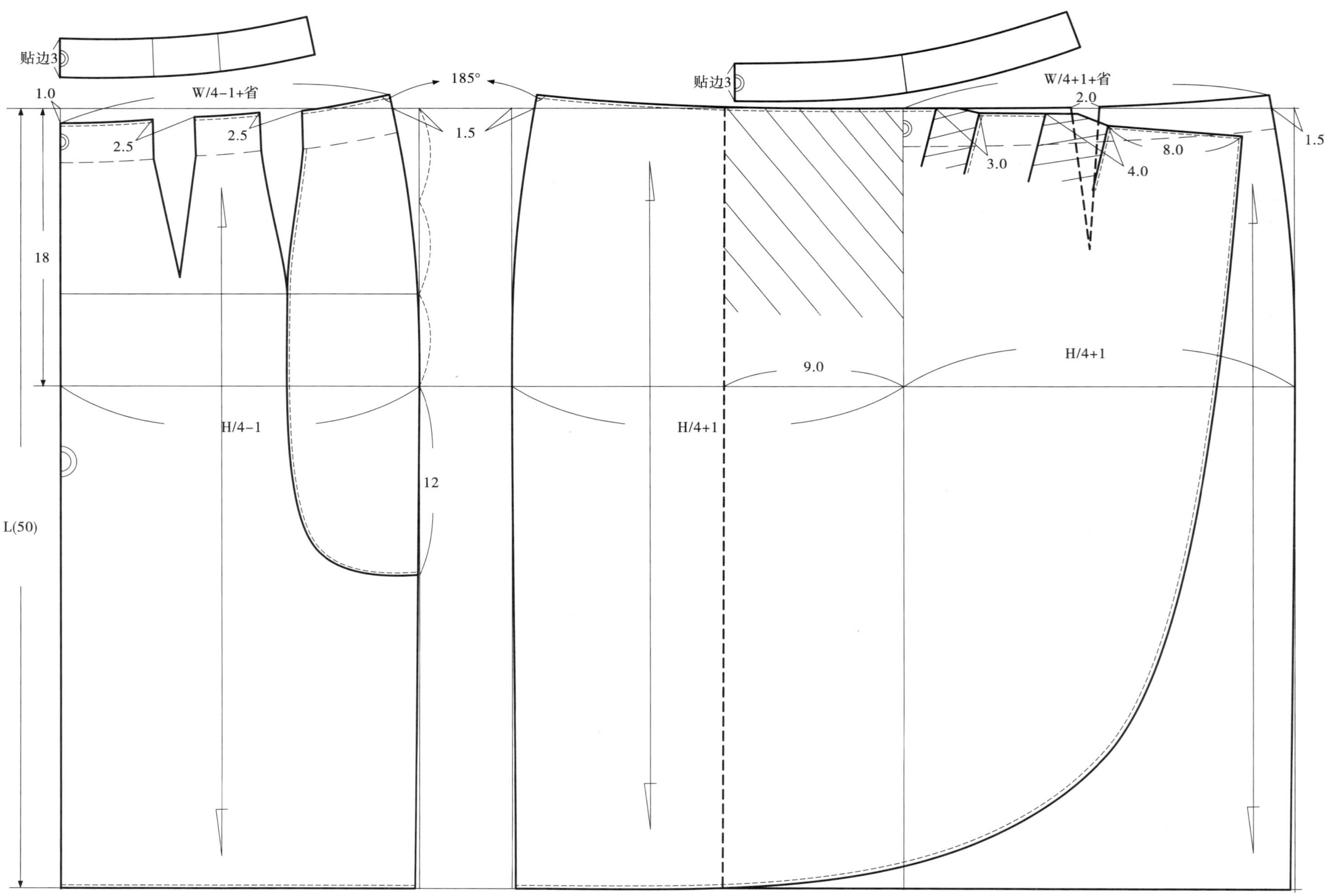
贴边3
1.0
W/4−1+省
2.5
2.5
185°
1.5
18
H/4−1
12
L(50)
贴边3
W/4+1+省
2.0
3.0
4.0
8.0
1.5
9.0
H/4+1
H/4+1

六十二、青果领无袖下摆波浪外套

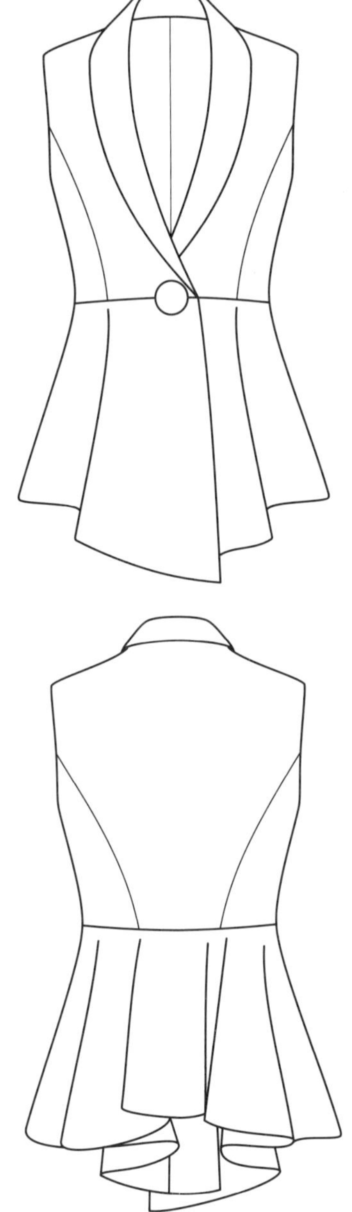

后衣长	68
B	92
W	76
S	39
N	38
下摆	98

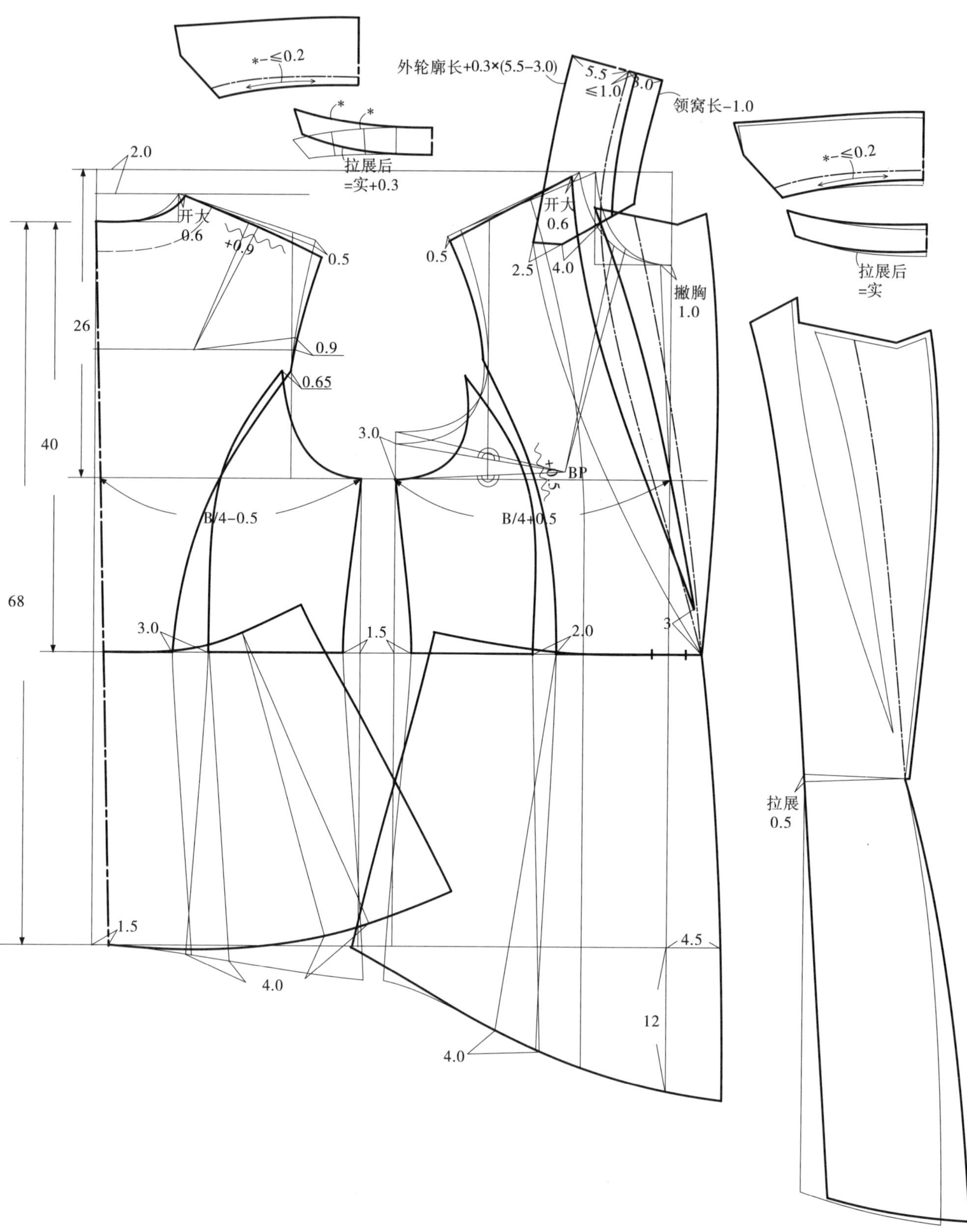

*-≤0.2
外轮廓长+0.3×(5.5-3.0)
5.5
≤1.0
3.0
领窝长-1.0
*-≤0.2
拉展后
=实+0.3
2.0
开大
0.6
+0.9
0.5
26
40
68
0.9
0.65
3.0
BP
B/4-0.5
B/4+0.5
开大
0.6
2.5
4.0
撇胸
1.0
拉展后
=实
3.0
1.5
2.0
3
1.5
4.0
4.5
12
4.0
拉展
0.5

六十三、束腰折裥 A 字裙

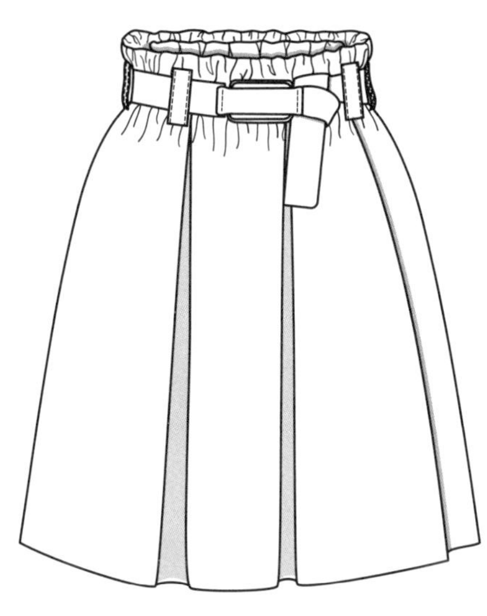

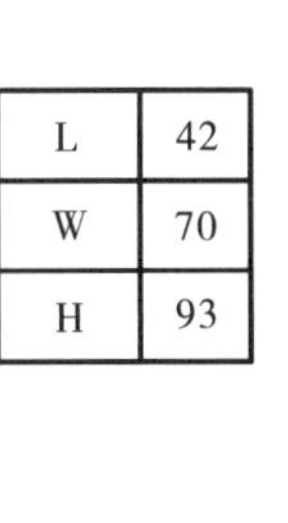

L	42
W	70
H	93

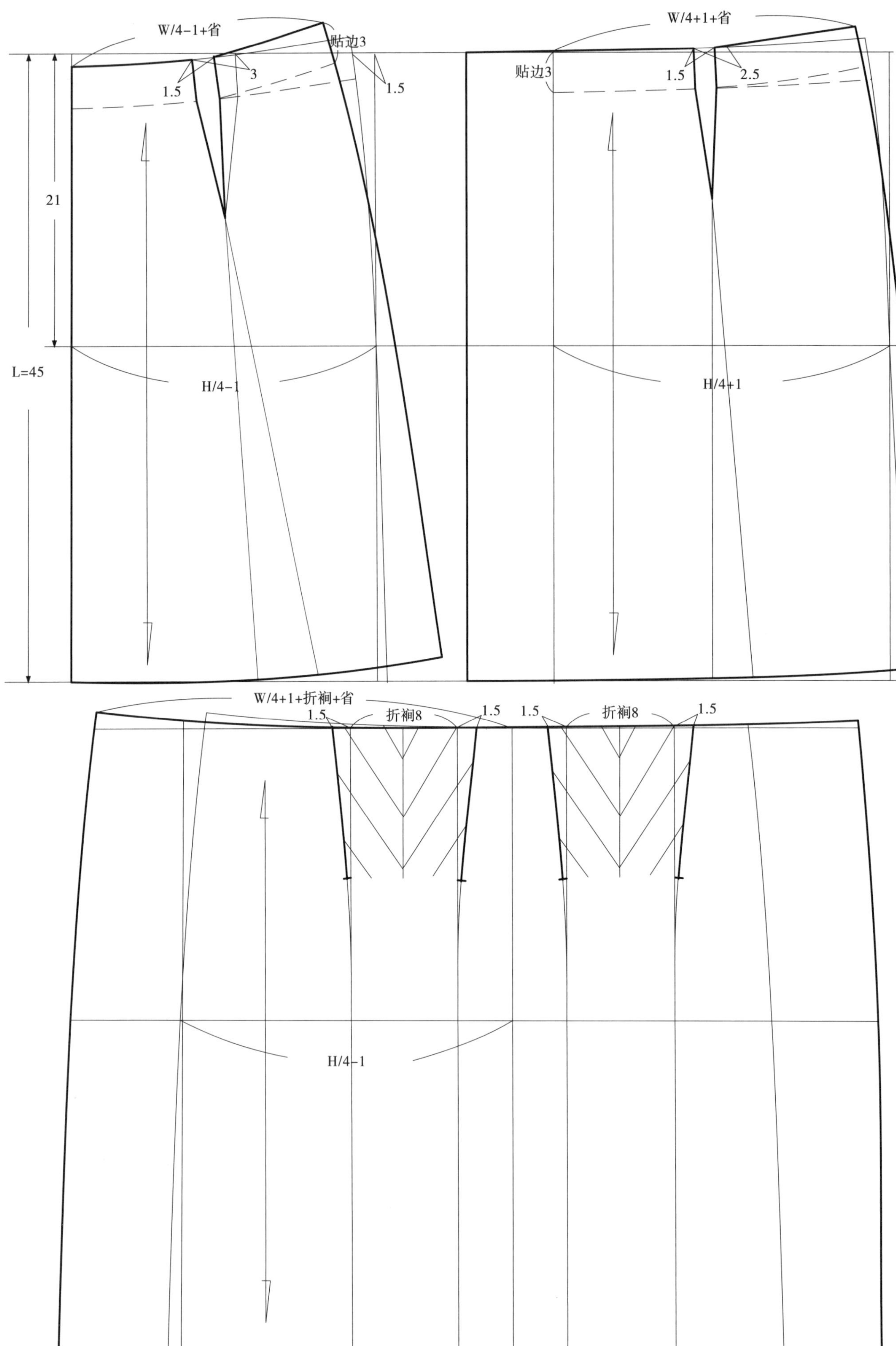

W/4−1+省
贴边3
1.5
3
1.5
21
L=45
H/4−1
W/4+1+省
贴边3
1.5
2.5
H/4+1
W/4+1+折裥+省
1.5
折裥8
1.5
1.5
折裥8
1.5
H/4−1

六十四、无领翻驳卡腰外套

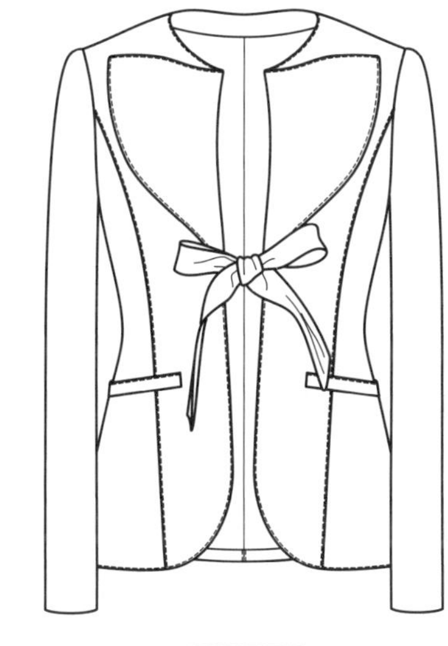

后衣长	60
B	94
W	70
S	39.5
N	39
袖肥	17.4
袖口	12.5
垫肩	1.2
SL	60

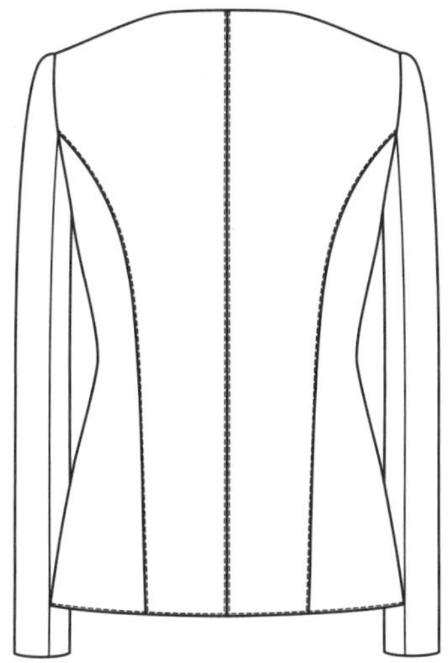

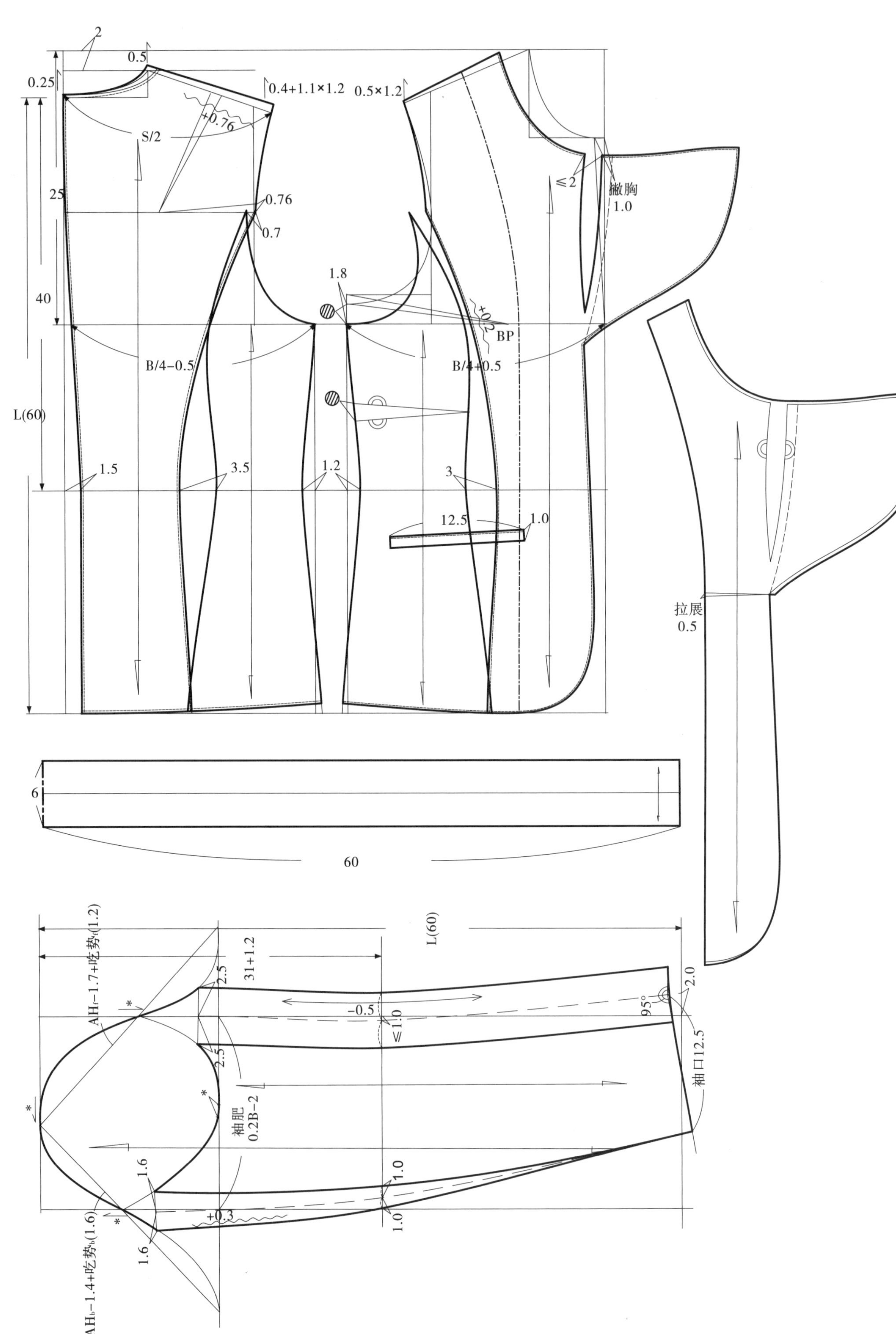

2
0.5
0.25
0.4+1.1×1.2
0.5×1.2
+0.76
S/2
25
0.76
0.7
≤2
撇胸
1.0
1.8
40
+0.2
BP
B/4−0.5
B/4+0.5
L(60)
1.5
3.5
1.2
3
12.5
1.0
拉展
0.5
6
60
L(60)
AHf−1.7+吃势f(1.2)
31+1.2
2.5
−0.5
≤1.0
95°
2.0
袖口12.5
袖肥
0.2B−2
1.6
1.0
+0.3
AHb−1.4+吃势b(1.6)

六十五、无领连身袖短外套

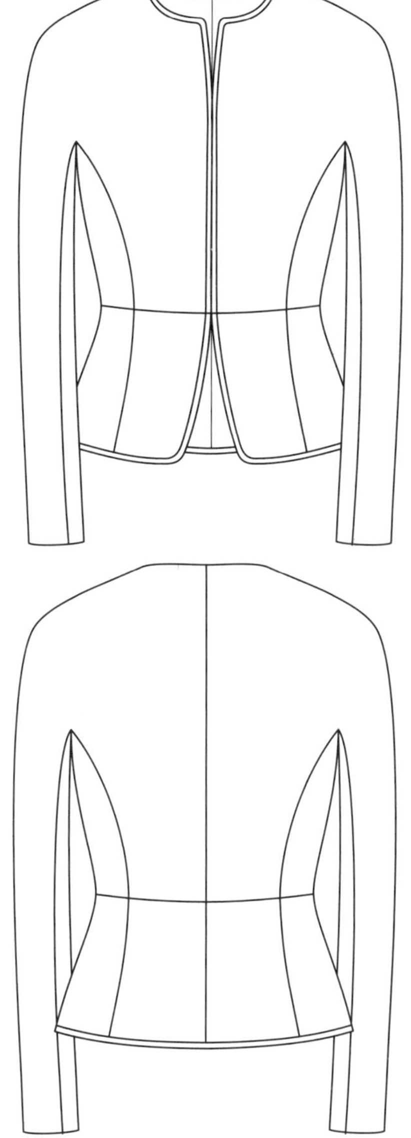

后衣长	55
B	96
N	39
S	39
W	80
下摆	96
袖肥	17
袖口	12.5
垫肩	0
SL	60

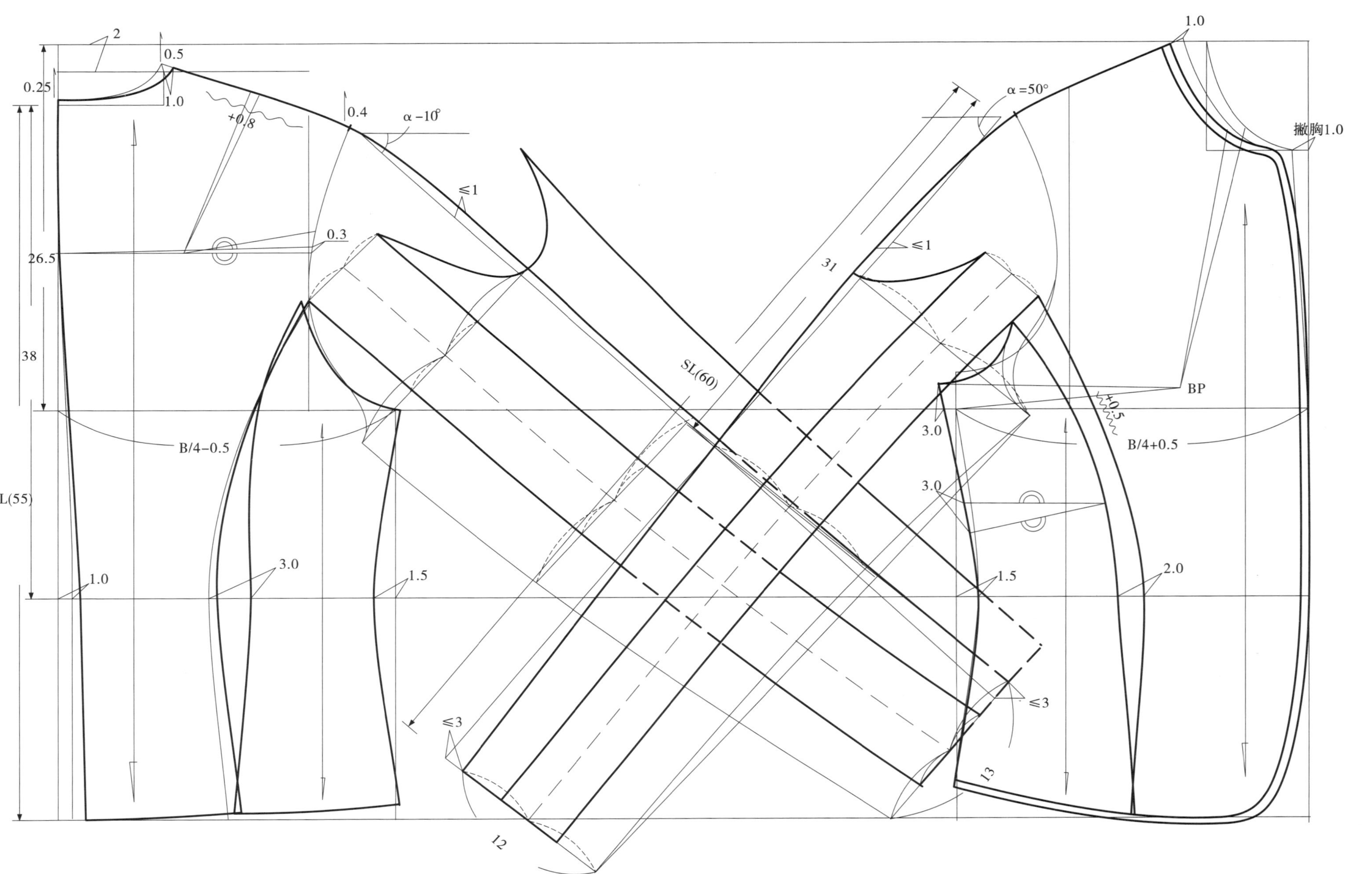
2
0.5
0.25
1.0
+0.8
0.4
α-10°
≤1
0.3
26.5
38
B/4-0.5
L(55)
1.0
3.0
1.5
≤3
12
SL(60)
31
α=50°
1.0
撇胸1.0
≤1
BP
3.0
+0.5
B/4+0.5
3.0
1.5
2.0
≤3
13

六十六、无领连身袖卡腰合体短外套

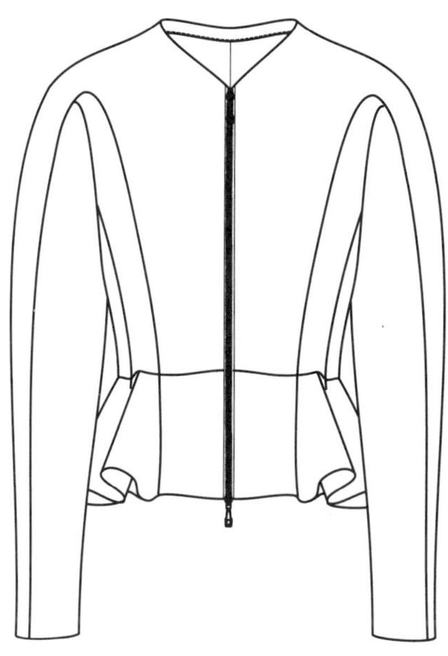

后衣长	52
B	94
W	74
S	39
N	38
袖肥	18
袖口	12.5
垫肩	1.0
SL	60

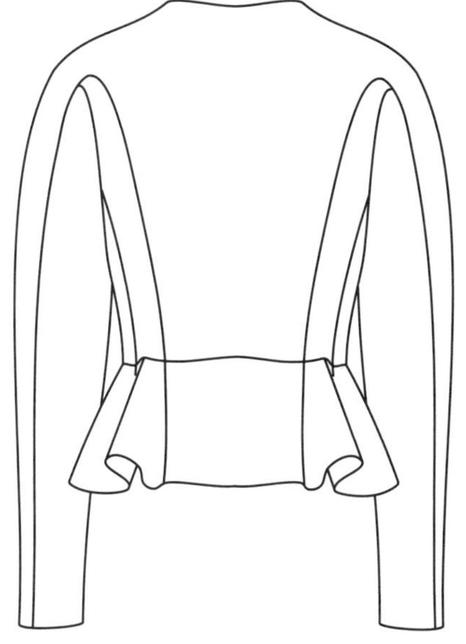

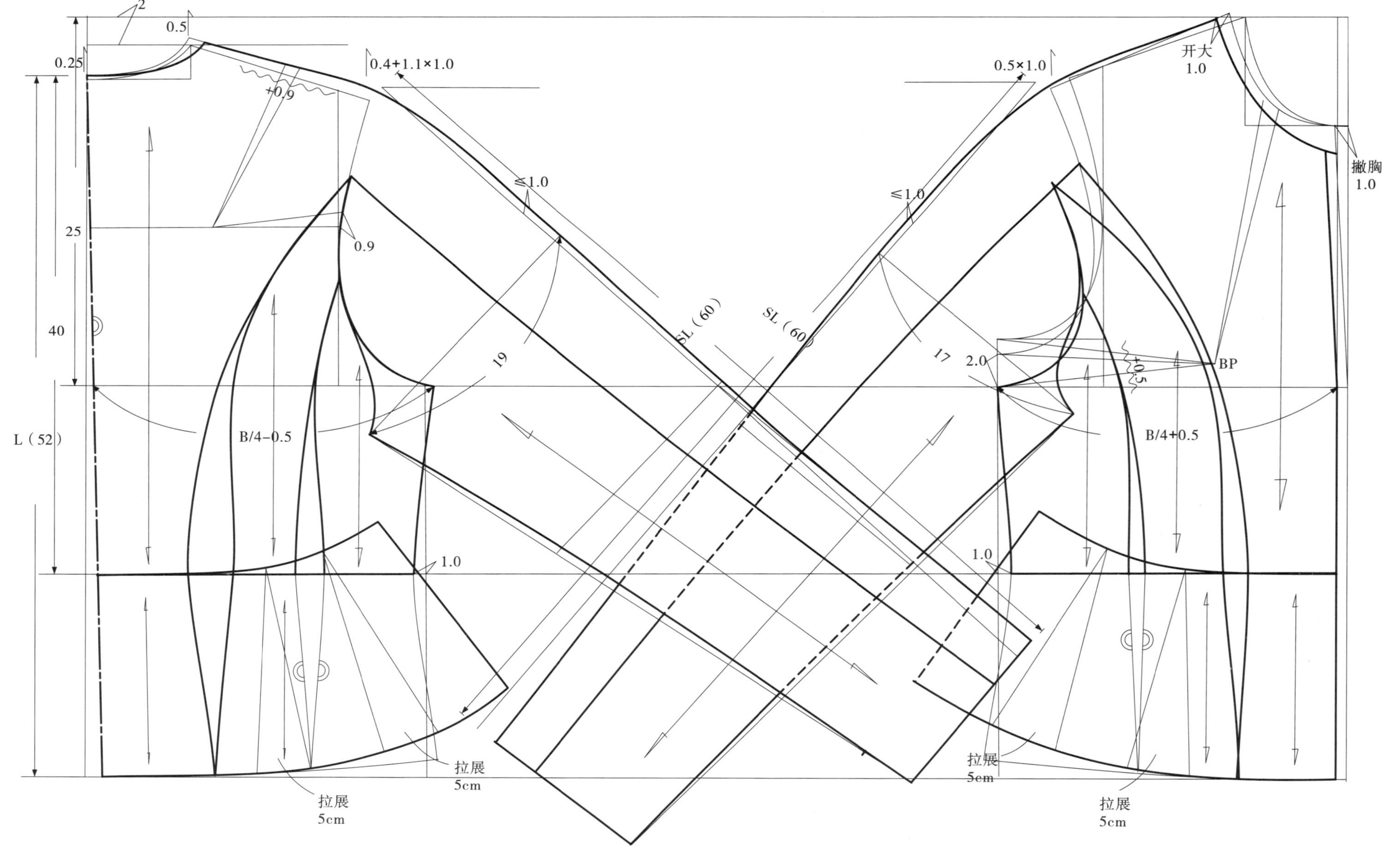
2
0.5
0.25
+0.9
0.4+1.1×1.0
≤1.0
25
0.9
40
19
L（52）
B/4−0.5
1.0
拉展
5cm
拉展
5cm
SL（60）
SL（60）
0.5×1.0
开大
1.0
撇胸
1.0
≤1.0
17
2.0
+0.5
BP
B/4+0.5
1.0
拉展
5cm
拉展
5cm

六十七、无领两片短袖束腰较合体外套

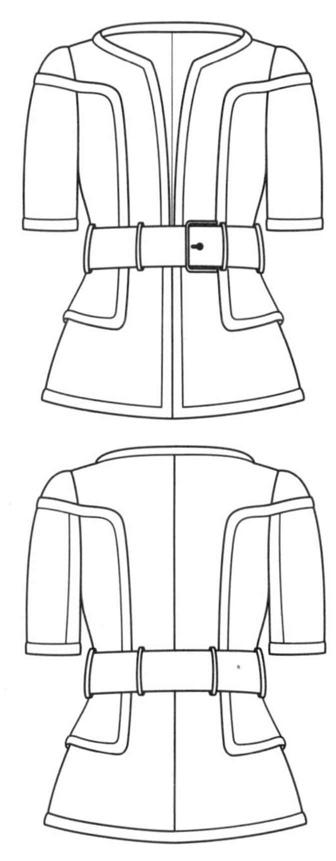

后衣长	55
B	94
W	80
S	39.5
N	39
袖肥	18.4
袖口	28
垫肩	1.0
SL	35

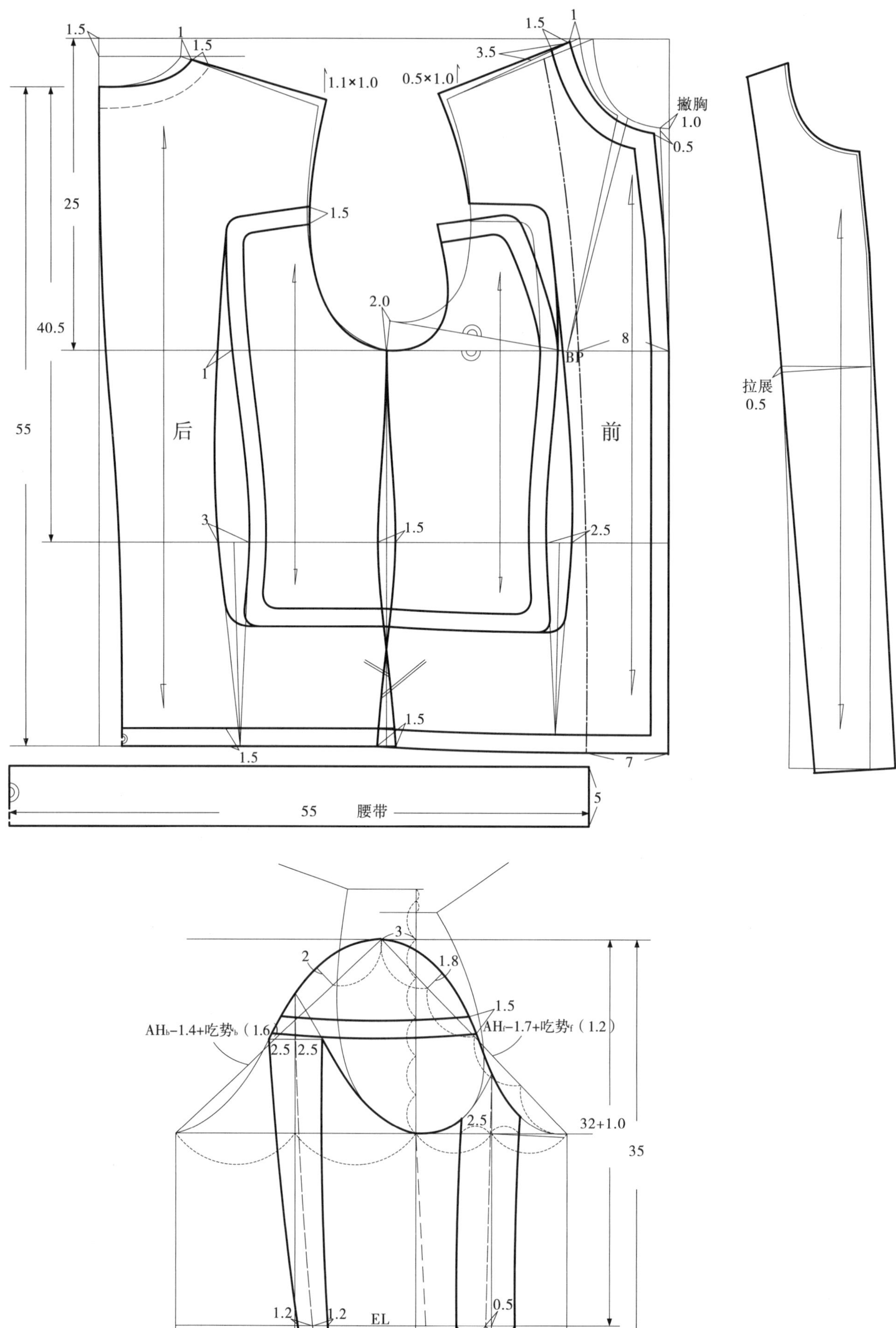

1.5
1
1.5
25
40.5
55
1.1×1.0
0.5×1.0
1.5
3.5
1
撇胸
1.0
0.5
1.5
2.0
8
BP
1
后
前
拉展
0.5
3
1.5
2.5
1.5
1.5
7
55
腰带
5
3
2
1.8
1.5
AHb-1.4+吃势b（1.6）
AHf-1.7+吃势f（1.2）
2.5
2.5
2.5
32+1.0
35
1.2
1.2
EL
0.5
1.5
28

六十八、无领两片袖短外套

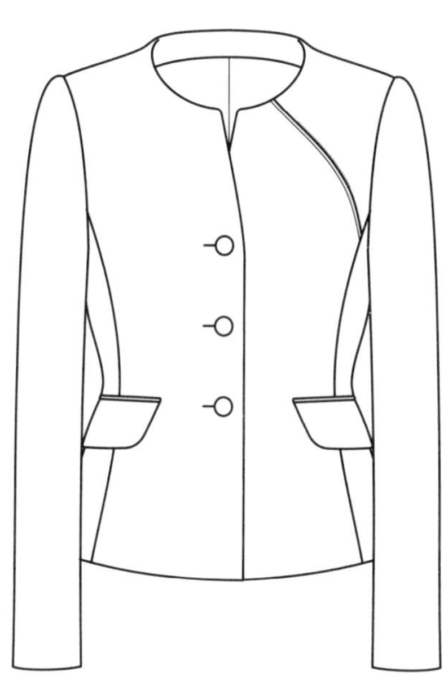

后衣长	60
B	95
W	75
S	39.5
N	40
下摆	99
袖肥	17.2
袖口	13
垫肩	1.5
SL	62

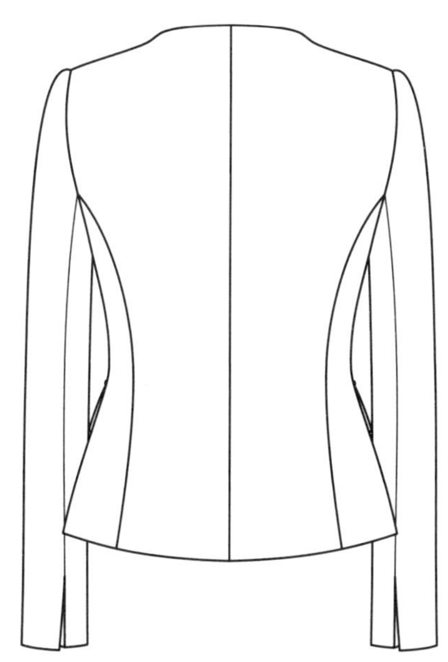

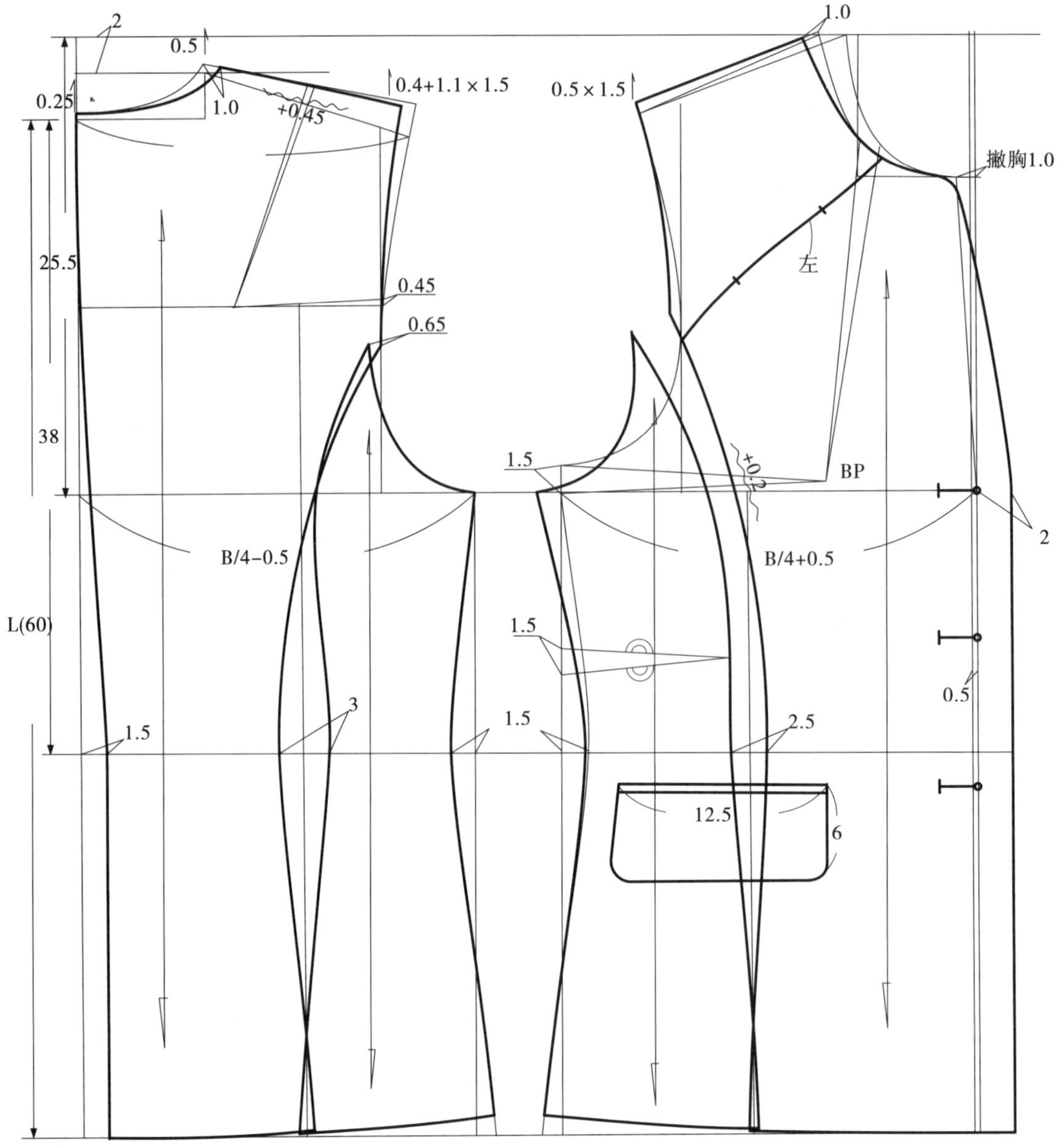

2
0.5
0.25
1.0
+0.45
0.4+1.1×1.5
0.5×1.5
1.0
撇胸1.0
25.5
左
0.45
0.65
38
1.5
BP
+0.2
B/4−0.5
B/4+0.5
2
L(60)
1.5
0.5
1.5
3
1.5
2.5
12.5
6

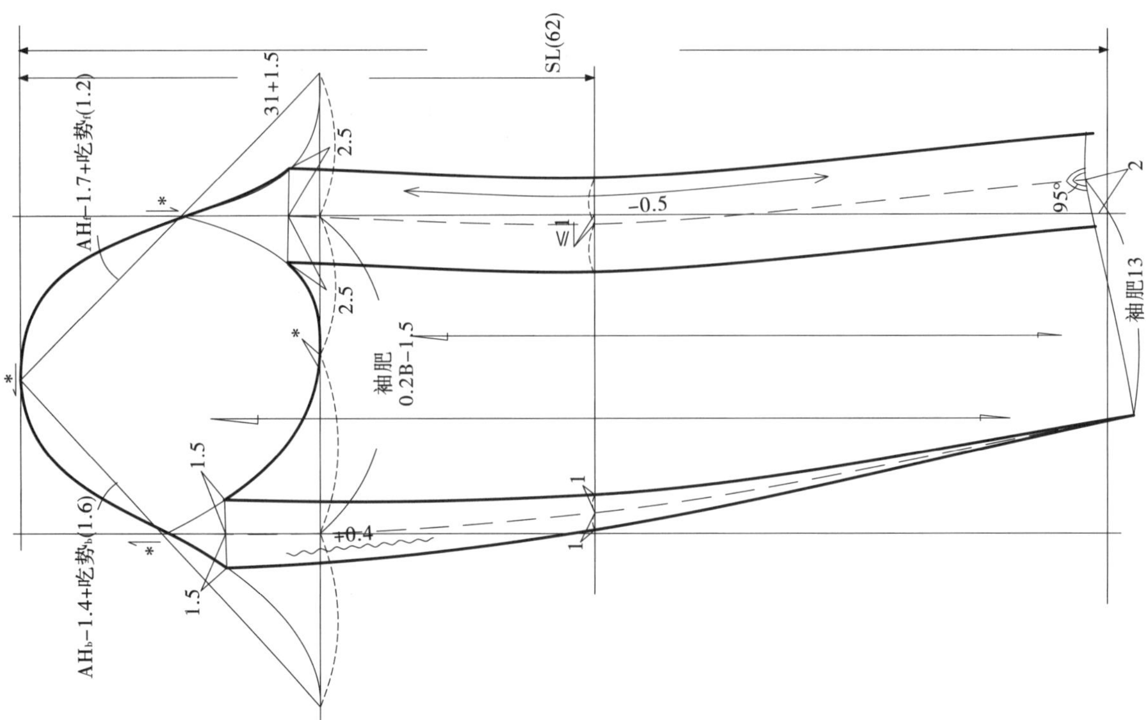

六十九、无领两片袖卡腰短外套

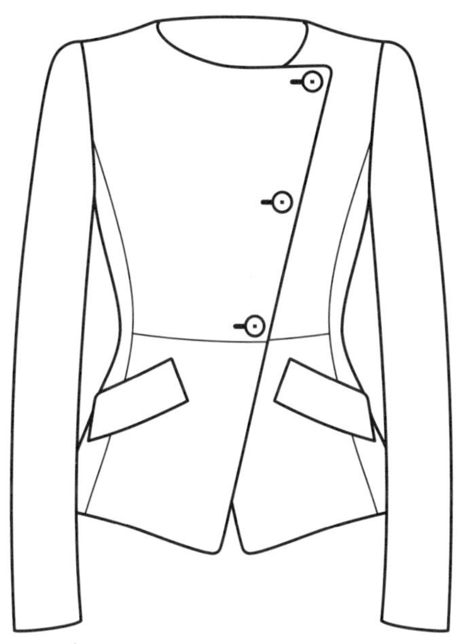

后衣长	60
B	95
N	40
S	39.5
W	75
下摆	100
袖肥	17
袖口	13
垫肩	1.5
SL	62

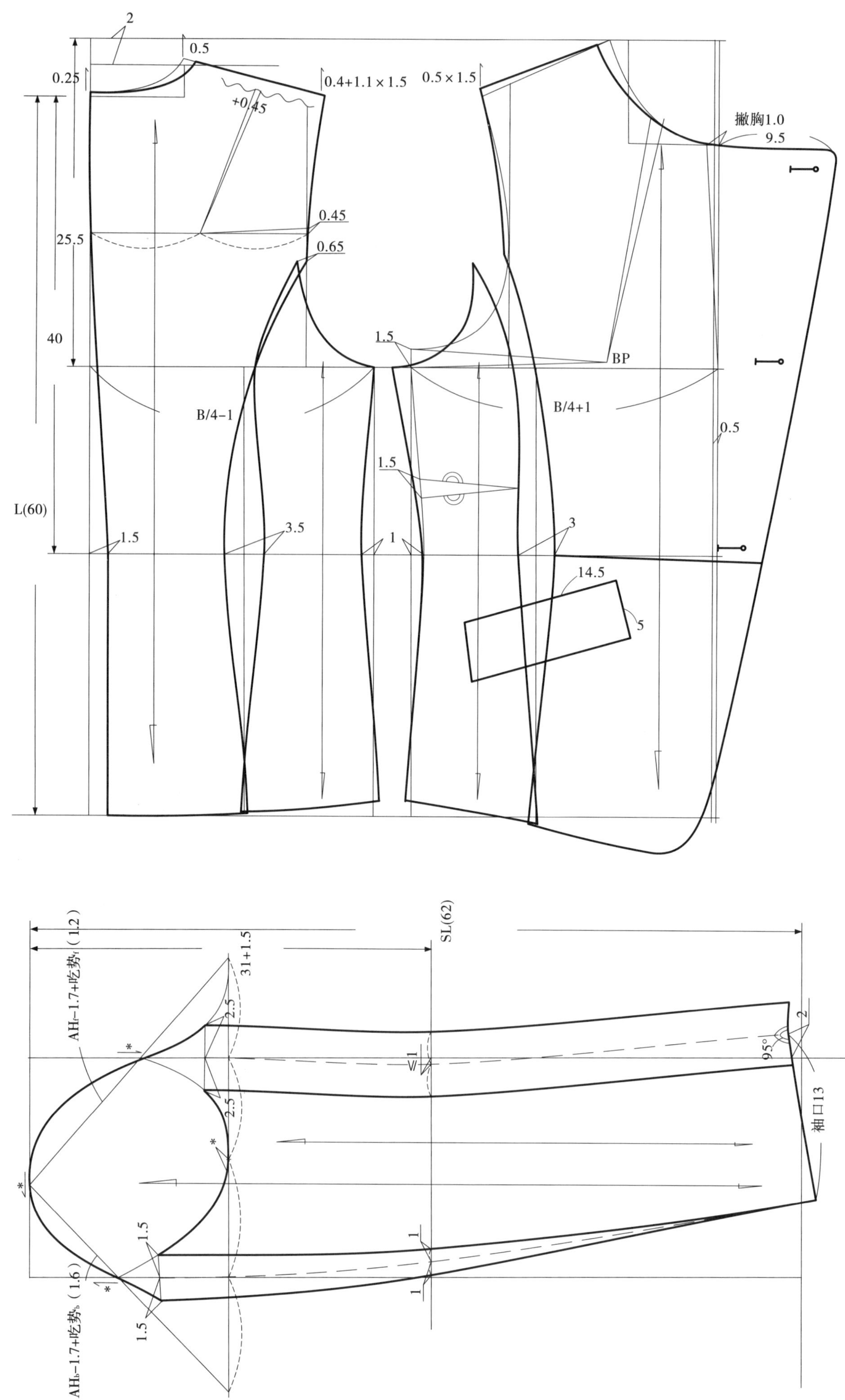
2
0.5
0.25
0.4+1.1×1.5
0.5×1.5
+0.45
撇胸1.0
9.5
25.5
0.45
0.65
40
1.5
BP
B/4−1
B/4+1
0.5
1.5
L(60)
1.5
3.5
1
3
14.5
5
SL(62)
AH$_f$−1.7+吃势$_f$（1.2）
31+1.5
2.5
2.5
≤1
95°
2
袖口13
1.5
1
1
1.5
AH$_b$−1.7+吃势$_b$（1.6）

七十、无领两片袖腰部拼接外层搭片外套

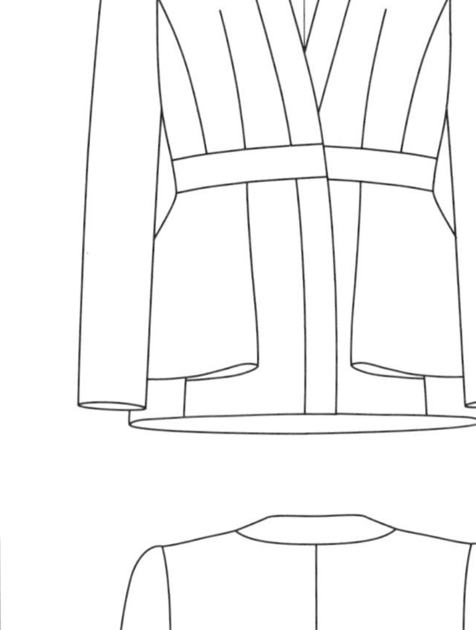

后衣长	62
B	95
N	39
S	39
W	83
袖肥	17
袖口	12.5
垫肩	1.0
SL	58

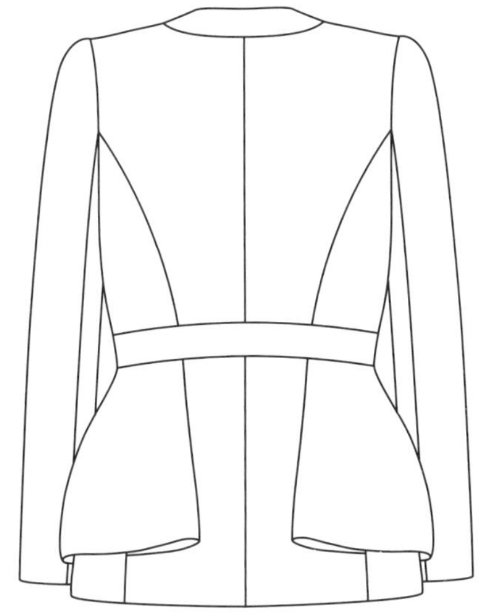

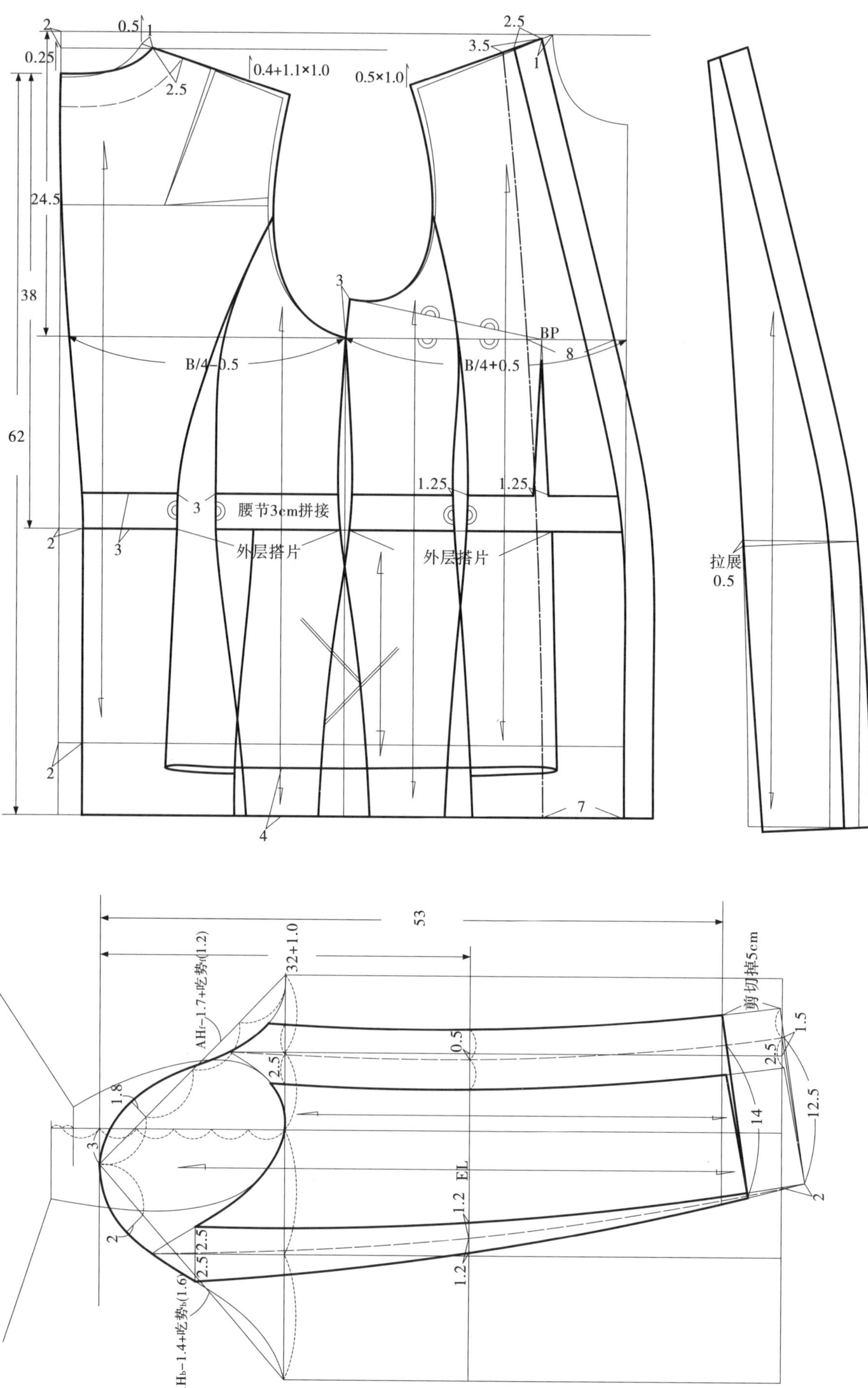
0.5
0.25
2.5
0.4+1.1×1.0
0.5×1.0
3.5
24.5
38
62
BP
B/4−0.5
B/4+0.5
8
1.25
腰节3cm拼接
外层搭片
外层搭片
拉展
0.5
7
4
53
32+1.0
AHf−1.7+吃势f(1.2)
AHb−1.4+吃势b(1.6)
剪切掉5cm
1.5
12.5
14
EL
1.2
1.8

七十一、无领两片袖右片下摆折裥搭片系腰短外套

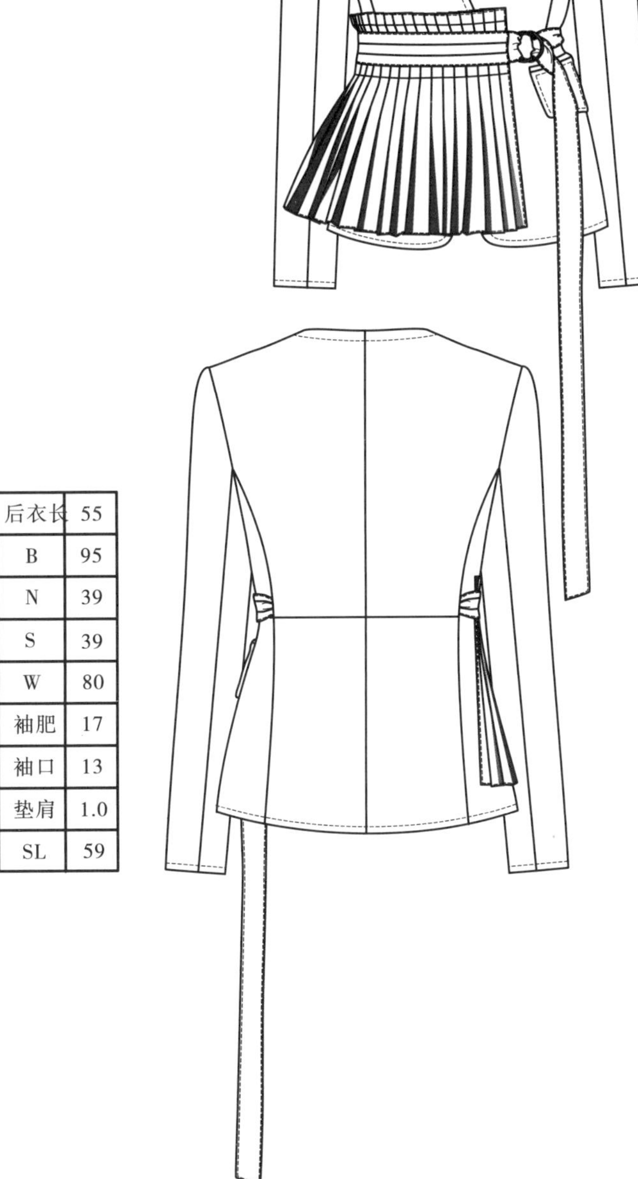

后衣长	55
B	95
N	39
S	39
W	80
袖肥	17
袖口	13
垫肩	1.0
SL	59

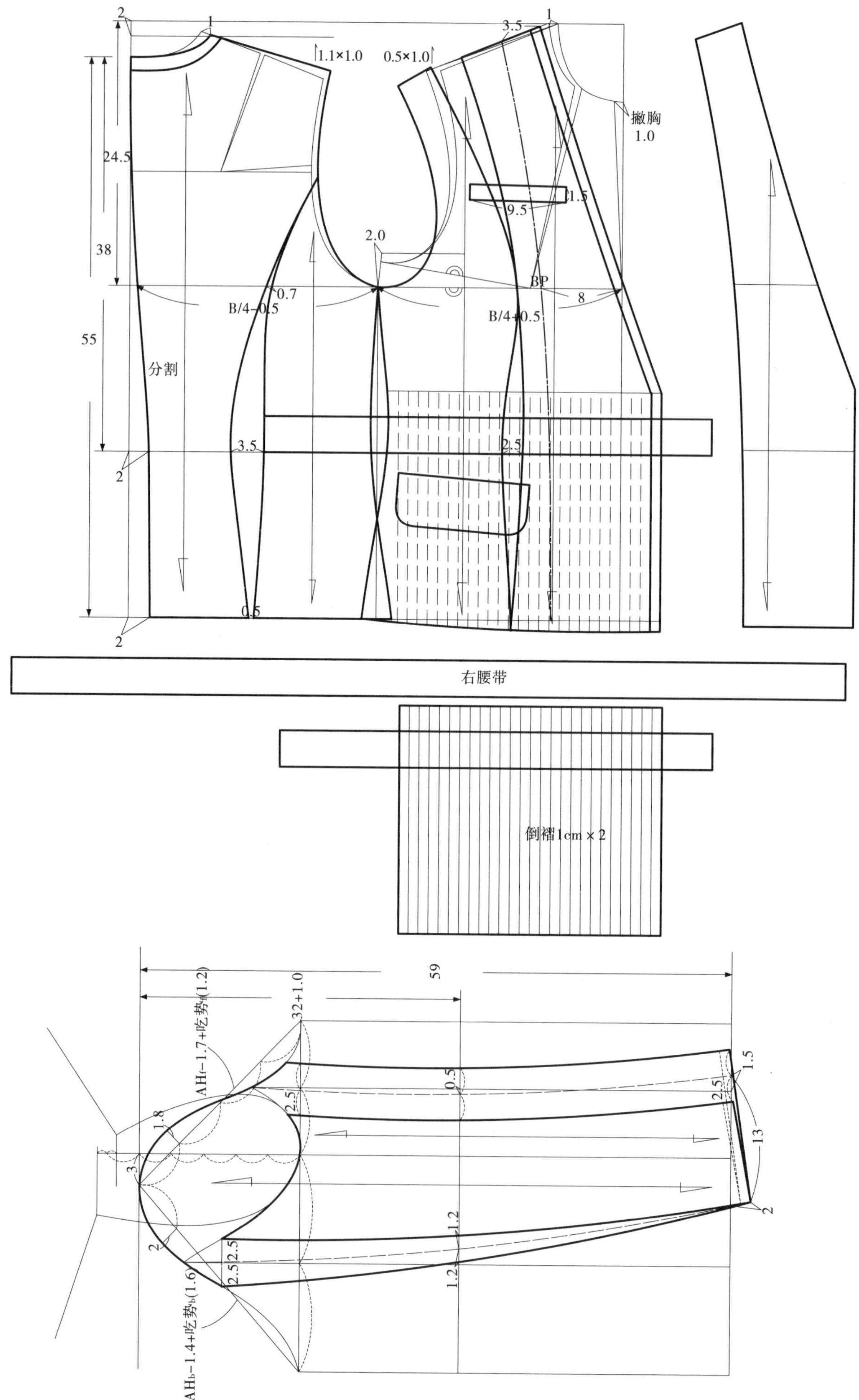

1.1×1.0
0.5×1.0
撇胸
1.0
24.5
38
55
9.5
1.5
2.0
BP
0.7
B/4−0.5
B/4+0.5
8
分割
3.5
2.5
0.5
右腰带
倒褶1cm×2
59
32+1.0
AHf−1.7+吃势f(1.2)
AHb−1.4+吃势b(1.6)
1.8
2.5
0.5
1.5
13
1.2

七十二、无领门襟开花省后片下摆波浪短外套

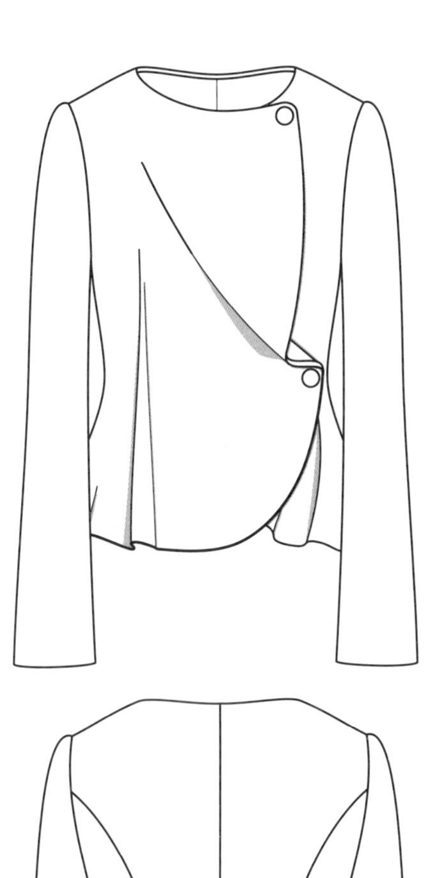

后衣长	58
B	94
W	80
S	39
N	40
下摆	104
袖肥	17
袖口	13.5
垫肩	1.2
SL	60

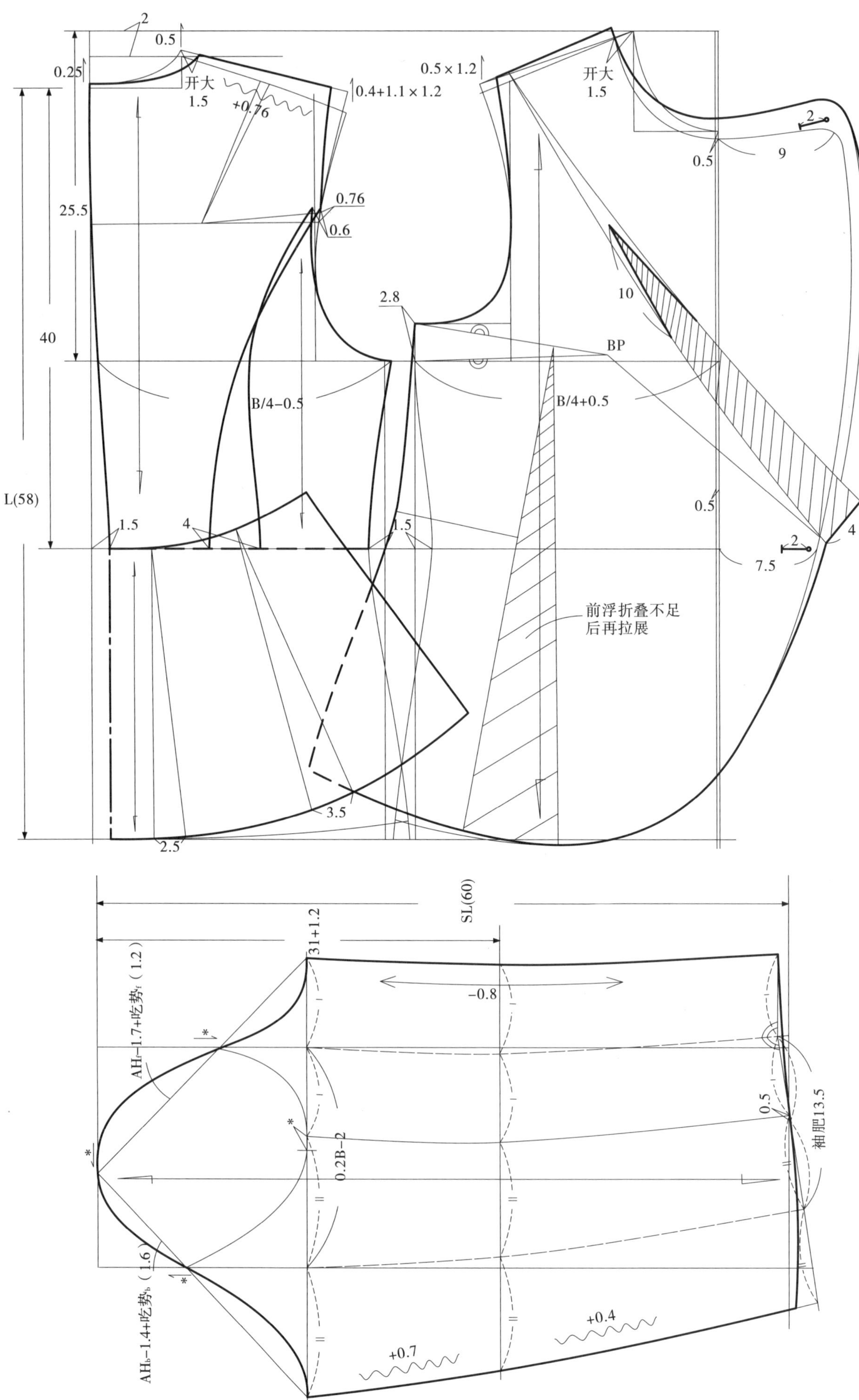

2
0.5
0.25
开大
1.5
+0.76
0.4+1.1×1.2
0.5×1.2
开大
1.5
0.5
9
2
25.5
0.76
0.6
40
2.8
BP
10
B/4−0.5
B/4+0.5
L(58)
1.5
4
1.5
0.5
4
2
7.5
前浮折叠不足
后再拉展
3.5
2.5
SL(60)
31+1.2
−0.8
AHf−1.7+吃势f（1.2）
0.2B−2
0.5
袖肥13.5
AHb−1.4+吃势b（1.6）
+0.4
+0.7

七十三、无领双排扣后腰部开花省卡腰短外套

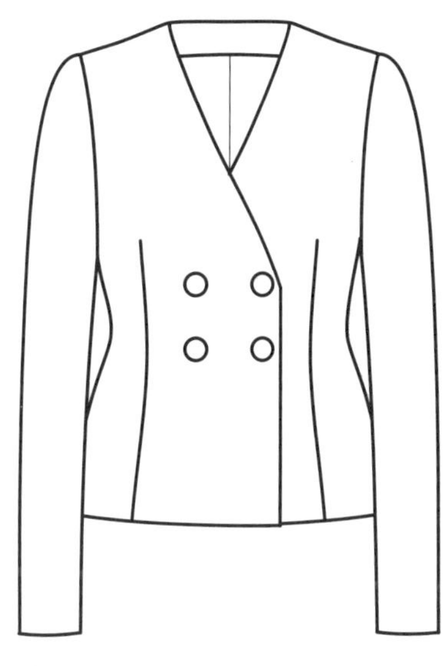

后衣长	58
B	95
N	39
S	39
W	80.5
袖肥	17
袖口	13
SL	58

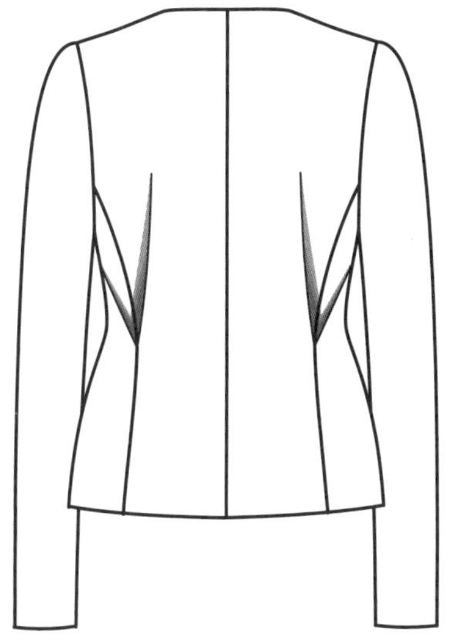

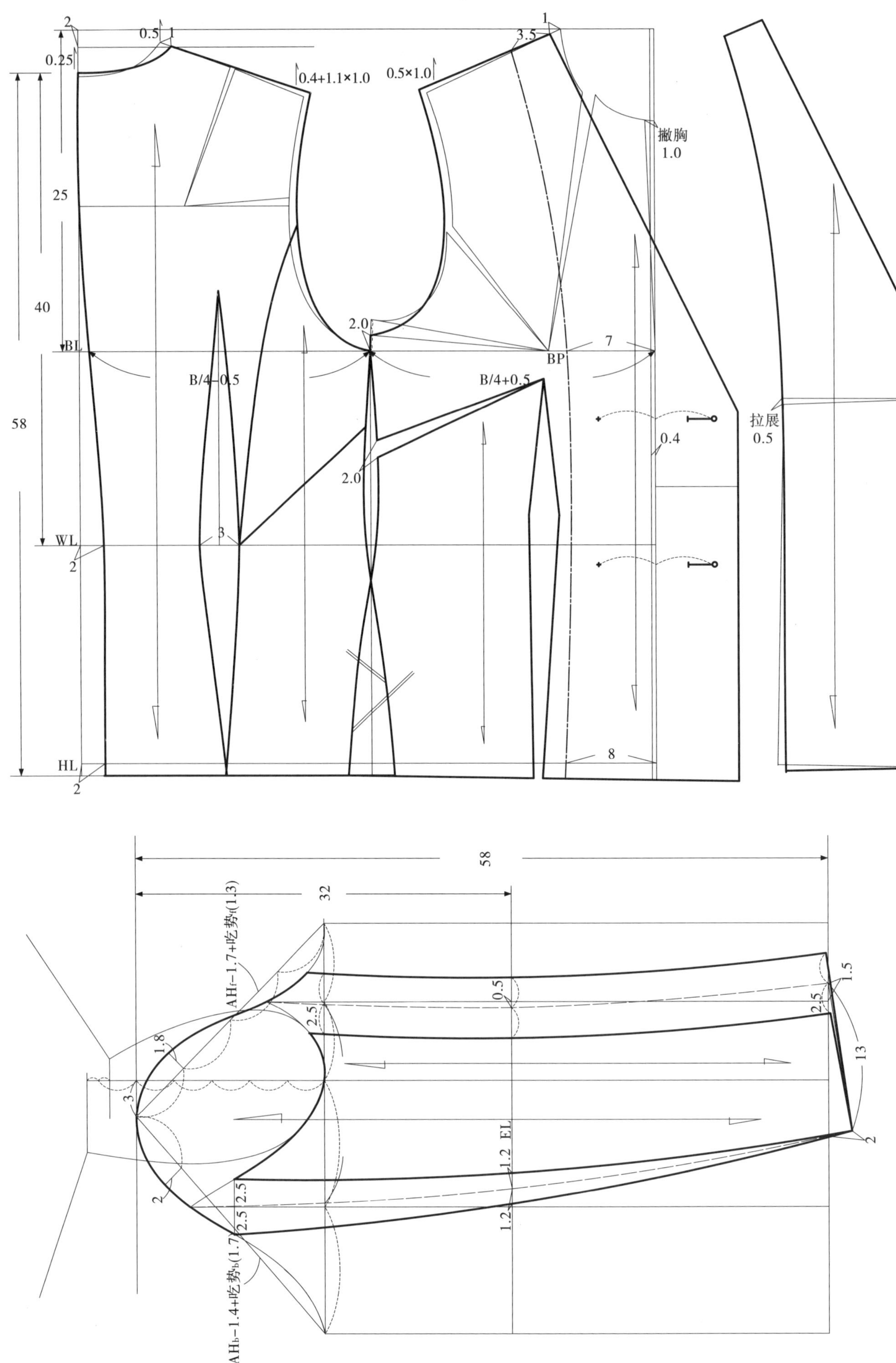

2
0.5
1
0.25
0.4+1.1×1.0
0.5×1.0
1
3.5
撇胸
1.0
25
40
58
BL
B/4−0.5
2.0
BP
7
B/4+0.5
拉展
0.5
0.4
2.0
WL
3
2
HL
2
8
58
32
AHf−1.7+吃势f(1.3)
0.5
1.5
2.5
2.5
13
1.8
3
1.2 EL
2
2
2.5
2.5
1.2
2.5
AHb−1.4+吃势b(1.7)

七十四、无领双排扣两片袖袖口装拉链外套

后衣长	60
B	94
W	78
S	40
N	39
袖肥	17
袖口	12.5
垫肩	1.2
SL	59

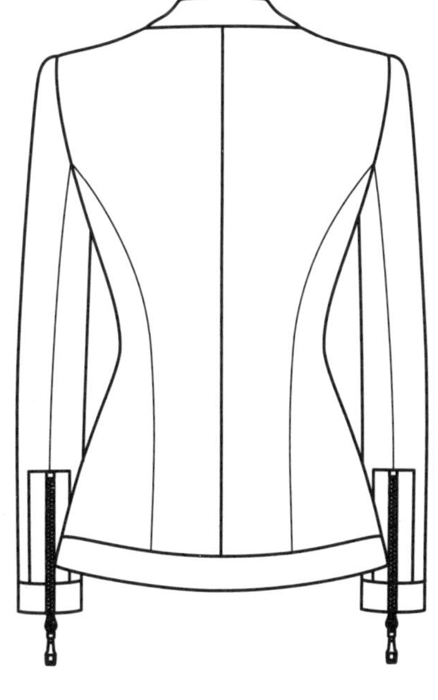

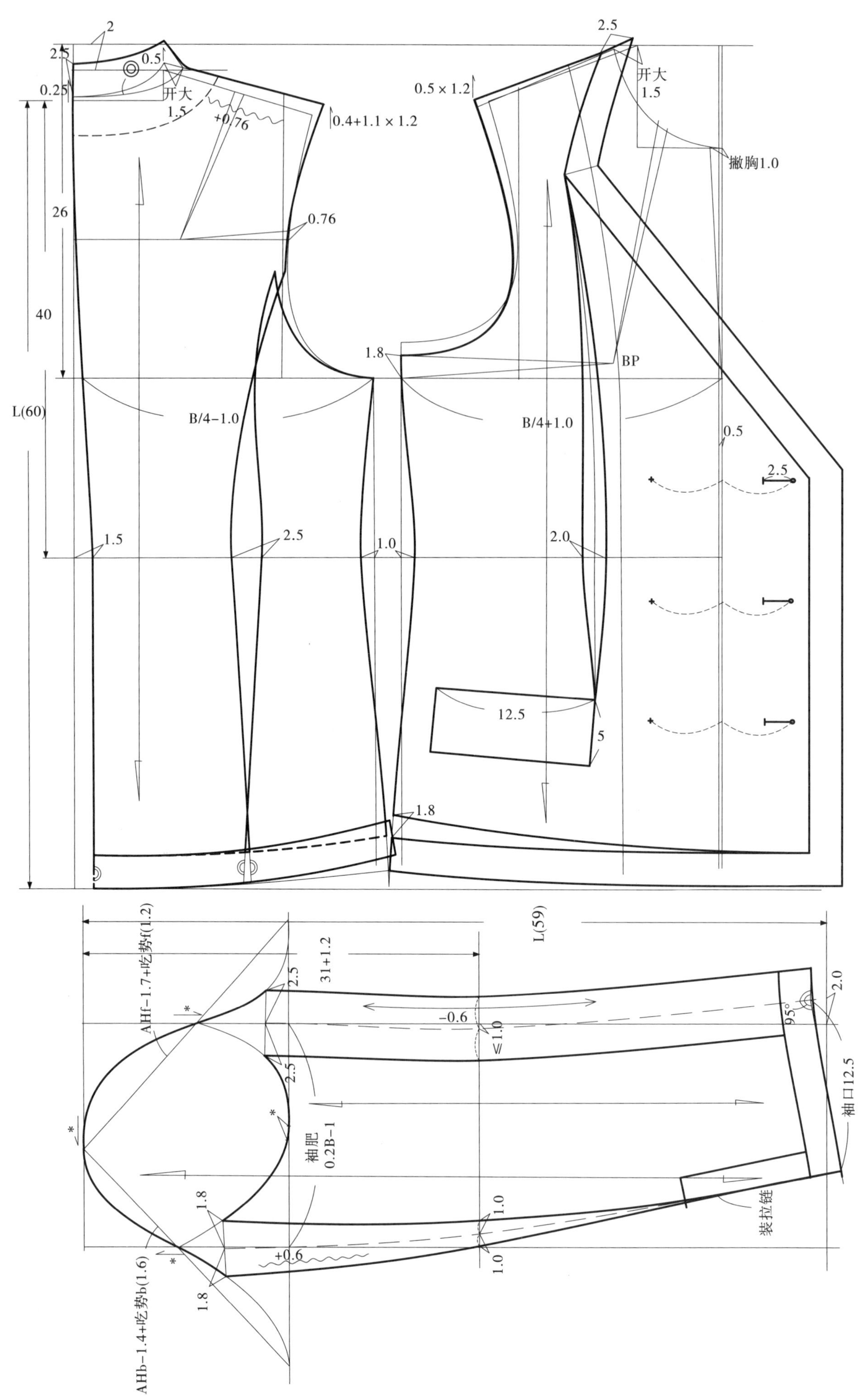

2
2.5
0.5
0.25
开大
1.5
+0.76
0.4+1.1 × 1.2
26
0.76
40
L(60)
B/4−1.0
1.5
2.5
1.0
1.8
2.5
0.5 × 1.2
开大
1.5
撇胸1.0
1.8
BP
B/4+1.0
0.5
2.5
2.0
12.5
5
AHf−1.7+吃势f(1.2)
L(59)
31+1.2
2.5
−0.6
≤1.0
2.5
95°
2.0
袖口12.5
袖肥
0.2B−1
1.8
1.0
+0.6
1.0
1.8
装拉链
AHb−1.4+吃势b(1.6)

七十五、无领双排扣一片袖束腰外套

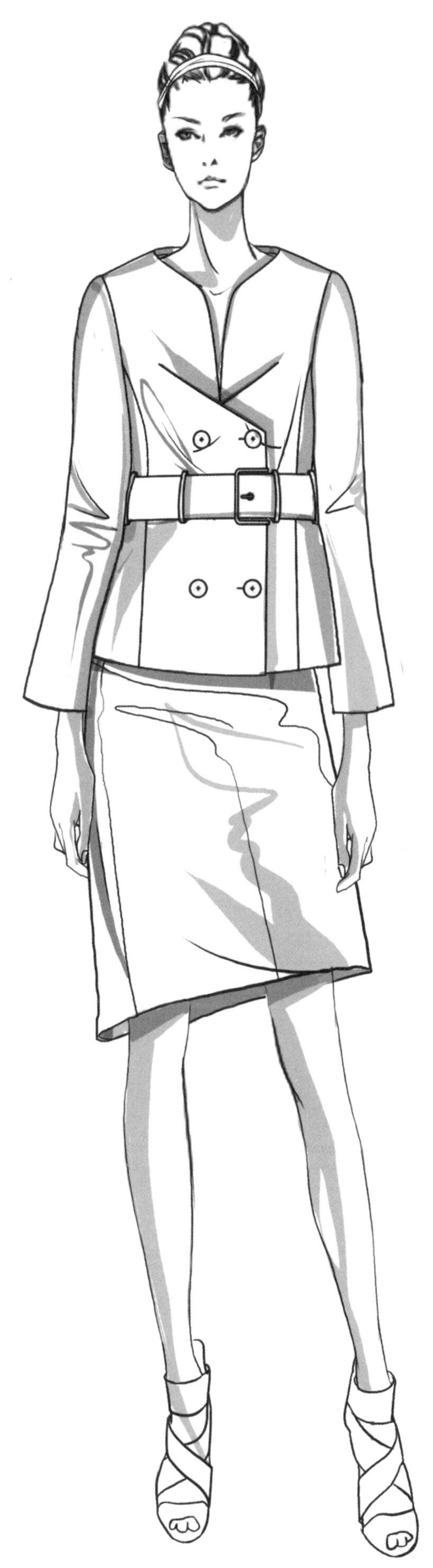

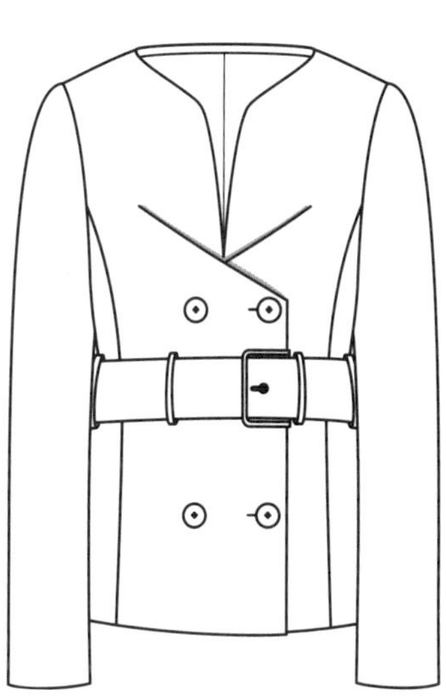

后衣长	60
B	94
W	76
S	39
N	39.2
袖肥	18
袖口	13.5
垫肩	1.2
SL	60

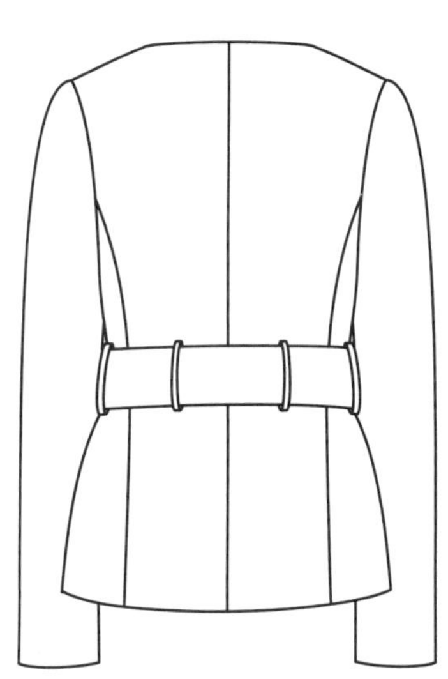

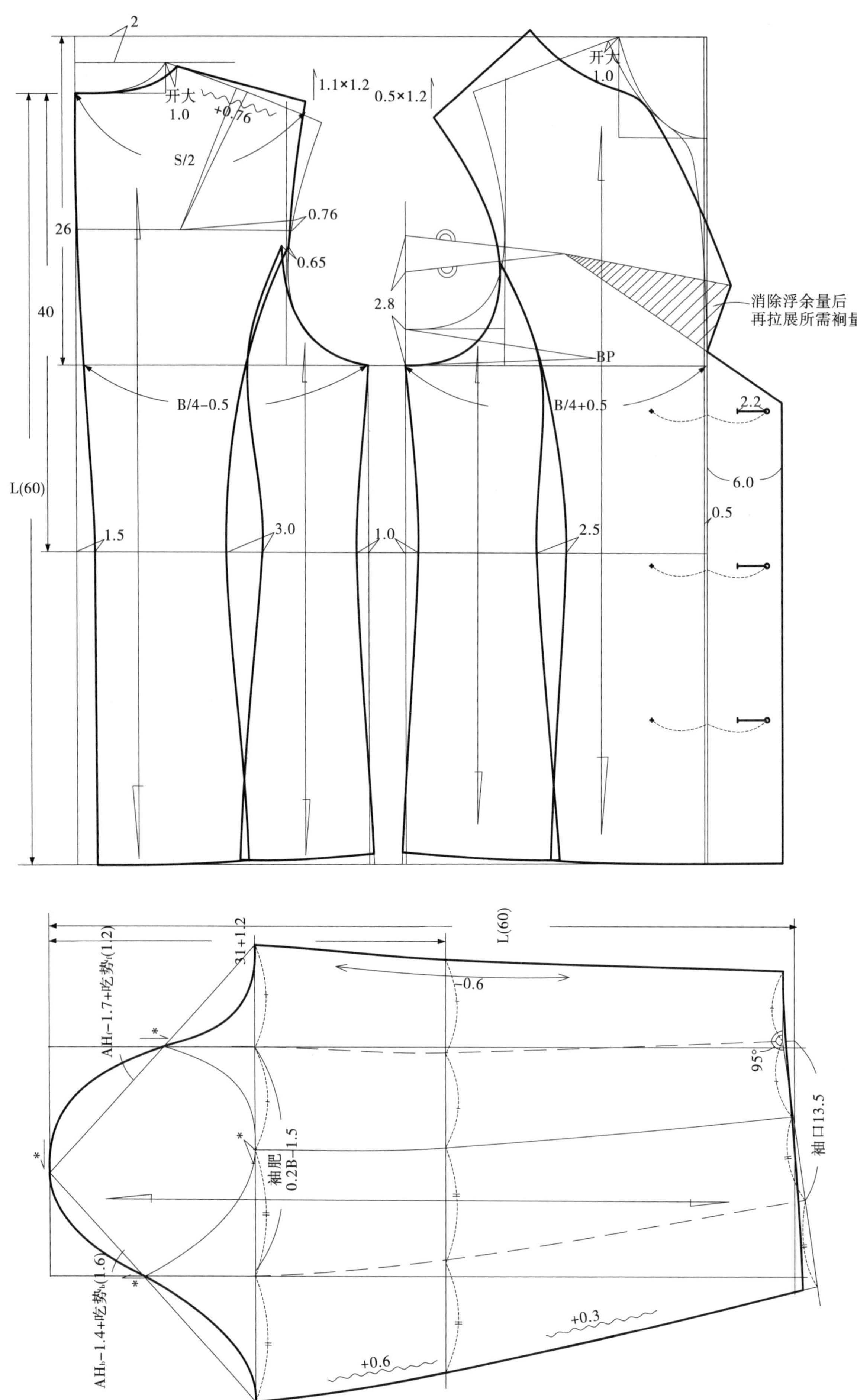

2
开大
1.0
+0.76
1.1×1.2
0.5×1.2
开大
1.0
S/2
26
0.76
0.65
2.8
消除浮余量后
再拉展所需裥量
40
BP
B/4−0.5
B/4+0.5
2.2
6.0
L(60)
0.5
1.5
3.0
1.0
2.5
L(60)
31+1.2
AH$_f$−1.7+吃势$_f$(1.2)
−0.6
95°
袖口13.5
袖肥
0.2B−1.5
AH$_b$−1.4+吃势$_b$(1.6)
+0.3
+0.6

七十六、无领一片袖较合体短外套

后衣长	54
B	92
W	78
S	39
N	38
下摆	98
袖肥	16.8
袖口	12.5
垫肩	1.0
SL	60

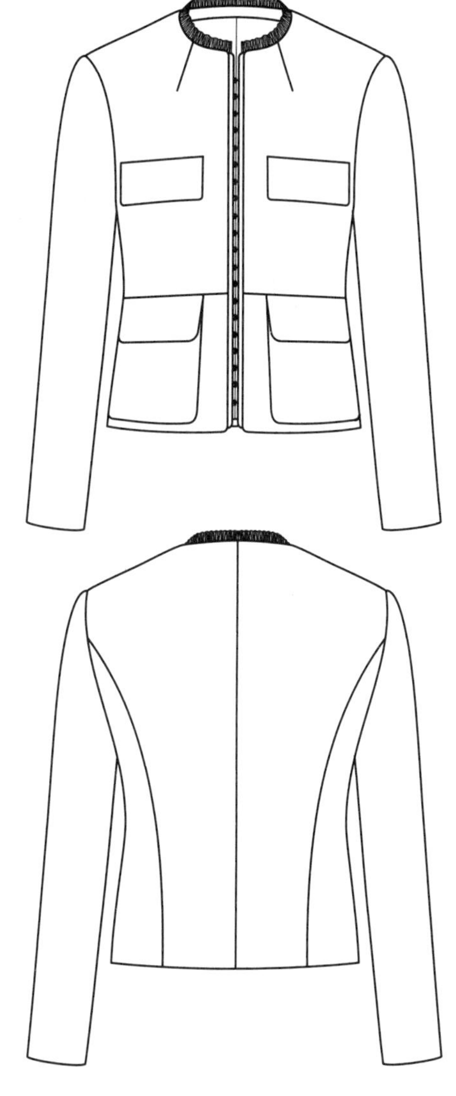

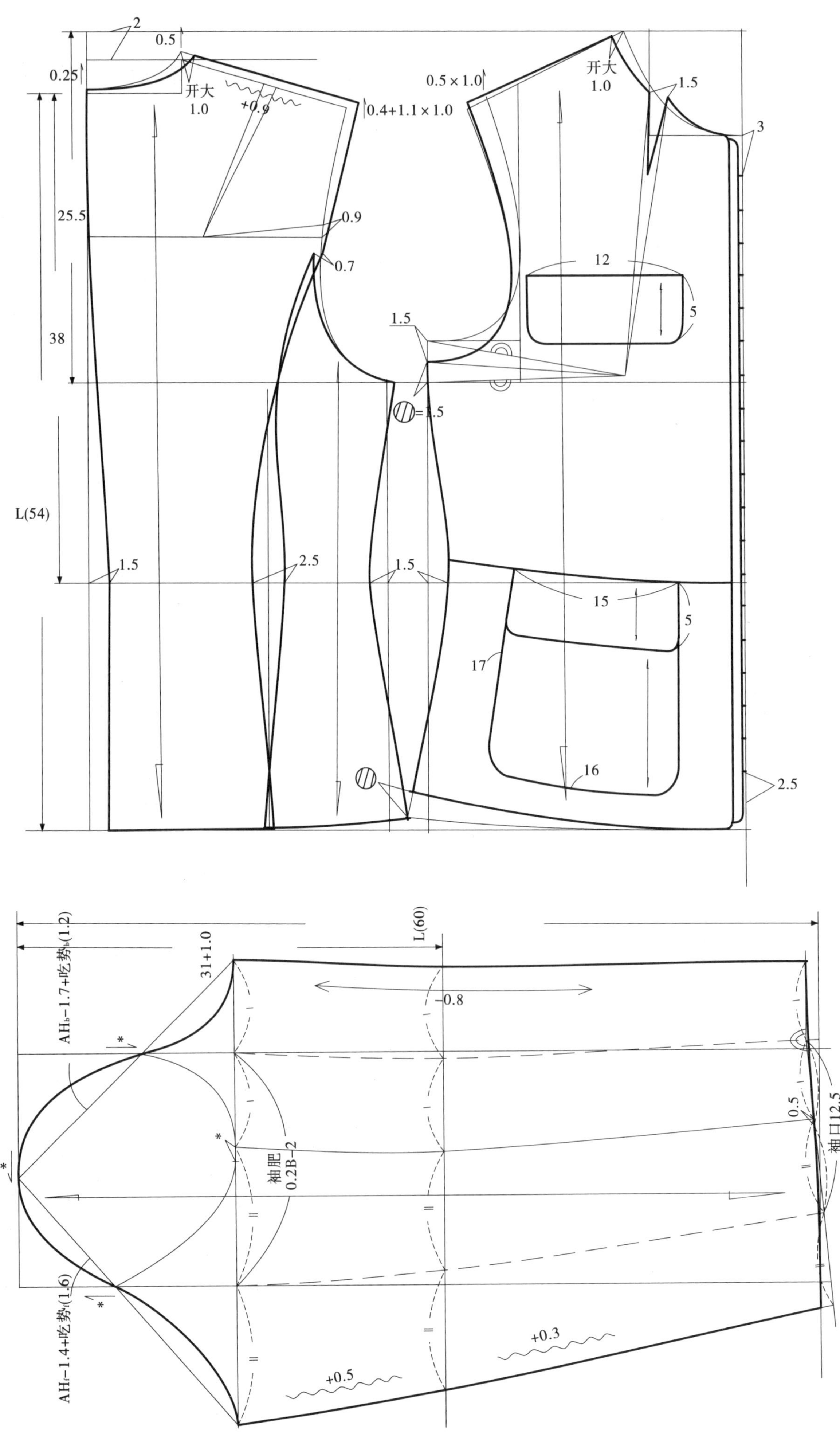

2
0.5
0.25
开大
1.0
+0.9
0.4+1.1×1.0
0.5×1.0
开大
1.0
1.5
3
25.5
0.9
0.7
12
5
38
1.5
=1.5
L(54)
1.5
2.5
1.5
15
5
17
16
2.5
AHb-1.7+吃势b(1.2)
31+1.0
L(60)
-0.8
袖肥
0.2B-2
0.5
袖口12.5
AHf-1.4+吃势f(1.6)
+0.3
+0.5

七十七、无领一片袖卡腰合体外套

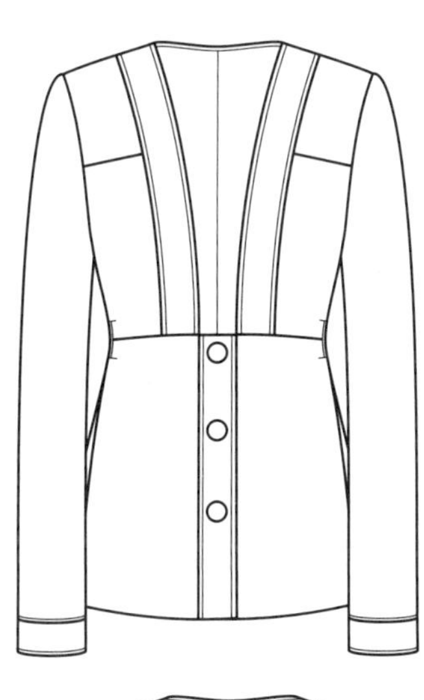

后衣长	60
B	93
W	76
S	39
N	39
袖肥	18.5
袖口	12.5
垫肩	1.0
SL	60

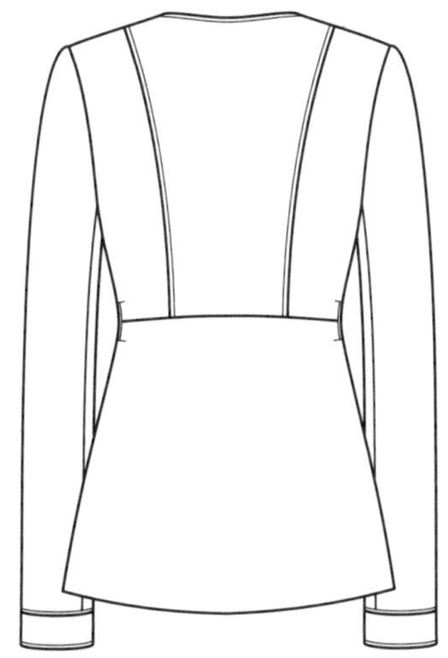

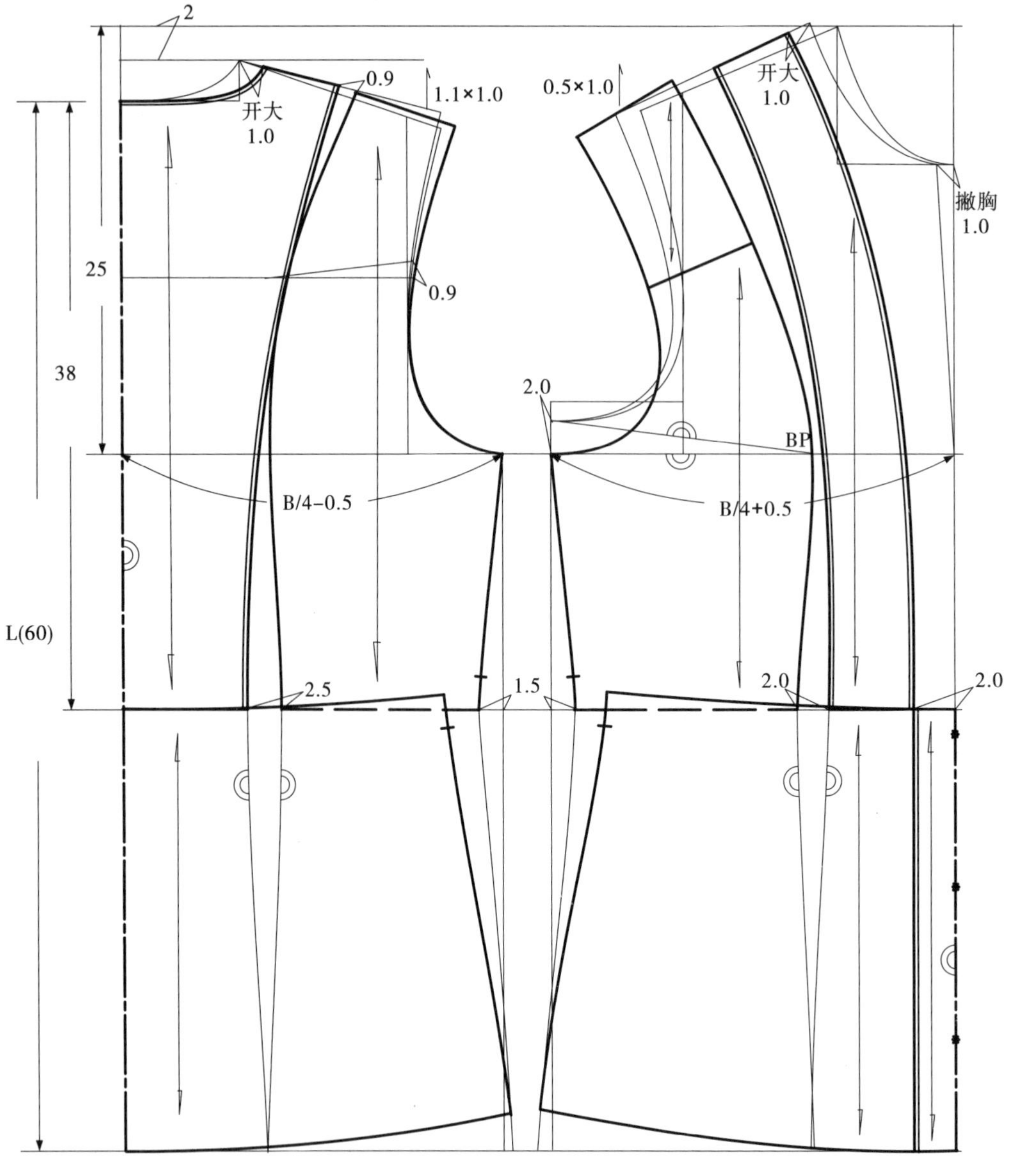

2
0.9
1.1×1.0
0.5×1.0
开大
1.0
开大
1.0
撇胸
1.0
25
0.9
38
2.0
BP
B/4−0.5
B/4+0.5
L(60)
2.5
1.5
2.0
2.0

L(60−4)
AHf−1.7+吃势f(1.2)
31+1.0
−0.5
≤1.0
95°
0.5
0.5
4
袖口12.5
袖肥
0.2B−1
AHb−1.4+吃势b(1.6)
+0.3
+0.6

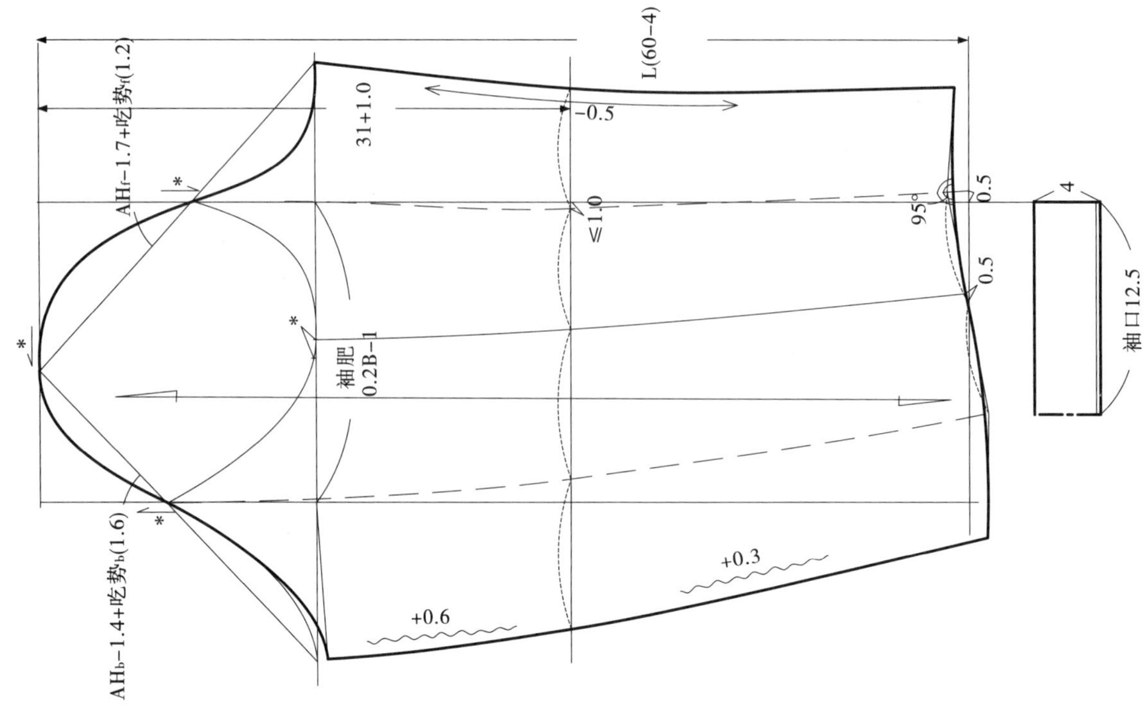

七十八、无领一片袖直身外套

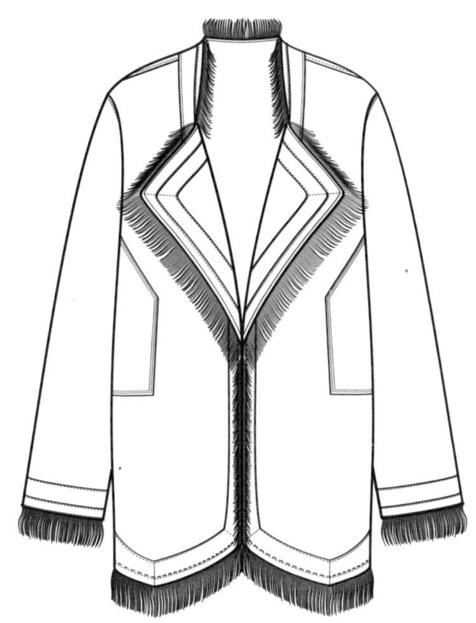

后衣长	70
B	98
S	40
N	40
袖肥	18
袖口	14
SL	60

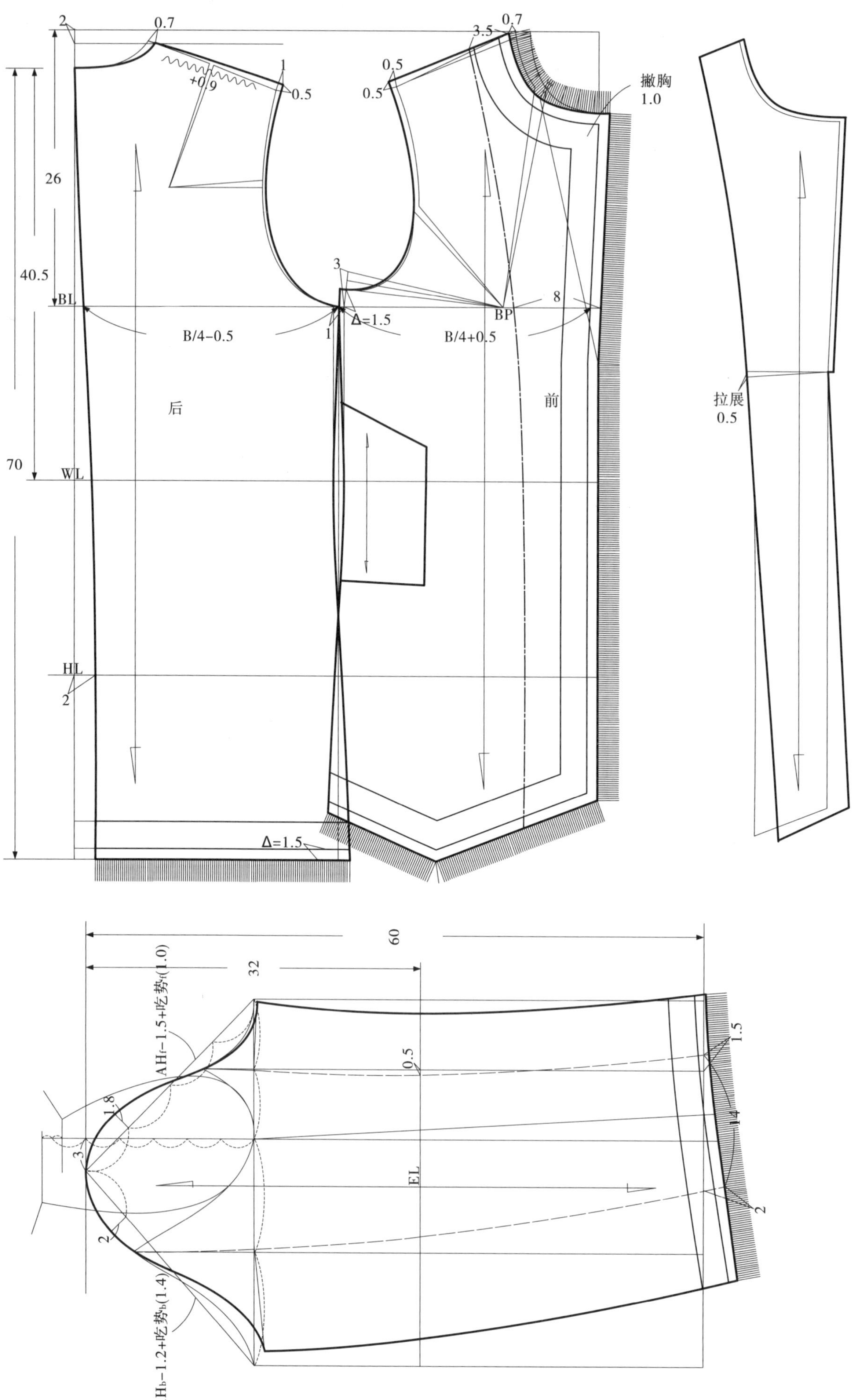

2
0.7
1
+0.9
0.5
26
40.5
70
BL
WL
HL
2
3
1
Δ=1.5
B/4-0.5
后
Δ=1.5
0.5
0.5
3.5
0.7
撇胸
1.0
8
BP
B/4+0.5
前
拉展
0.5
60
32
AHf-1.5+吃势f(1.0)
0.5
1.5
1.8
3
EL
14
2
2
AHb-1.2+吃势b(1.4)

七十九、圆弧连翻领双排扣垂荡中袖外套

后衣长	58
B	97
N	40
S	39
W	80
袖肥	16.5
袖口	15.5
SL	35

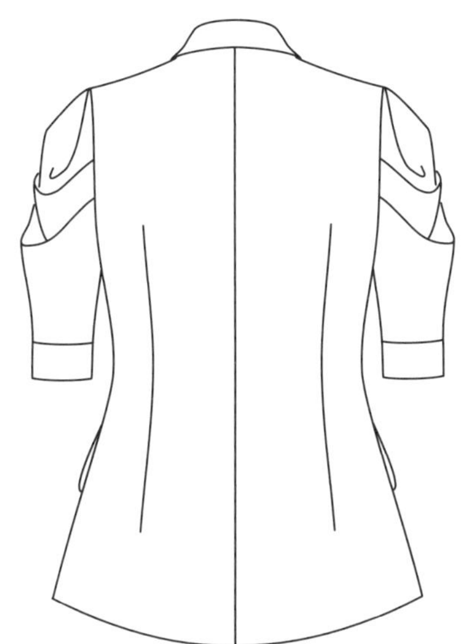

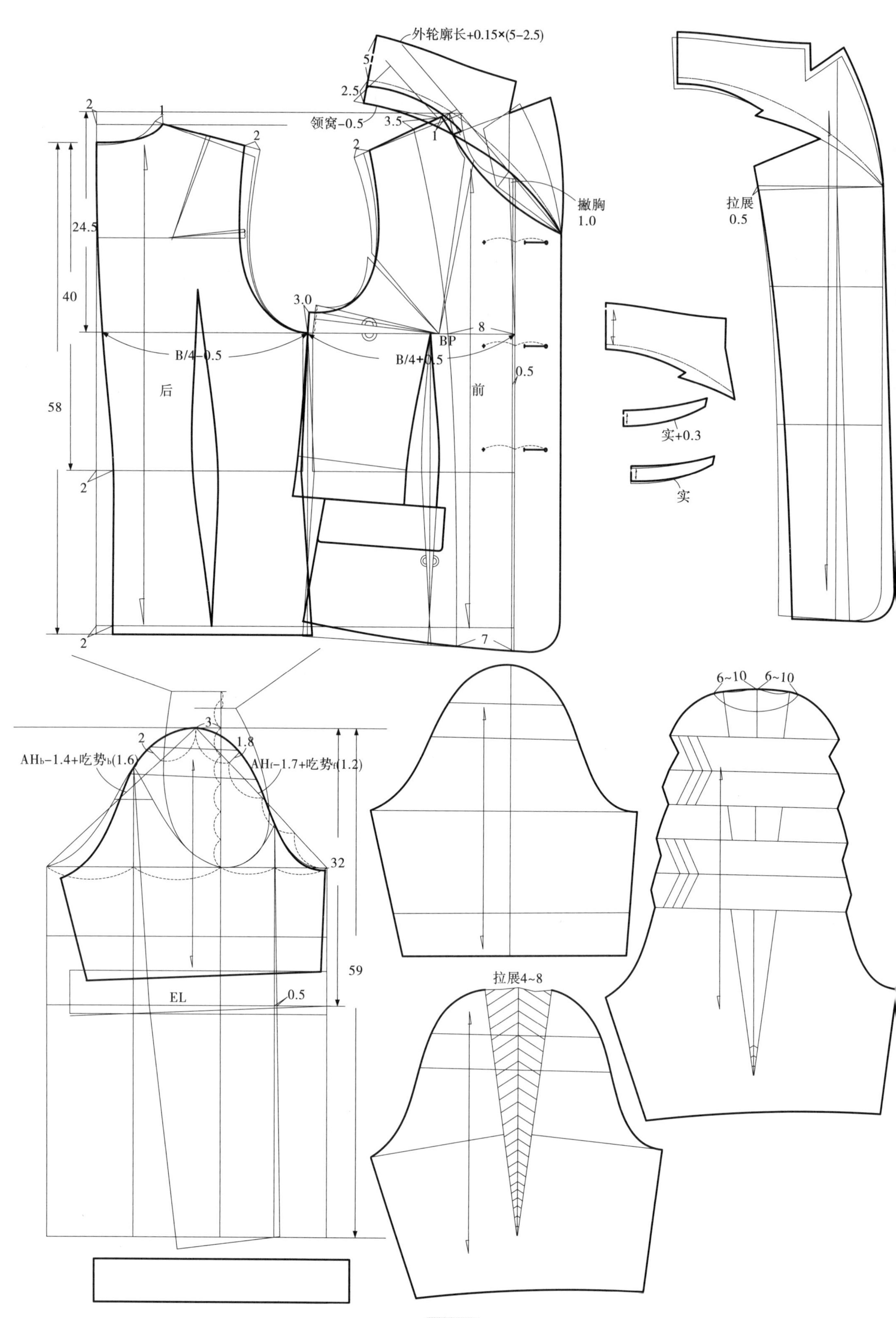

外轮廓长+0.15×(5-2.5)
领窝-0.5
撇胸
1.0
B/4-0.5
B/4+0.5
BP
后
前
拉展
0.5
实+0.3
实
AHb-1.4+吃势b(1.6)
AHf-1.7+吃势f(1.2)
EL
拉展4~8
6~10

八十、圆弧连翻领双排扣分割袖合体外套

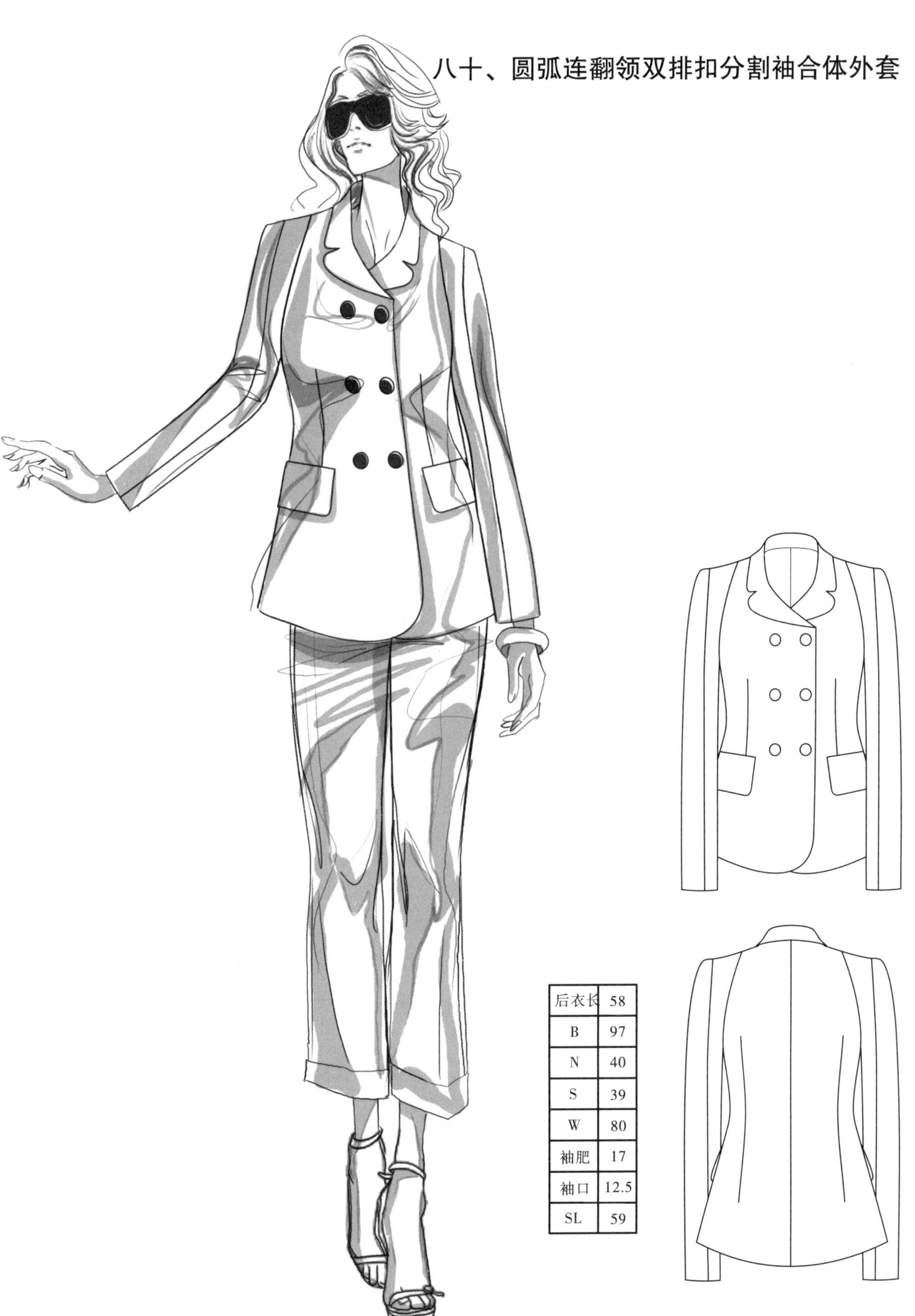

后衣长	58
B	97
N	40
S	39
W	80
袖肥	17
袖口	12.5
SL	59

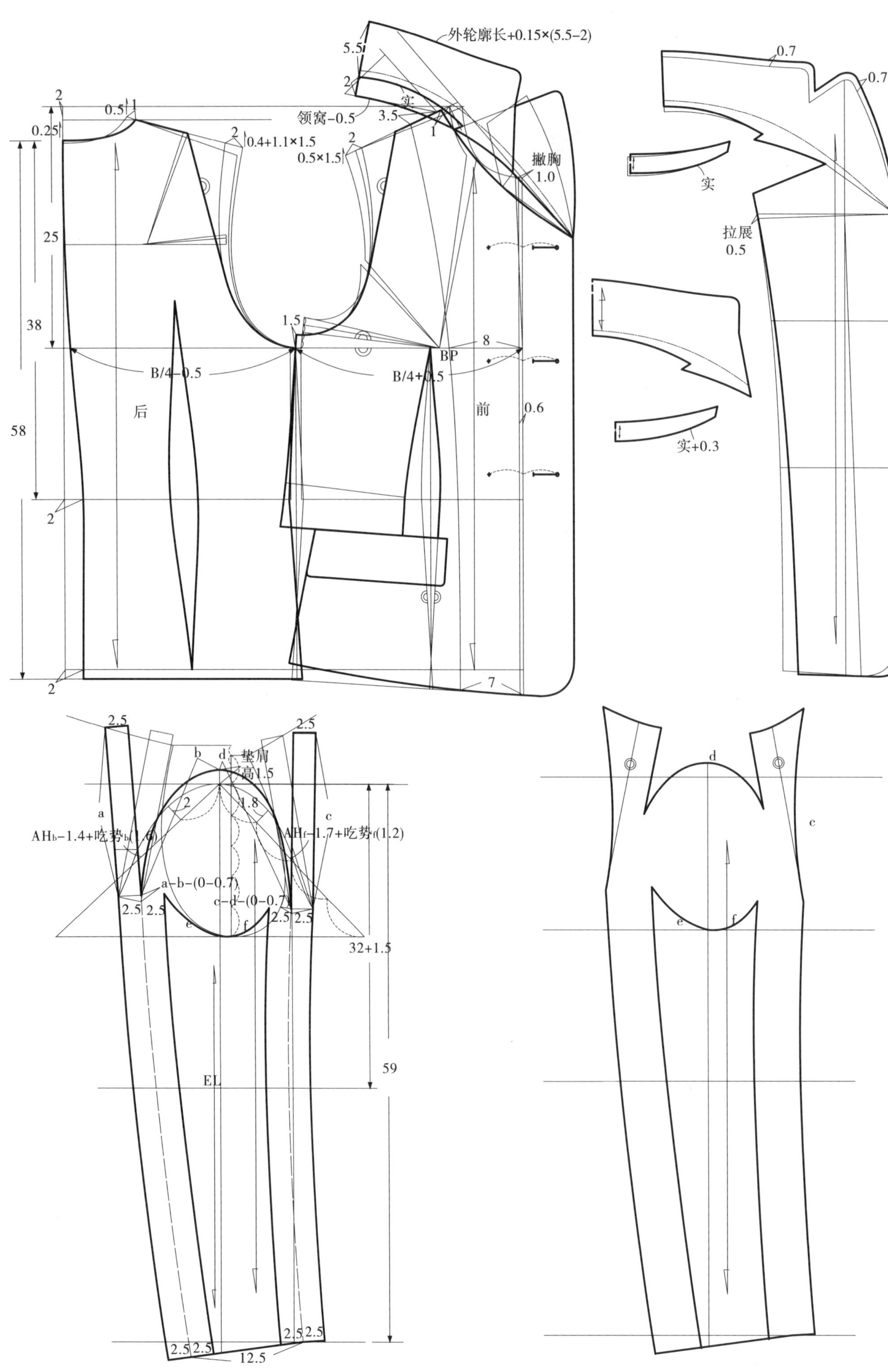

外轮廓长+0.15×(5.5−2)
5.5
2
实
领窝−0.5
3.5
撇胸
1.0
0.4+1.1×1.5
0.5×1.5
0.5
0.25
25
38
58
1.5
BP
8
B/4−0.5
B/4+0.5
后
前
0.6
7
0.7
拉展
0.5
实+0.3
垫肩
高1.5
AHb−1.4+吃势b(1.6)
AHf−1.7+吃势f(1.2)
a−b−(0−0.7)
c−d−(0−0.7)
1.8
32+1.5
EL
59
12.5

八十一、直筒裙

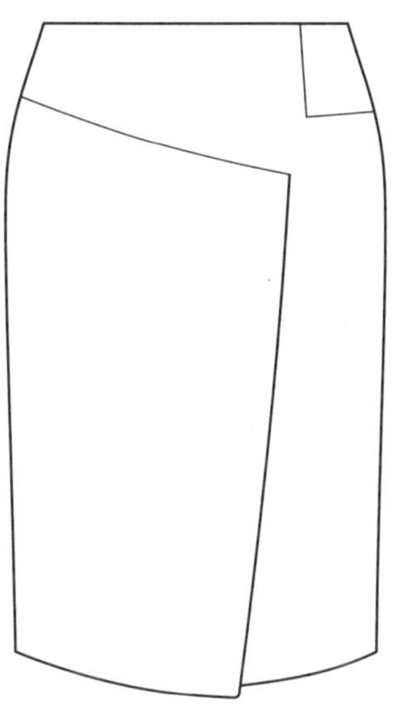

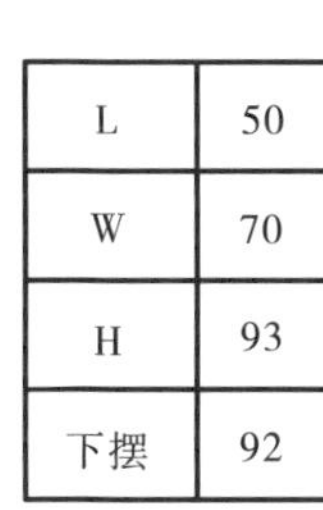

L	50
W	70
H	93
下摆	92

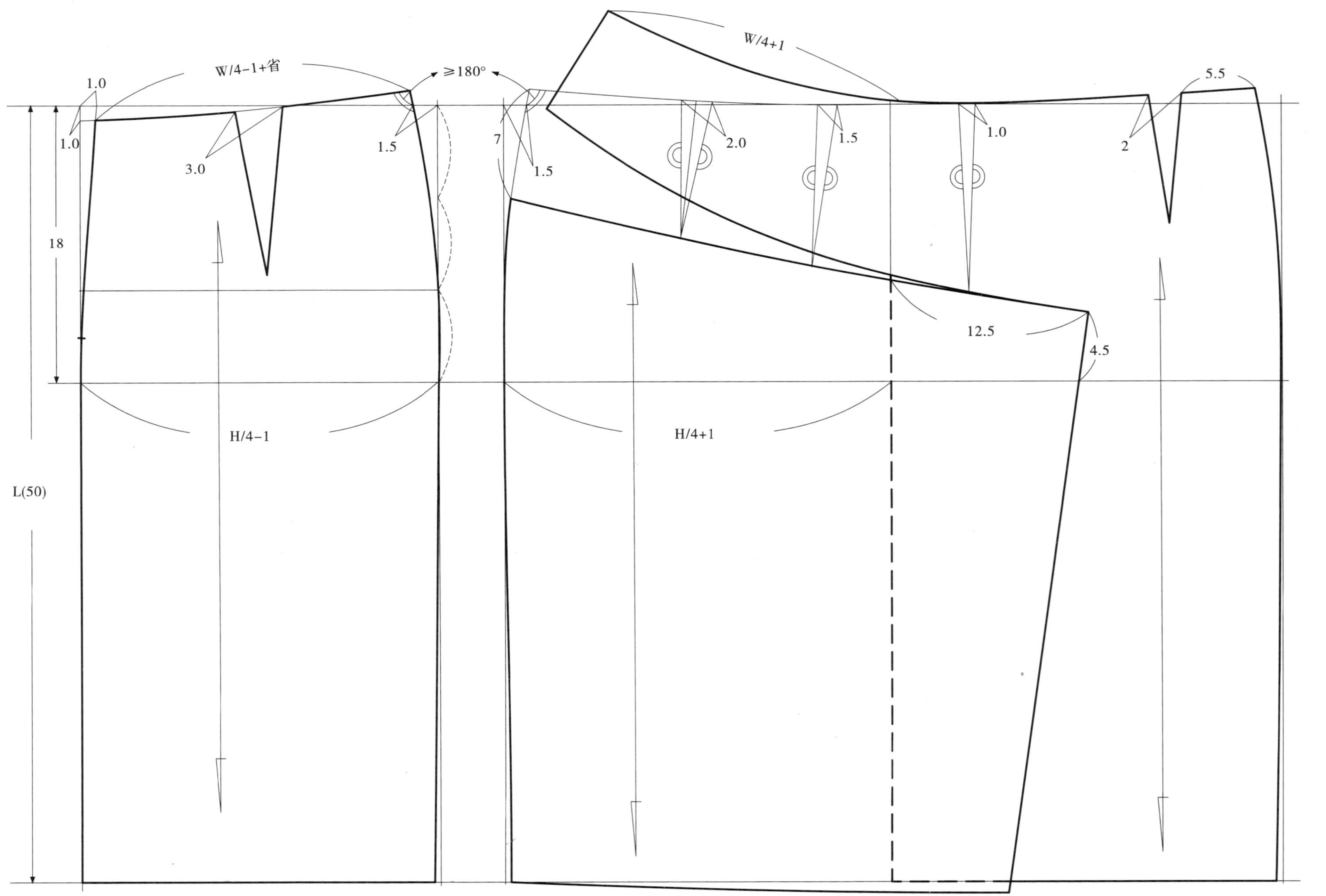

W/4-1+省
≥180°
W/4+1
5.5
1.0
1.0
3.0
1.5
7
1.5
2.0
1.5
1.0
2
18
12.5
4.5
H/4-1
H/4+1
L(50)